垃圾战争

吴建升 著

中国环境出版集团·北京

图书在版编目（CIP）数据

垃圾战争/吴建升著. —北京：中国环境出版集团，2021.10
ISBN 978-7-5111-4882-7

Ⅰ.①垃… Ⅱ.①吴… Ⅲ.①垃圾处理—普及读物 Ⅳ.①X705-49

中国版本图书馆 CIP 数据核字（2021）第 187947 号

出 版 人　武德凯
责任编辑　范云平
责任校对　任　丽
封面设计　彭　杉

出版发行　中国环境出版集团
　　　　　（100062　北京市东城区广渠门内大街 16 号）
　　　网　　址　http://www.cesp.com.cn
　　　电子邮箱　bjgl@cesp.com.cn
　　　联系电话　010-67112765（编辑管理部）
　　　发行热线　010-67125803，010-67113405（传真）
印　　刷　北京市联华印刷厂
经　　销　各地新华书店
版　　次　2021 年 10 月第 1 版
印　　次　2021 年 10 月第 1 次印刷
开　　本　787×960　1/16
印　　张　22.25
字　　数　361 千字
定　　价　85.00 元

【版权所有。未经许可，请勿翻印、转载，违者必究。】
如有缺页、破损、倒装等印装质量问题，请寄回本集团更换

中国环境出版集团郑重承诺：
中国环境出版集团合作的印刷单位、材料单位均具有中国环境标志产品认证；
中国环境出版集团所有图书"禁塑"。

序

（一）

垃圾分类其实是人类与自己的一场战争——这就是作者最想对大家说的一句话，也是书名的由来。

20年来我们没能战胜自己，概因人类最难战胜的对手恰是自己。

每个人都是垃圾制造者。

垃圾围城就是人类携手制造出来的一头"怪兽"，像病毒般不断感染和侵袭着地球的免疫系统，污染着人类赖以生存的空气、土壤和水源，累积着末日降临的能量。

如果核爆是人类瞬间的自杀行为，那垃圾围城就是一场"慢性核爆"！

而垃圾分类，则是阻挡未来那场"核爆"的"A计划"。

但长期以来，在学界、业界却有一种声音——垃圾分类就是"生活小事"。这种声音在相当长的时间里，占据着学界、业界的主流思想，左右和掣肘着我国垃圾分类推进的步伐。而且，这种思想认识不仅仅是个别专家、学者的局限，更是一种普遍意义的社会潜意识。

——对呀，垃圾围城会导致"慢性核爆"，但那离我们太过遥远，要爆也爆的是子孙后代，我们有必要焦虑、煎熬吗？

这种心态，是不是有点像法皇路易十五说的那样：在我死后，哪怕洪水滔天也与我无关。

有一种声音对我们说：过去许多年，中国垃圾分类没有世界观，只有"井底观"。

"井底观"下，20年里，垃圾分类煮出一锅夹生饭。

我们必须重新认识垃圾分类，但用世界观已经不够。

我们需要的是垃圾分类宇宙观。

从宇宙苍生的维度去思考垃圾分类问题。

对于那个遥远的"慢性核爆",我们更需要一种悲天悯人的情怀。

(二)

以史为鉴,可知兴替。

有必要用历史这面镜子,照照我们的垃圾分类。

垃圾治理其实紧紧跟随着文明的脚步。我国上古和中古文明领先于世界,所以垃圾治理也同样领先。13世纪的法国巴黎粪水横流,臭气熏天,同时代的南宋首都杭州则是井井有条,空气清新。只是到了近代,我们由于未能及时跟上工业化的步伐,才在城市管理和环境卫生治理方面渐渐被欧美超越。

今天,我们的文明属于世界什么水平呢?中国的经济发展和综合国力都位居世界前列,但垃圾分类能排到哪个位置呢?

现代垃圾分类源起于几次工业革命,各个国家成功的经验大体相似,但其背后的文化支撑却各不相同。

德国、日本都取得了成功,堪称垃圾分类的"东西二圣"。他们的成功取决于"三位一体"模式,即"谁污染谁付费(生产者责任延伸制度)+立法(处罚有重典)+征信系统"。但核心是"谁污染谁付费",如果非要问垃圾分类的密码是什么,那就是"谁污染谁付费"。

从文化支撑来看,德国人靠的是自己的严谨,认认真真将国内8 000余部、欧盟400余部环保法律执行到位,最终取得了成功。

日本虽然也法律完备,也实行"谁污染谁付费",但真正起决定作用的,则是其脱胎于武士道精神的耻感文化(本书在亚洲简史部分有详述)。

我国台湾地区则是在学习日本的基础上,形成了具有本岛特色的"四合一计划"(小区居民+政府清运队+回收商+资源回收基金)和按袋计量收费的模式。

再来看看我们自己。

从2000年算起,我们大陆的垃圾分类已推进了20年。这么多年各地相继派出不少考察团到日本、欧美考察垃圾分类,学习先进经验,回来后也进行过多种分类试点和模式创建,搞得热火朝天,甚至在网络上爆红一时。

但我们始终被一个顽症所困扰——居民参与率和分类精准率"双低"的问题。垃圾是由人产生的,垃圾分类的关键问题其实是人的问题。"双低"就是人的问题没有解决。

那么，我们到海外学也学了，对"三位一体"也并不是不了解，为什么不"拿来"直接用上，害得自己被"双低"问题长期困扰呢？

主要是文化理念冲突问题。

以德国人为例，立了法，确立了计量收费和征信系统的规矩，就必须严格执行到位，一是一，二是二，绝不含糊。这背后是浓厚的法制精神在支撑。

而我们，由于主流思想一度被"垃圾分类是小事"的声音占据，造成战略上对垃圾分类的忽视。在 2000—2016 年的 17 年里，除了各地相继出台了几部政府规章类垃圾分类管理办法，顶层设计几为空白。且这些管理办法由于缺乏可操作性，大多成了"僵尸法"，劳民伤财，浪费社会资源，也影响了政府的公信力。

由于"垃圾分类是小事"的声音影响着顶层设计，一说实行计量收费，就有权威说垃圾分类简单易行才是真理，如果让百姓生活变得麻烦复杂，就失去了本来的意义。在相关立法和政策标准制定中，总是未行动先考虑"会不会太超前""会不会太严厉"。只要一提立法中要加大处罚力度，或者将垃圾分类纳入个人征信系统，就会有一些人表现出极为不屑的态度：不就是投个垃圾么，何至于将人逼到那种地步？

由于顶层设计欠缺，垃圾分类方向、目标和路径不明晰，这 17 年里我国的垃圾分类如盲人摸象般东撞西撞，浪费了无数资源，丢下一地鸡毛。

以史为鉴，垃圾分类必须回归以人为本的主航道。

以史为鉴，更应从文化视角出发，审视 20 年来垃圾分类的得与失。

（三）

2016 年 12 月 21 日，习近平总书记首次就垃圾分类工作发表重要指示，号召全面推行垃圾分类制度，实现生活垃圾"三化"（减量化、资源化、无害化）。

这一天是中国垃圾分类的分水岭。

中国垃圾分类从此有了航标灯塔，进入真抓实干、快速发展的新纪元。

紧接着，2017 年 3 月 18 日，国务院办公厅发布了《生活垃圾分类制度实施方案》，包括深圳在内的 46 个城市强制进行垃圾分类。

中国垃圾分类有了顶层设计。

深圳发布了全国第一部家庭垃圾分类投放指引，建立了九大分流体系，实施了"集中分类投放，定时定点督导"。北京、上海、广州等城市先后进行了垃圾分类立法，颁布了各自的垃圾分类管理条例。更令人鼓舞的是，不少城市都明确规定了生产者责任延伸制度（谁污染谁付费）和征信系统建设等顶层设计蓝图。

"谁污染谁付费（计量收费）+立法（处罚有重典）+征信系统"的"三位一体"模式终于出现在我们的顶层设计里，是非常了不起的突破。但我们对其下一步实施中可能遇到的困难阻力，也必须有充分而冷静的预计。

按照以往各地"垃圾分类管理办法"变"僵尸法"的教训，新的条例对违法行为的处罚怎么取证，能否执行到位，都有待观察。还有"谁污染谁付费"和垃圾分类征信系统建设，也都考验着地方政府的执政能力。

（四）

还有两件事不得不说。

其一，城管部门是垃圾分类主导单位，但往省里，往中央，都没有城管的上级单位。

城管好像成了没娘的孩子。

城管没娘，垃圾分类有娘么？

想想《世上只有妈妈好》那首催人泪下的歌曲。

看看20年来步履蹒跚的垃圾分类，情何以堪？

其二，

突然想起多年前采访过的一起改革开放大事件——深圳土地拍卖第一槌。

1987年12月1日，深圳的"拓荒牛"们冒着"违宪"的风险，敲下了新中国土地拍卖第一槌，直接促成了宪法中有关禁止土地买卖、转让的条款，修改为"土地的使用权可以依照法律的规定转让"，奠定了中国城市土地管理制度改革的基石。

实施"谁污染谁付费"和建立垃圾分类征信系统，确实难度不小，存在失败风险。但与当年土地拍卖第一槌的风险相比较，又算得了什么？

土地拍卖第一槌，体现的是敢为天下先的改革精神。

而这，正是中国垃圾分类所欠缺的。

吴建升

2021年8月

目 录

/ 第一部 /　垃圾分类三千年　　　　　　　　　　　　　　　1
　　世界垃圾分类　　　　　　　　　　　　　　　　　　　　3
　　中国垃圾分类　　　　　　　　　　　　　　　　　　　　15

/ 第二部 /　深圳笔记　　　　　　　　　　　　　　　　　　33
　　"垃圾记者"出世　　　　　　　　　　　　　　　　　　34
　　布道者的"绑架"　　　　　　　　　　　　　　　　　　44
　　呼唤"垃圾市长"　　　　　　　　　　　　　　　　　　75
　　废旧织物的"矿"该怎么挖　　　　　　　　　　　　　102
　　"灰袍巫师甘道夫"与"吃螃蟹"　　　　　　　　　　　125
　　立法及解读　　　　　　　　　　　　　　　　　　　　136
　　公益联盟和高峰论坛　　　　　　　　　　　　　　　　148
　　垃圾分类业主论坛　　　　　　　　　　　　　　　　　172
　　督导实弹演习　　　　　　　　　　　　　　　　　　　184
　　垃圾处理"黑科技"　　　　　　　　　　　　　　　　201

/ 第三部 /　台湾地区垃圾分类真相　　　　　　　　　　　215
　　真相之一　资源回收基金：台湾地区垃圾分类引擎　　　216
　　真相之二　当年台北这样化解邻避困局　　　　　　　　222
　　真相之三　四合一：台湾地区垃圾分类的标准答卷　　　228

/ 第四部 / 声　音　　　　　　　　　　　　　　　235

把焚烧厂装进垃圾分类的"笼子"
　　——访中国环境科学研究院研究员、中国垃圾资源化产业协会
　　会长赵章元　　　　　　　　　　　　　　　　　　　236

深圳应在设立资源回收基金上先行先试
　　——访国务院发展研究中心资环所程会强研究员　　240

立法不能弄一堆正确的废话
　　——专访清华大学环境学院教授刘建国　　　　　　245

上海人真被垃圾分类逼疯了？
　　——"垃圾教授"杜欢政解读上海垃圾分类真相　　248

垃圾分类的商业模式
　　——对话 CG 资本董事长张鹏　　　　　　　　　　256

环卫一体化是趋势
　　——访深圳市洁亚环保产业有限公司总经理朱晓芬　259

/ 第五部 / 江湖中的大人物　　　　　　　　　　　　265

驴屎蛋：分类江湖中的大人物　　　　　　　　　　　　266
王政：散尽家财搞分类，出师未捷空余恨　　　　　　　272
人大代表肖幼美：为垃圾分类呐喊 20 年　　　　　　　277
公益之钥开启垃圾分类之门　这个深圳人有点牛　　　　284
王维平：11 年"丐帮"卧底为哪般？　　　　　　　　　292
贵阳"破烂王"卖房追梦记
　　——记贵州高远环保咨询有限公司董事长兰亚军　　299
最牛业委主任邹家键：我凭什么 3 天完成楼层撤桶　　304
罗洪坚：轮椅上打造废纺处理"联合舰队"　　　　　　309

/ 第六部 / 垃圾战争　　　　　　　　　　　　　　　313

垃圾围城就是一场慢性核爆　　　　　　　　　　　　　314
莫让垃圾分类披上"皇帝的新装"　　　　　　　　　　319

垃圾分类呼唤"环境警察" 324
深圳垃圾分类立法或只限于投放环节 327
我的"滑铁卢"：社区论坛被居民砸了摊子 332
纪念赵章元：一个被误解的"堂吉诃德" 335
垃圾战争 337

后 记 343

第一部

垃圾分类三千年

以史为镜可以知兴替。

垃圾分类搞了20年,我们却没能找到垃圾分类的密码。

常常陷入迷茫、徘徊,留下一地鸡毛。

自我国商朝对乱丢垃圾者处以剁手之刑,以色列人从公元前1 000多年就开始用焚烧的方式处理垃圾,人类有据可考的垃圾分类活动,距今至少已有3 000多年的历史。

拂去尘埃,轻轻打开3 000多年的垃圾分类历史画卷,我们是否能从中找到垃圾分类的密码呢?

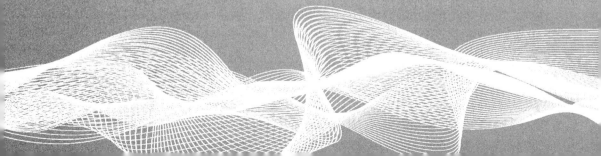

古代国家对垃圾处理的出发点，更多的是环境卫生整治。与欧洲相比较，中国古代早就有了垃圾分类和循环经济的萌芽。

中世纪的欧洲被形容为"淹没在垃圾和粪便中"，以巴黎为例，人们"不仅在城内各处的走道上、胡同口排便，而且，他们还在宫殿里干这等事"，在卢浮宫里里外外，"人们都可以看见数千堆'粪便'"。1270年巴黎的一项法律规定，"任何人均不得自楼台窗倾倒水及粪便，白天夜晚均不可，否则必受罚金惩处"。一个世纪后法规"升级"为："如果愿意大声叫喊三声'注意尿水'，则可自楼台窗倾倒尿粪。"[1]

借助中世纪欧洲恶劣的城市环境卫生，金帐汗国蒙古人在卡法城进行的"黑死病"细菌战，很容易就夺去了2 500万的生命。[2]

直到1539年，法国国王弗朗索瓦一世颁布了两道敕令，禁止市民在街道倾倒垃圾，欧洲才算有了政府对垃圾处理的规范。

而我国古代对乱丢垃圾的处罚非常严厉，殷商时规定乱丢垃圾剁手，秦孝公时规定乱丢垃圾者脸上刺字。唐代已有了通过回收废品发家致富的记录，应该是最早的循环经济记载。

古代中西垃圾治理，都是让垃圾找到合适的位置。

古代垃圾治理的历史，看似与现代垃圾分类无直接关联，但其参考价值不容忽视。

现代意义上的垃圾分类，起源于19世纪的法国，但集大成于德国。德国是可以与日本并列的世界上垃圾分类最成功的国家。

比利时将垃圾分类做到极致。

北欧三国瑞典、挪威、芬兰也做得不错，但此三国因地处高寒地带，且地广人稀，其垃圾分类经验不具典型意义。

以瑞典为例，国土面积45万平方千米，人口1 000万。这么丁点人口产生的垃圾，对45万平方千米的国土而言几无压力。以生物质垃圾为例，在高寒气候下，其降解挥发对空气和环境的影响几乎可以忽略。瑞典一年有8个月时间需要供

---

[1] 理查德·扎克斯. 西方文明的另类历史[M]. 李斯，译. 海口：海南出版社，2002：113-117.
[2] 弗朗西斯·艾丹·加斯凯. 黑死病（1348—1349）：大灾难、大死亡与大萧条[M]. 郑中求，译. 北京：华文出版社，2019：17.

暖，用以焚烧的垃圾需求量很大，本国无法满足，尚需进口。

再看日本，38万多平方千米的国土上挤了1.2亿多人口，这种"垃圾围城"的压力才是典型中的典型。

于是日本成为亚洲垃圾分类的标杆和典型。

日本和菲律宾的情况，将作为亚洲垃圾分类的重点来讲述。

千万别小看菲律宾，他可是全世界第一个禁止垃圾焚烧的国家。

还有非洲，这个神秘而又代表着贫穷落后的地方，可能出乎大家的意料，他们的环保意识在觉醒，特别是在限塑上，走在许多发达国家的前面，也走在我国的前面。

美国虽贵为世界第一强国，但垃圾分类做得实在不怎么样，概因地广人稀，有足够空间填埋解决垃圾围城，这里就不列入本篇简况了。

我们早已领悟垃圾分类的"密码"——谁污染谁付费，但却没用它去"芝麻开门"。

我国垃圾分类几乎伴随着第四次工业革命，即人工智能时代的来临起步于21世纪初（除了台湾地区师从日本起始于20世纪80年代）。

我们是站在德国、日本等垃圾分类成功国家的肩膀上，而且掌握了"谁污染谁付费"这个垃圾分类密码，却仍然20余年没能够"弯道超车"，是否有点"细思极恐"？

世界垃圾分类

一、欧洲

（一）垃圾遍地2000年

在人类农耕文明时代，城市的出现导致了垃圾问题的突出。古希腊城邦和古罗马城市很早就有了垃圾处理系统，即通过修建大型排水系统，将垃圾输送到城外。

但罗马城的垃圾输送公共系统,首先是保障贵族、政府机构和皇室的垃圾排放,没有将普通居民的垃圾排放纳入其中,这部分垃圾或粪便只能堆积或排放在街头,等待清洁人员运走。而当时垃圾处理方法也极原始,在城外挖上大坑,污水、垃圾、尸体等统统往里扔。

于是罗马城到处臭气熏天。

这种情况从罗马共和国时代一直延续到罗马帝国时代。

我们在有关古罗马的电影里,只看到罗马城的繁华和女人的美丽,却闻不到这背后的恶臭。

了解到这些,你再看电影《埃及艳后》中克丽奥佩特拉乘着马车进入罗马城的镜头时,会不会联想到,她的马车跨过了几道臭水沟,碾过几只死老鼠?

罗马城垃圾处理系统虽不理想,但也算是在大一统帝国统辖下有序运行。

进入中世纪后,欧洲城市里的垃圾处理系统随着罗马帝国的消失而消失,街上没有公共厕所,居民们在混乱无序里将垃圾、粪便随意丢弃到大街上,行走在街头随时会有垃圾粪便从天而降。

糟糕的环境卫生为疫病的繁殖和传播提供了温床。1345年,金帐汗国蒙古人对黑海北岸商贸重镇卡法城(今乌克兰费奥多西亚)发动细菌战(将带黑死症病毒的尸体抛进城中),一群脱险的热那亚商人,逃回祖国意大利,也带回了败血黑死症,很快蔓延到全欧洲,导致2 500万人丧命。[①]

也正是基于对疫病传播的恐惧,法国国王弗朗索瓦一世,于1539年颁布了两道敕令,禁止市民在街道倾倒垃圾。

但这两道敕令在中世纪的混乱状态下,约束力和影响力有限,并未得到有效执行。不仅巴黎,欧洲许多城市在此后的几百年间仍然臭不可闻。

直到工业革命的到来。

(二)垃圾分类百年涅槃

直到18世纪,巴黎仍是欧洲最脏的城市,楼上居民向街上倒马桶是最常见的排污方式。

---

① 弗朗西斯·艾丹·加斯凯. 黑死病(1348—1349):大灾难、大死亡与大萧条[M]. 郑中求, 译. 北京:华文出版社, 2019:17.

到了19世纪末，巴黎人发现再也不能这样放任不管了。原因有二：一是科学研究发现，几次横扫欧洲的瘟疫，都跟城市环境卫生相关；二是经过两次工业革命，城市人口爆增，人们物质生活和消费水平提高，垃圾多到挤压人的生存空间，巴黎也陷入了垃圾围城。

于是，1884年，法国上塞纳省（当时首都巴黎也属于该省）省长欧仁·布拜耳下令在街道两旁设立公共垃圾箱，室内出租屋必须为每个租户提供至少3个分类垃圾箱，分别盛装纸张布料、玻璃陶瓷废料和生活垃圾。

这就是世界现代垃圾分类的起源。

但法兰西民族的浪漫气质，决定了其无法做垃圾分类的领头羊。法国人很久都在纠结倒垃圾应该是女仆做的事，搞垃圾分类的女人成不了贵妇、男人当不了骑士。垃圾分类弄得法国上下怨声载道。

法国人不干，邻居德国人干了。

1907年，德国在柏林一个区开始垃圾分类试点，实行三分法：一类填埋，一类焚烧，一类分类再利用。

先是市民们嫌麻烦反对，后来第一次世界大战爆发，垃圾分类就被搁置了。

"二战"期间，第三帝国也曾倡导垃圾分类，但主要局限于金属、橡胶、塑料等战略物资。后来被盟军打得落花流水，也没法分类了，再后来垃圾分类就随着第三帝国的覆亡成了德意志人的记忆。

"二战"后，特别是第三次工业革命中原子能、计算机、互联网等科技领域取得标志性突破，带来新一轮经济繁荣和垃圾围城，使欧美发达国家都产生了垃圾分类的需求。

1973年第四次中东战争爆发，成为德国垃圾分类的助推器。

中东阿拉伯石油输出国为支持同以色列交战的国家，大幅提高石油价格，能源危机引发世界经济危机，工业化国家都受不了，德国也无法幸免。

国际性民间学术团体——罗马俱乐部发布了著名的报告《增长的极限》，倡导推行垃圾分类，通过资源回收，减少资源消耗，渡过能源危机。公民自愿参与垃圾分类，成为文明标志和社会时尚。

从1907年到2020年，德国垃圾分类走过113个年头。生活垃圾回收利用率达65.6%，成为全球垃圾分类水平最高和最成功的国家之一。

百年磨砺，凤凰涅槃。虽然总被模仿，却从未被超越。

（三）解剖德国垃圾分类秘笈

1. 完善的立法

德国拥有世界上最完善、最健全的环保法律体系，德国联邦政府和各州出台的有关环保的法律法规多达 8 000 余部，同时还执行欧盟 400 多部环保类法律法规。

其中，在 1991 年出台的《废弃物分类包装条例》确定了生产者责任延伸制度和"谁污染谁付费"的原则，要求企业在产品设计阶段就要考虑减少包装，源头减量，被视为德国垃圾分类的基本法。

2015 年，德国《循环经济法案》正式生效，明确将垃圾分类列为公民应尽的义务，设"环境警察"专门监督居民垃圾投放情况，发现违法行为严厉处罚，成为垃圾分类执法的保障。

法律再多，如果执行不了，就是"僵尸法"。德国人恰恰能做到令行禁止，所有的法规都能执行到位。

余秋雨在他的文章《追寻德国》里，曾讲过他在德国的一次遭遇和感受——因为没把打碎的玻璃杯碎渣放到规范的地方，被德国房东拒绝续租。

房东批评他：你心里没有别人。

这成为最触动他的一句话，他从中看到自己的自私，体会到被道德谴责后的愧疚。

但其实，这句话背后还体现了三层意思：德国垃圾分类法规深入人心，成为生活规范，不可马虎，此其一；其二，投错垃圾，是要依法受罚的，且罚得不轻；其三，这种违法行为要记入房东征信记录，租客可以一走了之，房东的社会活动弄不好会受到影响，后果严重，因此不可原谅。

2. "谁污染谁付费"引领垃圾分类

德国联邦各州垃圾分类标准各不相同，但联邦政府将生活垃圾大体分为以下六类：生物垃圾（厨余、果蔬类）、废纸（报纸、旧书、杂志、纸箱等）、包装类垃圾、剩余垃圾（其他垃圾）、废旧玻璃、特殊垃圾（有毒有害）。

定时定点收运和计量收费。不同垃圾收运周期不同，费用也不同。大件垃圾需预约付费由政府清运队清运。可回收垃圾和厨余类收运不收费，但剩余垃圾（其他垃圾）则按量计费，产生的越多，付费就越多。激励居民源头减量，尽可能少产生其他垃圾。

押金制。每瓶饮料售价中都包含 0.15～0.25 欧元的押金，消费者喝完后如将饮料投进规定回收箱，即可用相关票据在超市或商铺兑现押金。

公益模式解决包装垃圾。德国近百家零售企业和包装企业，联合组成一家非营利性质的"绿点"公司，帮助成员企业回收和处理包装物垃圾。由于绿点公司回收包装物垃圾的袋子是黄色的，且都投进黄色垃圾桶中，这个回收体系也被称为"黄袋子体系"。

财政为再生资源行业保驾护航。资源再生处理及利用，不仅是资源回收体系，更是整个垃圾分类体系可持续的保障。德国再生资源企业收入来源一是垃圾处理费，二是再生产品销售收入。当各种因素导致无法保障再生资源企业赢利时，财政补贴就进行兜底。

3. 前端、后端齐头并进

垃圾分类是个系统工程，有前端无后端不行，有后端没前端也玩不转。德国在推进垃圾分类时，前端分类和后端处理设施齐头并进，共建成 15 586 座后端处理设施，其中垃圾分选厂 1 049 座，焚烧厂 167 座，垃圾能源发电厂 705 座，机械+生物处理厂 58 座，生物处理厂 2 462 座，建筑垃圾处理厂 2 172 座。

只要是分类出来的垃圾，都可以找到出路进行处理。

4. 环保教育真抓实干

从幼儿园到中学，都设置了垃圾分类专门课程。

大学里有垃圾分类专业，为垃圾分类和处理培养了大批专业人才。

政府支持成立诸如自然保护联合会、拯救未来环境基金会等上千个环保组织，从业志愿者达 200 多万人，成为环保和垃圾分类推进宣传的主力军。

二、亚洲

（一）古代垃圾治理，亚洲远超欧洲

与欧洲相比较，亚洲两个文明古国在垃圾治理上的表现要好得多。

古印度城市摩亨佐·达罗，在公元前 2 500 年左右，就出现了先进的垃圾运

输和污水排放系统，与每家每户连接，居民通过专用轨道，将垃圾滑入屋外的排水沟中，继而排到城外。

我国在商朝时期，就有了地下污水排放系统，以及专门负责清扫垃圾的政府雇员，还制定法律应对垃圾问题，对乱扔垃圾者处以剁手之刑。

无论古罗马还是中世纪的巴黎，在古印度和商朝的垃圾治理面前，都被比成了"渣"。

欧亚两大文明板块在垃圾治理的隔空较量中，欧洲输得体无完肤。

现代意义上的垃圾分类，日本在亚洲一骑绝尘。

（二）日本垃圾分类的精神文化

1. 经验大体相似，文化各不相同

日本垃圾分类的源起，与以德国为首的欧洲相似，第三次工业革命是背景，垃圾围城及其带来的环境危机是直接动因。随后，立法，健全顶层设计，进行全民动员和教育，确立可持续运营模式等。

那日本与德国的垃圾分类有什么区别？

其实世界各国垃圾分类的成功经验大体相似，但精神文化的支撑却各不相同。如法兰西人浪漫气质下对垃圾分类的漫不经心，德国人如瑞士钟表般精密运营垃圾分类的严谨等。

那么，支撑日本垃圾分类成功的文化内核是什么呢？

2. 武士道与垃圾分类

单一的民族，独特的地理环境，构成了日本与众不同的民族气质。

忍者，忍术。追踪、侦察、埋伏、暗杀。

武士，武士道。剖腹、决斗、一剑封喉。

太平洋战场上，神风突击队一架架飞机撞向美国航母。

……

这样的民族为什么能把垃圾分类做到极致？

美国人类学家鲁思·本尼迪克特的《菊与刀》，为我们提供了溯源的轨迹和线索。

"菊"是日本皇室的象征，"刀"是日本武士道精神的体现。本尼迪克特用这

两个词表示了日本人矛盾的性格：好战而祥和、黩武而好美、傲慢而尚礼、呆板而善变、驯服而倔强、忠贞而叛逆、勇敢而懦弱、保守而喜新。

"菊"所代表的"天皇"，是一种象征、一个符号，至高无上，不可违背。

"刀"象征着武士道，或者武士道精神，是日本封建社会中武士阶层的道德规范，也是明治维新以前日本社会的核心价值观。

本尼迪克特将"菊"与"刀"这种对立统一的特殊效应，归纳为日本社会的核心价值观和发展原动力——"耻感文化"。这种"耻感文化"的几大特征，也就成为垃圾分类的原动力：

其一，对天皇和所属团体绝对忠诚和服从。政府说再不搞垃圾分类，咱日本列岛就成垃圾场了，民众就说"好，好，我们乖，一定好好分类"。

其二，自我牺牲以努力遵循既定的社会规范，被视为一个人坚毅、勇敢的表现。即小我服从大我，个人利益服从集体和国家利益。垃圾分类就是牺牲个人一点时间，改掉坏习惯，养成好习惯，然后换取公共环境的改善，日本民众乐于接受。

其三，强调不惜牺牲生命都要完成个人所负的责任或义务。于是，武士没有完成任务，会选择剖腹。当日本人意识到垃圾分类是公民的责任和义务时，当然义无反顾。

其四，社会评价是个人荣辱的标尺。日本武士拔刀决斗与欧洲骑士的决斗并无二致，起因都是因为雪耻。但两者对受辱的判断标准却不相同。欧洲骑士是自感受到侮辱而拔剑，而日本武士对是否受辱的判断则取决于社会的看法，如果自己的行为遭受社会的指责和鄙夷，那么就是奇耻大辱，反之则另当别论。一个人如果因乱扔垃圾或者不配合垃圾分类，而受到社会舆论或左邻右舍的议论指责，对日本人来说比死了还难受。

其五，仪式感。武士道的熏陶，让日本人的日常生活仪式感无处不在，茶道、禅道、花道等诸多仪式层出不穷。仪式感为普普通通、平平淡淡的日常小事赋予了巨大的精神价值，变得郑重、庄严和神圣。

当垃圾分类成为每天生活中不可或缺的仪式时，就有了武士剖腹时的尊严、荣耀，或者决斗刺穿对手身体时的快意和豪迈。

仪式感下的日本人，不但要垃圾分类，还要分得精细到让他国他民无法模仿更无法超越。

要了解日本垃圾分类，就得了解日本文化，要了解日本文化，必先了解武士道。

3．沉没的恐惧

日本列岛位于亚欧板块和太平洋板块的交界处，地质灾害频发，地震、火山、海啸、洪水等没完没了，使这个国家风雨飘摇，从未安定过。

据《国家地理》杂志报道，全球气候变暖，南北极冰川融化速度不断加快，海水不断上涨。据统计，如果南极和北极的冰川全部融化，全球海平面会提高66米，英国、荷兰、日本、马尔代夫、新加坡等国将彻底消失，我国的沿海城市也将难以幸免。

日本曾拍过一部科幻电影《日本沉没》，表达过这种恐惧。

这是一种代表日本国家和民族的恐惧，与生俱来，根植于大和民族的灵魂之中。

但这毕竟只是一种潜意识中对未来的恐惧。

20世纪五六十年代，日本人对未来的恐惧，被一种更现实的恐惧替代了——垃圾围城。

"二战"后日本经济高速发展，好不容易国家富强，人民生活水平飞跃了，却发现快被垃圾淹没了。垃圾多得无处去，争夺垃圾投放空间的"垃圾大战"随处发生，空气、水的污染导致怪病频发。

虽然日本有最好的焚烧技术和设备，可焚烧就是将固体废物变成气体，终结不了"三废"的产生。其累积的污染能量，终将对人类发起致命一击。

日本人的恐惧是，如果不能有效遏制垃圾围城的势头，不用等到列岛沉没的灾难到来，自己就会先让垃圾围城毁灭掉。日本就这么大，没有战略缓冲空间，经不起污染的伤害。

日本是世界上唯一遭受过核弹伤害的国家，清楚列岛沉没和垃圾围城的结果与核爆其实并无二致。所不同的只是毁灭的方式和速度不同而已。

也许对我们来说，垃圾分类只是要改变一下生活习惯，但对日本来说，却是事关国家民族生死存亡的大事。

我们可以拖拖拉拉，20年没多大进展。但对日本人来说却别无选择，没有退路。

（三）菲律宾：禁止焚烧第一国

将菲律宾作为亚洲垃圾分类的典型，是因为在 2019 年 4 月，杜特尔特总统为了禁止洋垃圾入侵，差点与加拿大"开战"。

还因为，菲律宾是世界上第一个禁止垃圾焚烧的国家。

据曾赴菲律宾进行垃圾分类专项考察的宜居广州总干事巴索风云介绍，菲律宾首都马尼拉每天产生 6 000 吨垃圾，大部分运往奎松市一个垃圾堆放场，形成菲律宾最大的垃圾山。2000 年的一场暴雨导致垃圾山倒塌滑坡，造成至少 300 人死亡，500 多户家庭被毁。

事件让垃圾围城首次成为菲律宾举国关注的焦点，于是建设焚烧厂作为解决方案的呼声多起来，但遭到公益组织的强烈抗议和抵制。博弈的结果是菲政府在 2001 年颁布了《生态废弃物法》，明确规定：第一，垃圾要强制分类；第二，基层社区强制建资源回收站；第三，关闭所有露天堆放场，禁止露天焚烧。

接着还颁布了配套法规《清洁空气法》，明确禁止垃圾焚烧，菲律宾因此成为世界上第一个禁止垃圾焚烧的国家。

由于菲律宾国土狭小，垃圾处理技术存在局限，加上近些年包装物等新生垃圾大幅增加，垃圾处理压力增大，所以推动建设焚烧厂的呼声再次高涨起来。但由于有《清洁空气法》拦路，建设焚烧厂目前还无法实施。但修改该法的呼声已成为国会争议和博弈的焦点，如果修改法条的动议通过，那菲律宾将不再是禁止垃圾焚烧的国家。

三、非洲

垃圾分类从限塑做起。

2008 年，中国实施了限塑令。但 12 年后回头望，限塑令其实成了一纸空文。

而遥远的非洲，却成了世界上限塑令贯彻执行最好的地区之一。非洲人把垃圾分类由繁化简，先从对环境影响最大、目标最明确的限塑做起，令行禁止，领先全球。

截至 2019 年 6 月，非洲 54 国中共有 34 国实施了"禁塑令"。

(一)"非洲的日本"卢旺达

1994年,非洲小国卢旺达因爆发种族屠杀而闻名全球。多年以后,卢旺达再次令全球瞩目。但这次与暗黑无关——卢旺达被国际权威媒体评为全球最佳旅行目的地之一,其首都基加利被评为非洲最干净的城市。

原来,从2007年起,卢旺达成为全球第一个立法禁止塑料袋的国家,所有一次性塑料的生产、进口、使用和销售都是非法的。按照相关法律规定,如果在生活中需要使用塑料袋,应向卢旺达环境管理局提出书面申请,管理局将在20个工作日内作出答复,在申请信中需说明使用的目的和如何处理塑料袋废品。

此法规定:企业、贸易公司或个人经发现没有授权而拥有塑料袋将被处以6到12个月的监禁和10万到50万卢朗(1元人民币约兑换154卢旺达法郎)的罚款,或以上其中的一种处罚。未经授权而出售塑料袋者将被罚款1万到30万卢朗,未经授权而使用塑料袋者将被罚5 000到10万卢朗,如有累犯处罚将翻倍。

负责控制和监督使用塑料袋的机构有司法警察和其他安全部门、税务官员、卢旺达标准局、地方政府和卢旺达环境管理部门等。

禁塑令成了卢旺达国家的环境风向标。虽然工业基础薄弱,但卢旺达杜绝引进高污染的工业技术和项目,对工业垃圾的处理也极其严格。

禁塑10多年后,卢旺达街头不仅白色污染消失,连乱扔其他垃圾的现象也杜绝了,以全新面貌出现在世界面前,颠覆了人们对黑非洲固有的脏乱差的传统印象,环境与治安状况双双成为非洲第一,被誉为"非洲的日本"。

(二)肯尼亚:乱用塑料袋蹲大牢

用错塑料袋坐牢4年。

这个世界上最严厉的禁塑令,来自东非之国肯尼亚。

2017年8月27日,中国驻肯尼亚大使馆发出紧急旅游警告:

肯尼亚法院8月25日判定该国政府"禁塑令"合法有效,自8月28日起强制实施,在肯尼亚境内禁止使用、制造和进口所有用于商业和家庭用途的手提塑料袋和平底塑料袋。该法令规定,生产、销售与使用塑料袋的肯尼亚公民将最高面临4年有期徒刑或约400万肯尼亚先令（约合3.8万美元、人民币26万元）的处罚。

大使馆提醒中国公民注意遵守肯尼亚"禁塑令"，勿携带被禁塑料袋入境肯尼亚，在肯尼亚购物、出行及处理日常生活垃圾时也勿使用被禁塑料袋。

肯尼亚是东非旅游圣地，有非洲第一峰乞力马扎罗雪山，有广袤的草原、潺潺的河流和成群的动物。当许多死去动物的胃里发现大量塑料袋，当许多肯尼亚人将大小便排在塑料袋内，绑紧后随手扔出去，形成肯尼亚独有的"飞行厕所"时，当局意识到如果不从限塑做起，肯尼亚将失去未来。

2007年和2010年，肯尼亚曾两次出台"禁塑令"，但均未得到有力执行。肯尼亚制造业协会（KAM）认为，全国有超过176家塑料制造企业，直接聘用员工数量占肯尼亚全国员工总数的2.89%，间接聘用员工数量超过6万人，禁令将给这些就业岗位和员工生计带来负面影响。

为此，该协会一纸诉状将政府告上法庭，要求判决"禁塑令"无效，于是才出现了本文开头肯尼亚法院判定"禁塑令"合法有效、中国大使馆发出紧急旅游警告的一幕。

肯尼亚禁塑令的一波三折，反映了发展与保护的矛盾是全球普遍存在的问题。保护的确会给现时经济和就业带来一定的影响，但会给子孙后代留下绿水青山。

随着禁塑令的推行，非洲的垃圾分类也逐渐起步。

2018年7月1日，南非约翰内斯堡宣布启动生活垃圾强制分类。西北非的摩洛哥，借鉴上海经验推进垃圾分类。

也许，非洲垃圾分类还有很长的路要走，但禁塑的全球领先，让我们对其未来充满期待。

四、重立法，更重执法

综观世界各国垃圾分类概况，所有成功或相对成功的国家和地区都有两个共同特征：一是依法重罚成为成功的保障；二是重立法，更重执法。

（一）处罚有重典

先看看分类成功的国家是怎么重罚的吧！

2015 年，德国《循环经济法案》正式生效，明确将垃圾分类列为公民应尽之义务，而拒绝履行者将处以 30 至 5 000 欧元不等的罚款。

日本从 1900 年的《污物清扫法》到 1954 年的《清扫法》，再到 1970 年的《废弃物处理法》、2000 年的《循环性社会形成推进基本法》，经过了多次修订，有了完善的奖惩制度并严格实施。如有一项"废弃物非法投放罪"的罪名，规定乱丢垃圾者将被处以 5 年以下有期徒刑，并处罚金 1 000 万日元；如乱丢垃圾者为企业或社团法人，将重罚 3 亿日元。

个人征信系统在日本垃圾分类推进中发挥着重要的威慑作用——不良记录者，将来孩子上学、就业，甚至出国办签证都会受到影响。

英国对乱丢或投错垃圾的处罚极重，罚款额最高可达 2 500 英镑，严重的还可能遭到起诉。

澳大利亚各州都制定了具体的垃圾分类违法处罚措施，如新南威尔士州，如果个人乱丢垃圾，可被罚款 5 000 澳元。如果企业对垃圾处理不当，最高可被罚款 500 万到 700 万澳元。除上述处罚措施外，政府还鼓励市民积极举报违规者。

韩国政府制定并实施了严格的监管制度，如未在规定时间或不按分类规则乱扔垃圾，将面临 10 万至 100 万韩元不等的罚款。从 2000 年开始，韩国补充实施了"垃圾违法投放举报奖金制度"，奖励额度最高可达处罚金额的 80%。首尔市还推出了垃圾分类监管体系，由警察、环卫工人等参与管理监管，并在小区垃圾投放处设置摄像头，这对随意乱扔垃圾的行为起到了有效的监督作用，垃圾分类逐渐成为人们的自觉行为。

（二）重立法，更重执法

据有关消息，我国不少城市前些年相继就垃圾分类出台了地方性行政法规，但大多都成了"僵尸法"，有名无实，无法执行。主要原因就是重立法，轻执法，造成社会资源浪费，也使得相关法规在垃圾分类实践中难以发挥应有的作用。

而前文所述垃圾分类成功或相对成功的国家地区，则不仅重视立法，更重视执法，使相关法规发挥了实际作用。

以德国为例，其实行的是"连坐式"惩罚措施。如果负责垃圾收运的相关公司人员，发现某垃圾投放点经常出现分类投放不规范等违法行为，就会给附近小区的物业管理员以及全体居民发出警告信和整改通知,要求在规定时间对相关违法行为进行改正。若警告后仍未改善,就会提高这片居民区的垃圾清理费。

而在收到警告后,物业与居民自管会将逐一排查,找到"罪魁祸首",要求其立即改善。

据德国《明星周刊》2016年12月的一篇报道显示,萨克森-安哈特州一座居民楼的9户居民因不按规定投放垃圾,收到1 700欧元的罚单。

报道称,这座位于萨克森-安哈特州的居民楼共9户居民,共用几个垃圾箱。督察人员在投放塑料的垃圾箱里发现了餐巾纸和放咖啡渣子的袋子,于是开出了巨额罚单。

那么,如果不能断定具体是哪一户居民所为,也就是我们经常遇到的取证难怎么办呢?就要采取"连坐"的办法,即该楼所有住户一起来分摊罚款。

如果收到罚单后,不当回事儿,也不支付罚金会怎样?按德国相关法规,通常会通过法律途径进行追讨,届时要偿还的数目铁定大幅增加。

征信系统也在德国垃圾分类推进中发挥着重要作用,个人垃圾分类违法行为会被记录到个人信用记录,影响就业、贷款、上学、签证等种种现实生活问题。

中国垃圾分类

一、古代垃圾分类

当我们将"垃圾不落地"作为口号和目标提出时,我们的祖先早在3 000多年前已就此开始立法严刑治理,商朝砍手,先秦脸上刺字,后来的朝代打板子……

(一)古代的城管

最早有文字记载专业处理垃圾的"城管"出现在周朝,《周礼·秋官》载:"條狼氏下士六人,胥六人,徒六十人。"

"條"即洗涤、清扫之意,"狼"就是胡乱抛撒垃圾和阻碍交通的行人。條狼氏的职责就是清除道路垃圾与驱避行人,保障君王出行时干净卫生,秩序良好。

北宋城市规模扩大，人口大量集中，商品经济达到高峰，城市垃圾问题凸显。《宋史·职官志》载："街道司，掌辖治道路人兵。"朝庭开始设立专门城管机构"街道司"，可以招募500名"环卫工人"，月薪"钱二千，青衫子一领"，其职责包括处理垃圾、整修道路、疏导积水、洒扫街道等市容市貌工作。

南宋吴自牧的《梦粱录》记载，城市居民每日产生的厨余生活垃圾、粪溺，也有专人上门处理："人家甘泔浆，自有日掠者来讨去。"

由于朝庭重视城市垃圾处理，我国两宋时期城市环境卫生领跑世界，是同期欧洲远不能及的。

后来的《马克·波罗游记》，记载了马克·波罗路过杭州时所看到的情景："行在一切道路皆铺砖石，蛮子州中一切道途皆然，任赴何地，泥土不致沾足。"马克·波罗1275年到中国，1292年离开，所见应是南宋末、元朝初年的情景，可见当时中国城市之干净，着实"碾压"同期的欧洲。

（二）重典治理乱扔垃圾

乱丢垃圾是古今中外垃圾治理和垃圾分类的重要切入点，我国古代对乱丢垃圾的处罚极为严厉。

《韩非子·内储说上七术第三十》载，"殷之法，弃灰于公道者断其手。"说是在商朝乱丢垃圾者，要受剁手之刑。

《封神演义》中姜子牙因受奔马冲撞，将面粉撒在朝歌街头，却未受剁手之刑，是因为面粉不是垃圾，还是那天运气好没碰到"城管"？

周文王时期颁布的《伐崇令》规定："毋坏屋，毋填井，毋伐树木，毋动六畜，有不如令者，死无赦。"被誉为"世界最早的环保法令"。

商鞅变法时规定："弃灰于道者，黥。"秦国对乱丢垃圾者不剁手了，在脸上刺字，还要涂上墨，成为永恒标志，这辈子无论你走到哪里，别人都知道你是个不讲公德、乱丢垃圾的人。

与先秦的严刑酷法不同，往后各朝代对乱丢垃圾的处罚越来越轻。

唐高宗永徽年间颁布的《唐律疏议》规定："其穿垣出秽污者，杖六十；出水者，勿论。主司不禁，与同罪。""穿垣出秽"一方面指从墙洞往出倒污秽之物，另一层意思就是乱丢垃圾，要打六十大板；倒脏水则没事。"主司"应是当时城管的称呼,即城管人员如果不负责任,玩忽职守,同样打六十大板。唐代的城管看来职业风险不小。

《大明律》规定:"其穿墙而出秽污之物于街巷者,笞四十,出水者勿论。"比唐朝减了二十大板。

后来的明、清两朝处罚力度相当,疏于管理加上人口爆增,城市环境卫生状况已相当恶劣。1874年日本使臣(间谍)曾根俊虎到访中国后,在其《清国漫游记》中描述:城市里随处都是一堆堆的生活垃圾,人们还随意在大街上大小便,行走在街道上,经常是臭气冲鼻……"

(三)垃圾分类与循环经济

古人生活简单,垃圾也简单,但仍注意分类和循环利用。史料记载,秦汉时期人们已开始用餐厨垃圾喂猪,而猪圈与茅厕相通,猪同时也以人粪便为食,排泄物可堆肥。农作物的秸秆普遍被用作燃料,取暖、烧锅等。这种习惯直到20世纪90年代还在我国农村普遍存在。

清代沙俄使节尼·斯·米列斯库在其《中国漫记》中,对当时国人的循环利用作了生动的描述:"任何不屑一顾的(餐厨)废物,他们都不忍遗弃,一小块皮革,各种骨头、羽毛、畜毛,他们都着意收藏,然后巧妙加工,制成有用物品。"

当代有个叫陈光标的慈善家,是靠资源回收及再生利用,也就是收破烂取得成功,做了好多善事,也引起很大争议。其实我国古代早就有靠收破烂发家致富,甚至飞黄腾达的。

据北宋纪实小说《太平广记》载:"河东人裴明礼,善于理业,收人间所弃物,积而鬻之,以此家产巨万。"说是唐朝贞观年间,有个叫裴明礼的人靠收破烂发家致富,家财万贯。

唐代史书《御史台记》里也有裴明礼的相关记载,称其每天四处回收废品,然后根据不同价值进行分类,再卖给有需要的人。就这样滚雪球般累积下来,竟成当地富翁。

据描述,这个裴明礼极具商业头脑,其营销模式和技巧简直就像今天的网红穿越了。他花小钱在京城长安郊外买了一块荒地,上面堆满乱石,眼见清理起来很费功夫,便脑袋一晃计上心来,在地里竖起几根木杆,上吊几个篮子,在路边竖一幡，上面写明：只要几步之外能将石头投进篮子，一律有奖。

瞧这多像今天的垃圾分类有奖游戏？结果吸引了大量路人参加，很快把地上石头捡光了。他将石头收集到一起，转手卖给有需要的人，赚了一笔。没石头了，地上很快杂草丛生，又开始在上边养羊，等羊粪把地养肥了，就开始在上边种水果，然后销到京城，又赚得盆满钵满……

唐太宗听说了裴明礼的事迹，叹为理财能手，人才难得，便封其为"殿中侍御史，转兵吏员外中书舍人"。唐高宗时累迁太常卿，位列九卿，成了"高干"。

从"破烂王"跃身成为朝廷高官，裴明礼因搞垃圾分类和循环经济达到人生巅峰，到今天都堪称励志楷模。

二、现代垃圾分类

中华人民共和国的垃圾分类从1957年开始，至今共经历了四个阶段。

讲述过程主要以台湾地区和深圳（也包括北京、上海、广州、厦门等城市）的实践为参照。

（一）1957—1980年——勤俭节约，资源回收

数十年后，我还记得20世纪70年代初的一天，正在上小学一年级的我，在学校墙外捡到一件宝贝。

其实就是一只老师用过，丢到墙外的牙膏皮。

我拿着牙膏皮，兴冲冲跑到村里"合社"（当时村商店全称供销合作社，简称"合社"），交给售货员高伯，他问是要5分钱还是要水果糖，我说要糖，他就给了我两颗水果糖。

那时，农村一年吃两次肉，一次是春节，一次是中秋节。能吃两颗水果糖，不亚于过节吃肉。

所以那个年代，能捡到一只牙膏皮，在一个农村小孩眼里就是捡到宝了。

那时我所在的村子有个张大爷，整天走街串巷收破烂，旧报纸、破塑料、牙膏皮、废金属，连头发都收，最后都卖给供销社。张大爷的日子比其他农民好得多，盖起了五间大瓦房，家里人季季都能换上新衣服。那时兴"割资本主义尾巴"，我的大哥上山砍了几捆柴下来，都被大队当"资本主义尾巴"收缴了，唯独没见

过割张大爷的"资本主义尾巴"……

中华人民共和国成立初期，国家百废待兴，一穷二白，物质财富和资源极度匮乏。正是在这种背景下，1957 年 2 月，毛主席发出号召："要勤俭建国，反对铺张浪费，提倡艰苦朴素、同甘共苦"。

作为呼应，1957 年 7 月 12 日，《北京日报》头版头条发表文章《垃圾要分类收集》。这是中华人民共和国历史上第一次提出垃圾分类的概念。

那时的垃圾分类，就是在勤俭节约、减少浪费的宗旨下，开展以供销社为主导的资源回收。从城市到乡村，几无废弃物，捡到牙膏皮、橘子皮、旧报纸、废铁等，交给供销社都能换钱。

1957—1980 年，计划经济体制下的垃圾分类是以资源回收为愿景，与我们今天以减量为首要目标的垃圾分类不可同日而语。

（二）1980—2012 年——台湾实战，大陆"做秀"

这个时段内发生了一件极有趣的事，我国大陆与台湾地区同在 2000 年开始垃圾分类试点，但 10 多年后台湾已是风生水起，大陆却在原地踏步。

1. 台湾实战

背景

20 世纪 80 年代，台湾经济高速发展，生活水平大幅提高，生活垃圾以惊人的速度增长，出现"垃圾大战"和"垃圾围城"。

有专家认为，生活垃圾爆炸式增长的主要因素是人，解决的关键也在人。于是提出"谁污染谁付费"的概念（生产者责任延伸），即每个人都要为自己产生的垃圾付出代价。

但在实际生活中，对个人产生垃圾的情况很难进行溯源和追踪。例如，一个在深山中徒步的人，四周没有任何人跟随，将喝空的矿泉水瓶扔到草丛，你怎么让他负责任？

于是有专家提出解决办法，在深山里虽然找不到扔矿泉水瓶的人，但那瓶子上有商标，可以找生产厂家负责任。这样，最初"谁污染谁付费"的板子就打在了生产商和进口商的身上。谁制造，谁进口，谁就要负责回收。

顶层设计

当然，实行"谁污染谁付费"得有法理依据。

1988年，台湾地区修订了所谓"废弃物清理法"，第16条明确规定实行（生产商和进口商）回收责任制。没法履行回收责任的企业，缴一定的押金给政府也可以。

1997年，台湾"环保署"在企业上缴押金的基础上，也拿出一部分资金，成立了资源回收基金。

资源回收基金主要对政府公告的数十种低附加值可回收物进行补贴，只要搞资源回收就有钱赚，所以台湾形成全民资源回收热。

补贴对象根据实际情况不断调整。例如，最早基金补贴的第一种物品就是矿泉水瓶，但后来发现其在回收市场很受欢迎，就将其剔除出补贴行列。

所谓"废弃物清理法"和资源回收基金，构成了台湾垃圾分类顶层设计的主干。

运行机制

在所谓"废弃物清理法"和资源回收基金的支撑下，台湾形成了垃圾分类标准化体系和运行机制——"四合一计划"：小区居民+政府清运队+回收商+资源回收基金。

针对个人和家庭，实行"定时定点投放，按袋计量收费"。台湾生活垃圾分为厨余、资源垃圾（可回收）和一般垃圾（不可回收）三类，不可回收垃圾的投放需要从政府手里购买专用垃圾袋。产生的不可回收垃圾越多，付的费越多，促使居民尽可能将生活垃圾中的可回收资源和厨余分拣出来。

如果说资源回收基金是台湾垃圾分类的引擎，那么按袋计量收费则成为提高居民垃圾分类参与率和分类精准率的法宝。

社会动员

怎样发动全民参与垃圾分类呢？

台湾采取公益组织先行先试，政府根据试点经验全面推进的办法。慈济基金会（以下简称慈济）作为宗教团体，以环保和垃圾分类入世，成为推动垃圾分类的最重要的一支民间力量。绿色公民行动联盟从最初的反焚烧公益组织，慢慢转化为推进垃圾分类的民间主流力量。主妇联盟作为妇女组织，动员家庭主妇承担家庭垃圾分类重担，并在台中市首先试点厨余垃圾分类，为全台推进干湿分类奠定了基础。

2. 大陆失去 10 多年

大陆在 1980—2012 年这 30 余年大体可分为两个阶段：

（1）1980—2000 年

- "拾荒者"主导资源回收

供销社体系退出废旧资源回收市场，以个体户为特征的"拾荒者"成为主力，市场的无形之手开始发挥调节作用，形成早期仍保持资源回收特色的垃圾分类。

缺陷：只重视值钱的高附加值可回收物，将不值钱的低附加值可回收物弃于生活垃圾中，成为垃圾围城的成因之一。

1999 年 2 月，北京时尚生活服务类报纸《精品购物指南》发表了一篇名为《北京遭遇垃圾围城》的报道，这是"垃圾围城"一词首次在我国出现。

（2）2000—2012 年

- 垃圾分类开始试点

20 世纪 90 年代末，我国垃圾围城的局面初步显现。建设部于 2000 年下发《关于公布生活垃圾分类收集试点城市的通知》（建城环[2000]12 号），确定将北京、上海、广州、深圳、杭州、南京、厦门、桂林 8 个城市作为生活垃圾分类收集试点城市，正式拉开了我国垃圾分类收集试点工作的序幕。

台北市也在当年 6 月开始进行垃圾分类规模化试点。

梅林一村是当时深圳的垃圾分类试点，与其他城市的试点一样，梅林一村的垃圾分类经历了这样一个过程——物业和居民积极响应和参与垃圾分类，但居民分类后的垃圾，在转运站又混在一起拉走。混收混运让居民感到分了也白分，倒不如不分，最终垃圾分类试点无疾而终。

梅林一村的情况，是当时 8 个试点城市，乃至整个中国垃圾分类的缩影。

失败主因：缺乏法律、政策、标准等顶层设计配套，亦未建立从分类到收集、运输和末端处理的系统工程，使得当时的全国试点无一例外地成为一场"秀"。

结果是，台湾地区在 2000—2012 年垃圾分类风生水起，而大陆却在原地踏步。

- **垃圾焚烧蓬勃兴起**

早在1988年，深圳修建的全国第一个垃圾焚烧发电厂——清水河焚烧发电厂正式投产，采用日本三菱重工马丁式焚烧炉技术，日处理生活垃圾450吨，成为中国垃圾焚烧发电的试验田。

垃圾焚烧工艺在全国大面积普及则是从21世纪初开始。面对垃圾围城日益严重的局面，全国人大于2005年2月出台了《中华人民共和国可再生能源法》，鼓励和支持可再生能源并网发电，奠定了垃圾焚烧发电行业的法律地位。

国家发展改革委在2006年1月4日发布了《可再生能源发电价格和费用分摊管理试行办法》，明确生物质发电项目上网电价补贴标准为0.25元/千瓦·时。

2012年3月，国家发展改革委出台了《国家发展改革委关于完善垃圾焚烧发电价格政策的通知》，对原补贴政策作出调整，明确吨垃圾发电量不大于280千瓦·时时可以享受国家0.65元/千瓦·时（此为指导价，各地可根据不同情况调整并网电价）的电价补贴政策。

国家发展改革委2012年的补贴政策，使垃圾焚烧发电有了清晰的盈利模式，即每吨垃圾焚烧处理后的利润为，当地政府所付每吨垃圾处理费+每吨发电280度[①]×0.65元。

以深圳为例，政府给焚烧厂每吨垃圾的处理费为180元，上网电价在0.45元左右，那么焚烧厂处理每吨垃圾的毛收益就是：180+280×0.45=306元。

- **邻避问题此起彼伏**

2004年，中国超越美国，成为世界最大垃圾产生国。

2006年，中国第一个垃圾焚烧厂——深圳清水河垃圾焚烧厂在当地居民的不断抗议声中完成历史使命，停止运营。

但中国因垃圾焚烧引发的邻避问题，才刚刚开始。

2000—2012年，中国垃圾分类原地踏步，但垃圾焚烧产业在国家政策的倾斜和明晰稳定的高额利润吸引下，以雨后春笋之势快速发展，截至2009年，全国已建成并运营垃圾焚烧厂74座。

但随之而来的是，邻避问题此起彼伏。

[①] 1度=1千瓦·时

2009年，是国内反焚烧最激烈的一年，全国数十个城市都发生过"反焚"群体事件。

特别是发生了两件轰动全国的事：

当年7月，北京海淀区有关领导为了和当地居民沟通修建焚烧厂的事情，专门请清华大学环境学院聂永丰教授去给当地居民做科普和思想工作，结果场面失控，一些居民甚至出手打了聂教授。

同年9月，为了反对在离社区3公里处的阿苏卫建垃圾焚烧厂，上百名奥北社区居民在北京东三环农业展览馆附近聚集，7人被行政拘留，其中包括后来著名的垃圾分类达人、网名"驴屎蛋"的黄小山。

其实就邻避现象而言，百姓真正反对的是污染而非焚烧工艺本身，之所以将关注点聚焦在焚烧上，原因有四：

其一，一些地方政府推进焚烧项目时，急躁冒进，没与当地居民进行有效沟通，剥夺居民知情权，引发不满；

其二，省略了应有的法定环评和听证程序；

其三，违背承诺，弄虚作假，投入少、设备差、排放严重超标；

其四，媒体对邻避事件报道不够客观，过分放大排放超标及其危害性，却对焚烧工艺是目前最先进的垃圾处理工艺，出现排放超标主要是人为因素这些情况报道不充分，造成了垃圾焚烧"妖魔化"的社会印象。

因为上述原因，民众本来的"反污染"演变成了"反焚烧"。

虽然争议很大，但垃圾焚烧无疑成为各地应对垃圾围城的利器。

（三）2012—2016年，探索实践，总结经验

以深圳为例，2012年8月，深圳市城管局召开新闻发布会，宣布在全市启动垃圾分类。在此后的4年多时间里，深圳开始进行垃圾分类顶层设计和体制、机制建设等多方面的探索。

• 四只"小白鼠"

①推出520多个试点，物业+垃圾分类：由于缺少政策法规配套，物业主导的小区垃圾分类形同无牙之虎，无法驱动居民参与，且由于在给付物业经费问题上存在渠道和政策性障碍，最终试点无法持续。

②互联网+垃圾分类：由深圳英尔科技推出的互联网+垃圾分类试点，在福田区滨河新村试行，以会员卡、可溯源厨余垃圾智能回收桶和智能化垃圾分类服务站构成数字化运行体系，曾吸引了全国的关注。贵州高远环保咨询有限公司也在贵阳乌当区进行过类似互联网+垃圾分类试点，得到了住建部及相关专家的肯定。但以上两个互联网+垃圾分类试点，都因缺乏政策支持而昙花一现。

英尔科技总经理李海涛和高远环保董事长兰亚军，因此被称为中国互联网+垃圾分类的第一批"殉道者"。

③社区O2O——格林美"回收哥"：2015年10月12日，由深圳某公司推出的"互联网+O2O分类回收"APP"回收哥"正式上线，统一回收生活垃圾中的全部可回收物，实现居民线上交投废品与回收哥线下回收的深度融合，市民只要轻点手机，就可预约安全可靠的回收哥上门服务。

但"回收哥"在深圳运转不到一年，即遭散布于各小区的拾荒者"击溃"，原因是拾荒者背后是一个庞大而成熟的废旧资源回收市场机制，确保了他们可以低成本运作并生存。而"回收哥"单就其散布于各区域的工作人员的工资及管理成本，就已将其压垮。

④试行定时定点投放：罗湖万科天景花园是万科集团第一个地产项目，于2012年12月在深圳第一个试行定时定点投放，今天仍在继续。

• 大事件

① 2014年10月26日，深圳市法制办组织召开《深圳市生活垃圾减量和分类管理办法（草案稿）》立法听证会，在一片争议声中，以厨余处理技术存在缺陷为由，宣布厨余不再单独分类，深圳从四分类（厨余、可回收、有毒有害、其他）变为三分类（可回收、有毒有害、其他+厨余）。此举被坊间称为"历史性倒退"，违背了干湿分类的垃圾分类基本规律。

② 2015年8月1日，《深圳市生活垃圾分类和减量管理办法》正式颁布实施。同一天，深圳推出包括王石、周笔畅在内的首批10个垃圾分类推广大使。

（四）2016年至今，真抓实干，快速发展

由于顶层设计不清晰，各地方政府迟疑观望，2016年12月21日前的中国垃圾分类，就如无头苍蝇般乱撞了16年，空耗光阴和钱粮无数。

2016年12月21日，习近平总书记在中央财经领导小组第十四次会议上提出要"普遍推行垃圾分类制度"，实现生活垃圾"三化"。

这是国家最高领导人首次倡导垃圾分类，中国垃圾分类终于有了最高一级顶层设计，也标志着垃圾分类从环保层面上升到政治层面。

这一天是中国垃圾分类的分水岭和真正的元年。

2017年3月18日，国务院办公厅发布《生活垃圾分类制度实施方案》，包括深圳在内的46个城市进行强制分类。中国垃圾分类有了第二级顶层设计。

1. 深圳：顶层设计和九大分流体系

- 标准化分类手册

2017年6月3日，深圳发布全国首份家庭垃圾分类投放指引。

- 立法

《深圳市生活垃圾分类管理条例》（以下简称《条例》）立法工作，于2017年下半年正式启动，2019年12月31日年末压哨通过，于2020年9月1日正式颁布实施。

垃圾分类与个人征信挂钩，本来是《条例》在讨论阶段的一大亮点，但在最后表决通过时，却把垃圾分类与个人征信挂钩的条款删去了，只保留了将收集、运输和处理单位的违法、违约和处理结果纳入环境卫生服务评价体系。

这可能成为这个《条例》最大的缺憾。

《条例》规定对个人垃圾分类违法行为处以50~200元的罚款，坊间认为对高收入的深圳人而言如和风细雨，威慑力有限。

有专家认为，垃圾分类挂钩个人征信，是拯救居民参与率和分类精准率"双低"顽症的利器，可惜被深圳放弃了。

- 确立和建设八大分流体系

推出生活垃圾八大分流体系，是2017年深圳垃圾分类的一件大事。

八大分流体系：年花年桔+大件垃圾+废旧织物+玻金塑纸+有毒有害+餐厨垃圾+绿化垃圾+果蔬垃圾。

这是深圳多年来垃圾分类实践经验积累的结果，也是国家垃圾分类顶层设计明晰之后的豁然开朗，已然成为深圳生活垃圾实现减量化、资源化和无害化处理的利器。

- 集中分类投放，定时定点督导

居民垃圾分类参与率和分类精准率"双低"，是困扰垃圾分类多年的顽症。为解决这个难题，深圳自2018年7月起在全市逐步推进"集中分类投放，定时定点督导"的模式，即楼层不设垃圾桶，在楼下集中设置分类投放点；安排督导员每天19：00—21：00在小区投放点进行现场督导，引导居民参与分类、准确分类。

实践证明，督导的确对提高居民垃圾分类参与率和分类精准率有一定促进作用，但绝非治本之策。概因其属于"要你分"的外来因素，而非来自居民自身"我要分"的内在因素。

真正能使居民产生"我要分"内在动力的因素有二：一是像台湾地区一样把"谁污染谁付费"落实到个人和家庭；二是将垃圾分类纳入个人征信系统，成为能影响你我社会生活的因素。

- 深圳大事件

之一：垃圾分类"万言书"

2018年深圳两会召开期间，由郑学定、肖幼美牵头的10多名人大代表，推出了深圳垃圾分类"万言书"，洋洋洒洒2万多字，痛陈深圳垃圾分类存在的种种弊端，提出了多种建议和解决方案。特别是对深圳在2015年暂停厨余垃圾分类，提出了批评，认为不分厨余的垃圾分类是假分类，呼吁重新启动。

同年8月21日，肖幼美会同郑学定等人大代表，就两会垃圾分类"万言书"提出的系列问题，约谈深圳市城管局主管领导，了解落实情况，特别就厨余垃圾分类问题进行了重点沟通。

约谈会后不久，深圳市城管局宣布全市重启小区厨余分类。深圳在原有的年花年桔+废旧织物+玻金塑纸+有毒有害+绿化垃圾+餐厨垃圾+大件垃圾+果蔬垃圾等八大分流体系的基础上，再加上厨余，就升级为生活垃圾九大分流体系。

之二：三大焚烧厂正式运营

2015年12月20日，发生在深圳光明新区红坳余泥渣土受纳场的滑坡事件，造成73人死亡，4人失踪，直接经济损失8.8亿元，震惊全国，26名企业负责人和19名政府官员因此被判刑。

此事不仅拉响了深圳建筑垃圾围城的警报，也间接使得深圳生活垃圾围城雪上加霜。为吸取教训，避免超标排放，宝安区老虎坑环境园宣布不再接纳来自当时龙华新区的每天 2 000 吨生活垃圾。坪山新区日处理量 650 吨的鸭湖填埋场，于 2015 年年底前关闭。

每天突然多出的 2650 吨无处可去的生活垃圾，还有按 6%年递增率新增的垃圾量，使得深圳在 2016 年陷入前所未有的垃圾围城窘境。

怎么办？只有加快焚烧处理设施建设。

2019 年，3 座焚烧发电厂正式建成并运营：老虎坑三期日处理 3 800 吨；妈湾二期日处理 1 500 吨；东部环保发电厂日处理 5 000 吨，亚洲第一。

2．上海：党建引领社区综合治理

据《经济日报》消息，自 2019 年 7 月 1 日《上海市生活垃圾管理条例》正式实施，上海推进生活垃圾强制分类以来，截至 2020 年 6 月，上海可回收物日均回收量达到 6 000 吨以上，有害垃圾日均分出量达到 1 吨以上，湿垃圾日均分出量达到 9 000 吨以上，干垃圾日均处置量控制在 1.68 万吨以下，垃圾资源回收利用率达到 35%以上，提前实现了国务院《生活垃圾分类制度实施方案》中规划的在"2020 年生活垃圾回收利用率达到 35%"的目标，并基本实现原生生活垃圾零填埋。

仔细梳理，不难在上海垃圾分类一年来的运行轨迹里，发现最令人炫目的成就就是党建引领，党建引领背后是社区综合治理。

20 年来，垃圾分类在社区推进中步履维艰，困难重重，居民参与率和分类精准率"双低"问题一直难以解决。主因是我们只是把垃圾分类当作一个社区环境卫生问题来处理，相对重视体系和末端处理设施的建设，却对解决"双低"问题重视不够。

其实，社区垃圾分类的外延远远超出了环境卫生问题的范畴，涉及治安、法制宣传、人民调解、消防、防疫、环保公益、公德教育、社区文化、流动人口管理、妇联工作等诸多方面，是货真价实的社区综合治理问题。

这样一个社区综合治理问题，过去多年几乎都是在政府部门中相对弱势的城管（市容）系统单枪匹马在推进，收效甚微在所难免。

而居民参与率和分类精准率，则是我愿不愿意分和认不认真分的"人心"问题。过去20年，我们在这个问题上投入有多大，相信业内人士都有一本账。

上海垃圾分类推进，恰恰抓住了上述两个核心问题。

从组织形式上体现为"党建+垃圾分类"，各街镇党政一把手亲自上阵，成立了以街道书记和主任为组长的垃圾分类工作领导小组，往下社区和居委会也都是党政一把手亲自上阵。以前，城管去社区推行垃圾分类，物业不配合也毫无办法，因为他管不了物业。现在党委出面，综合治理中涉及的各个方面党委都有权过问，正所谓"号令一出，莫敢不从"，诸多问题迎刃而解。

从工作方法上，上海是从"围着垃圾转"转变到"围着人心转"，这不仅是对过去垃圾分类认识和理念上的颠覆，更是对过去忽视"人心"错误的纠正。

从"围着垃圾转"转变到"围着人心转"，是上海给全国提供的最有价值的参照。

上海目前已形成"垃圾分类+党建""垃圾分类+公益""垃圾分类+自治""垃圾分类+共治"的多重局面，证明以党建引领、以社区综合治理为切入点、以"人心"工程为突破口的上海垃圾分类模式，已越来越显示出强大的威力。

3. 厦门：督导员职业化形成长效机制

厦门垃圾分类连续多个季度，在全国考核评比中名列第一。其最值得其他地区借鉴的，就是在垃圾分类督导中，厦门的督导员已具备职业化雏形，使督导具备了长效机制的前景。

督导是目前解决居民参与率和分类精准率"双低"问题的常用手段，需要长效机制。但目前各地出现的政府委托第三方和物业公司，或者是通过购买服务方式形成义工+社工的"双工模式"及居民义工队等自治模式，都相对是一种临时和短期行为。

而最早进行垃圾分类督导的厦门，其督导长效机制主要体现在以下几点：

以党建引领，由社区党委（居委会）挂帅组织招募督导员，具备了在社区进行督导的权威性。

每个督导员由财政支付3 000元工资，每天6：00—10：00，16：00—20：00进行督导，像其他职业一样每天八小时工作制。这种工资待遇和工作模式，更像是一份正规的职业，可以长久干下去。

实行"督导+宣传+服务"的工作模式，督导员以登门沟通、组织活动等方式进行垃圾分类宣传，同时在力所能及的范围内为居民提供服务，如早晚清洗垃圾桶去除臭味，雨天帮带孩子的居民刷门卡等。这种模式让督导员在社区里沉下去，与居民打成一片，监督效果更好。

厦门模式培养出"最牛"督导员，拉得下脸、直得起腰、扛得下责任——垃圾分类是利国利民的好事，做督导员要挺起腰杆；邻居分得不对或者不配合，该批评就要批评。

4. 垃圾焚烧厂10年增加303%

据北极星固废网消息，截至2019年2月，不包含港、澳、台地区在内，我国内地在运行的生活垃圾焚烧发电厂已达418座。另据《21世纪经济报道》消息，2019年是垃圾焚烧发电项目建设最多的一年，全国约有600个大、中、小型生活垃圾焚烧发电厂项目拟在建。

国务院于2020年6月10日举行新闻发布会，生态环境部副部长赵英民介绍，生活垃圾焚烧发电厂10年间增加了303%，焚烧处理量增加了577%，焚烧处理量比例由10年前的8%提高到了27%。

焚烧厂迅猛发展极大地缓解了全国垃圾围城的紧张局面，但也带来了严重的社会问题：

- **低价中标，使邻避问题雪上加霜**

10年来，焚烧产业在邻避大潮和民众的质疑声中，奇迹般发展起来。政府补贴的加持和高额利润的吸引，无疑是重要因素，也正因为如此，使得诸多企业趋之若鹜，为达目的，不惜竞相压价，以超低价中标。

据《中国环境报》报道，2015年12月18日，浙江绍兴日处理规模为2 250吨的焚烧项目，重庆三峰以18元/吨的报价击破了此前的最低纪录中标。2017年12月21日，太湖县垃圾焚烧发电BOT项目，安徽皖能环保中标，垃圾处理费单价为15元/吨。

1999年，上海江桥垃圾焚烧处理项目，政府的处理服务费为213元/吨；目前，深圳地区焚烧处理服务费为180元/吨。

两相比较，15元、18元中标无异黑色幽默，但这恰恰就是中国焚烧行业乱象丛生的缩影。

之所以低价到击穿底线，是因为没有相关政策规范，无规矩难成方圆。一旦中标，就以一纸PPP合同"绑架"政府，由政府对低价竞标造成的后果买单，这方面先例不少。

例如，某市1 000吨/日的生活垃圾焚烧发电厂，BOT协议中生活垃圾补贴费是60元/吨。项目刚刚运行几年，由于缺乏经验等因素，盈利状况较差，烟气排放也不达标。后来通过媒体曝光，使政府面临压力，最后政府出资改造烟气处理设备，并把生活垃圾处理补贴费一次性提高到120元/吨。

而相关政府对低价中标的危害一清二楚，却心安理得地接受，绝不仅仅是责任心缺失那么简单。中国城市建设研究院总工程师徐海云对此曾一针见血地指出："在一些地方，决定拿到生活垃圾处理BOT项目的三要素是关系、资金、技术，而关系往往起决定性作用。这一现状不改变，无论项目中标是低价、中价还是高价，其背后的结果都没有本质区别。"

焚烧项目招标，本是关系生态环境和民生安危的大事，却在很多时候成为一场秀，一个局，甚至一场戏。呜呼！

邻避问题的根本原因是政府公信力的缺失，低价中标使得邻避问题雪上加霜，政府公信力进一步"黑化"。

PPP项目中标后的合同，代表着契约精神，但在低价中标的冲击下，则形同儿戏。

- 严重对冲垃圾分类的努力

10年时间，焚烧厂增加了303%，这种对比也形象地代表了社会对焚烧和垃圾分类截然不同的重视度和投入。

任你什么成分的垃圾，焚烧厂一烧了之，简单粗暴。

但搞垃圾分类不知多麻烦，一进小区就一地鸡毛，斩不断，理还乱！

先排除万难把焚烧厂建起来，化解眼前垃圾围城燃眉之急。至于垃圾分类，雷声可以大一点，雨点嘛，大小其实都不要紧，反正有焚烧厂这根定海神针兜着。

——这其实就是许多地方政府的真实心态。

在这样的心态或潜意识下，你会发现垃圾分类搞了多年，竟然会把最重要的

"人心"工程（居民参与率和分类精准率）给忘了，轰轰烈烈弄了一大堆模式呀体系呀什么的，最后发现居民根本不参与，或者参与了也是应付差事乱分一通。

喊了多年分类投放、分类收集、分类运输、分类处理，结果混收混运仍然涛声依旧……

很多垃圾分类中存在的问题，背后似乎都有焚烧的影子。

因为只要不分类了，焚烧厂的业务量就更大了。

道理就这么简单。

多年来我们在垃圾分类上的付出和努力，无形中都在遭受着焚烧产业的对冲。

- **给焚烧戴上垃圾分类的"笼头"**

垃圾焚烧随着垃圾围城的出现应运而生，在进入垃圾分类时代后，其本来应该作为垃圾处理的环节而成为垃圾分类系统工程的一部分，准确说是要戴上垃圾分类的"笼头"。

但由于顶层设计的疏忽，焚烧产业如今依然如一匹脱缰的野马，游离于垃圾分类的规范之外，加上国家补贴加持下的高额利润，使得行业乱象触目惊心，垃圾分类难获实质进步。

要从根本上扭转这种局面，一是要从顶层设计做起，在资金投入上从焚烧向分类环节倾斜；二是真正给焚烧套上垃圾分类的"笼头"，按垃圾分类的要求去建立焚烧产业的规范约束和监督机制；三是2019年1月，国家发展改革委和国家能源局发布《关于积极推进风电、光伏发电无补贴平价上网有关工作的通知》，尝试逐步取消对风电和光伏发电的补贴，那么，是否也可参照之对焚烧行业的补贴机制进行改革呢？

当有一天焚烧行业被真正套上垃圾分类的"笼头"，国家不再对之进行政策倾斜，行业利润趋于正常时，还会出现这种一窝蜂、无底线的低价中标么？

参考文献

[1] 鲁思·本尼迪克特. 菊与刀[M]. 吕万河，熊达云，王智新，译. 北京：商务印书馆，2012.

[2] 朱迪斯·M. 本内特. 欧洲中世纪史[M]. 杨宁，李韵，译. 上海：上海科学出版社，2007.

[3] 弗朗西斯·艾丹·加斯凯. 黑死病（1348—1349）：大灾难、大死亡与大萧条[M]. 郑中求，

译. 北京：华文出版社, 2019.

[4] 理查德·扎克斯. 西方文明的另类历史[M]. 李斯, 译. 海口：海南出版社, 2002.

[5] 卡特琳·德·西尔吉. 人类与垃圾的历史[M]. 刘跃进, 魏红荣, 译. 天津：百花文艺出版社, 2005.

[6] 威廉·拉什杰, 库伦·默菲. 垃圾之歌[M]. 周文萍, 连惠幸, 译. 北京：中国社会科学出版社, 1999.

[7] 环保市场恶性竞争：低价中标后"绑架"政府提价[DB/OL]. 每经网, 2016-01-22. http://www.nbd.com.cn/articles/2016-01-22/979864.html.

[8] 徐海云：低价中标现象的背后[DB/OL]. 中国水网, 2015-09-21. https://www.h2o-china.com/column/230.html.

[9] 垃圾分类水平全球第一！这个国家走过了怎样的百年垃圾分类史？[DB/OL]. 前瞻网, 2019-07-09. https://t.qianzhan.com/caijing/detail/190709-59 ae8 b43.html

[10] 趣说｜带你了解古人的垃圾分类智慧[DB/OL]. 环卫科技网, 2019-12-03. https://www.cn-hw.net/news/201912/03/68730_2.html.

第二部

深圳笔记

本部分集纳了 2012—2019 年深圳垃圾分类经历的重大事件新闻报道。

循着时间顺序，原汁原味，不加粉饰。

看似是一个城市的垃圾分类成长史，却浓缩了对整个中国垃圾分类的思考、探索和迷惘、徘徊。

也承载了笔者的垃圾分类炼狱苦旅，懵懂、启蒙、幼稚、感悟……

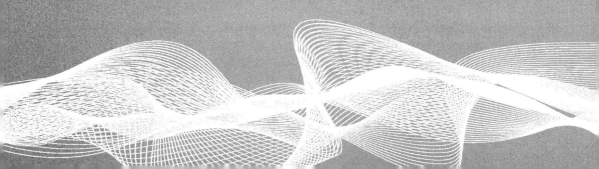

1

"垃圾记者"出世

毙稿

[**新闻背景**] 2010年3月,接到深圳市一位人大代表的举报,我受报社委派对龙岗区平湖街道辅城坳社区居民投诉周边垃圾焚烧厂致癌的情况进行了调查,感觉触目惊心。后来稿子都上版了,半夜又被"毙"了。

几年后才知道,这是自己生平第一次与垃圾扯上关系,而且是在关注邻避事件。但那时根本没这概念。

人生境遇,大多由偶然促成。

且这偶然,竟让我从调查记者摇身变成了"垃圾记者"。

垃圾焚烧厂环伺平湖辅城坳社区
居民不知下一个患癌的是谁?

(采写于2010年3月)

从垃圾焚烧厂到村子是300米,从村子到垃圾焚烧厂也是300米。

从垃圾焚烧厂到水源是300米,从水源到垃圾焚烧厂也是300米。

这就是龙岗区平湖街道辅城坳社区居民所居住的环境。

他们说:从2005年垃圾焚烧厂投产以来,全村33人因患癌而亡;全村6年征兵体检无一合格。垃圾焚烧厂已威胁到全村人的基本生存权。

不知道被谁"忽悠"

"到现在,我们也弄不清楚是谁忽悠了我们。"2010年3月19日上午,辅城坳社区工作站副书记叶志球告诉记者,龙岗区平湖街道辅城坳社区面积有4.9平方公里①，本村居民 1 200 多人，加上外来人口，共居住着 8 万多人。在 2000 年平湖垃圾焚烧发电厂（以下简称垃圾焚烧厂）规划之初，由于担心垃圾焚烧产生污染，平湖街道居民尤其是辅城坳社区居民就坚决反对该项目的落户。

后来，当时的龙岗区政府一位主管副局长带着 50 名辅城坳社区居民代表前往澳门，参观当地的垃圾发电厂，很先进，也很环保，闻不到一点臭气。"当时的政府主管领导和厂方承诺，会用比澳门更加先进的技术来建设平湖垃圾焚烧厂。"叶志球说，那位副局长甚至发誓："如果厂子投产后达不到承诺要求，你们可以把它扒了。"最终，居民同意了发电厂的进驻。

"起初社区的确同意建垃圾焚烧厂，可动工后居民才发现，所谓的大贸一期、二期项目完全是两个不同的企业在做：一期为中联发电厂，2003 年年尾投产；二期为大贸发电厂，2005 年修建，2007 年投产。"叶志球说，"这两家发电厂的法人不一样，经营管理各不相干，我们的确同意了第一家厂的规划，但后建厂根本没有征得社区居民的同意，也并未进行相关的环保测评。"

记者了解到，平湖垃圾焚烧厂一、二期工程，由龙岗区城管局按照相关协议管理，分别由深圳粤能环保再生能源有限公司和深圳市大贸环保投资有限公司运营，主要处理布吉、南湾、坂田、平湖和横岗 5 个街道的部分生活垃圾。目前，平湖垃圾焚烧厂一、二期日处理垃圾总量达 1 675 吨。

"但等到垃圾焚烧厂投产了，我们才发现根本不像区领导当初承诺的那样，能跟澳门垃圾发电厂一样环保。"叶志球说，垃圾焚烧厂排出的烟尘其臭无比，根本没经过相应处理，所产生的微粒铺天盖地，洒在居民的窗台上、饭桌上和汽车上，黑色微粒落在车上抹都抹不掉的，社区内私家车的车身基本上都有黑色斑点，白色的车看上去更刺眼。

"我们找厂子，厂子不理；找区政府，区政府也推来推去。"叶志球说，"我们到现在也不知道是谁忽悠了我们。"

"去澳门参观垃圾焚烧厂当时我也参加了，并不像居民们说的那样完美无缺。"平湖垃圾焚烧厂大贸二期工程负责人贺先生向晶报记者表示，一期工程不是大贸公司的，而是广州一家企业的，确实有一些问题，但二期工程 2005 年上马后在各

---

① 1 公里=1 千米

个环节的工艺质量都有大幅度提高，也是按较高标准设计和运作的。

受癌症威胁，当兵报国无门

叶志球向记者出示了两份资料，一份资料是村民癌症死亡名单，上面显示，自 2004 年垃圾焚烧厂投产后，辅城坳社区居民共有 33 人死于癌症。令人触目惊心的是还有两名"80 后"。

另一份资料是辅城坳社区居民体检报告，显示社区居民 149 人，其中男性 48 人，女性 101 人，去罗湖区某医院体检，肺癌组合项目检查结果显示，女性肺癌组合异常者 56 人，占 37.58%，男性异常人数 27 人，占 18.12%。"现在癌症阴云笼罩着全体村民的心，大家都不知道，垃圾焚烧厂再这么无人管束地排放下去，下一个得癌的会是谁？"叶志球说，他现在还要组织其他村民分批去做体检。

"更惨的是垃圾焚烧厂让我们辅城坳社区的男青年报国无门。"叶志球感叹，自从 2004 年以来，该社区每年送到征兵办的 30 多名候选青年没有一个体检合格的。今年的征兵工作刚刚结束，辅城坳社区共有 34 名青年选择报效国防，但这 34 人中，33 人心肺、血检、尿检等都不合格，唯一合格的，还是长期离家在外上学的一位学生。"垃圾发电厂投产以前，我们社区每年都有几个体检合格的呢。"

2005 年以来，为躲避污染，附近有条件的少数居民已经搬到其他地方居住。"每年都还会有辖区企业来工作站反映垃圾焚烧厂的污染问题，到目前为止，已经有十多家企业因为受不了污染而搬走。"叶志球说，居民已经多次向平湖街道办事处、环保所、区人大以及市人大和市信访局等部门反映情况，但直至目前未收到有关部门的任何正式答复。"垃圾焚烧厂不仅威胁到辅城坳居民的健康，更威胁到本地未来的可持续性发展，谁来为我们做主？"

对于以上说法，大贸二期工程负责人贺先生表示，村民癌症发病及体质下降等情况，是否与垃圾焚烧厂有关，还有待科学论证，据他所知，辅城坳社区已将市环保部门告上法庭，相信法庭会对此作出公正判决。

300 米还是 500 米之谜

19 日中午，记者在一位村民的带领下，登上位于辅城坳社区东面的一座山包，可以清楚地看见，垃圾焚烧厂西面及北面是居民区，东面就是水源区，附近还有两所学校，距离很近。带路的村民断定，垃圾焚烧厂距居民区、学校和水源的距离都不超过 300 米，威胁到他们生活的方方面面。

记者看到，垃圾焚烧厂的烟囱在正午的阳光下正在排出淡淡的白烟。但带路的村民叶先生则说，这只是做做样子，到晚上他们可就不这样收敛了，排出的气体能把人熏死。而且，以前也有人大代表或领导来检查，他们都像现在这样，看不出有问题。但检查的人前脚走，他们后脚就变本加厉地排放有毒气体。叶先生向记者出示了一张图片，是他 1 月 12 日拍到的，焚烧厂排出的黑烟把太阳都遮住了。

而大贸二期的贺先生则表示，他们选厂址时都是严格按环保相关规定来办的，厂子离居民区和水源的距离都在 500 米以外，是符合环保要求的。但贺先生承认，最近上马的地跨宝安、龙岗两区的白鸽湖垃圾焚烧处理厂，距辅城坳社区的距离确实在 300 米左右。

居民愿望：政府收回，斩断利益链

"我们辅城坳地处偏僻，市上把什么不好的项目都往我们这儿搞，你看，垃圾焚烧厂两家，还有一个公墓，这不，两家不够，宝安区白鸽湖垃圾焚烧处理厂也弄到我们村子边上了，还让我们活不活啊！"叶志球苦笑着对记者说，作为社区领导，居民生活不安定，让他们情何以堪？

记者了解到，白鸽湖垃圾焚烧处理厂位于宝安区观澜街道樟坑径社区与龙岗区平湖街道辅城坳社区交界处，于 2008 年 5 月 8 日获得规划部门下发的选址意见书，项目建成后预计日处理垃圾超过 1 000 吨。项目虽归属宝安区，但从地理位置上来看，距离辅城坳社区最近的民房不足 300 米。

白鸽湖垃圾焚烧处理厂于今年 2 月开工至今，两次遭遇龙岗平湖居民的阻挠，至今仍处于暂停建设状态。

"为什么垃圾焚烧厂会出现跟当初承诺大相径庭的情况，关键是背后利益链在作怪。"一位居民告诉记者，这些项目都是以政府的名义立项的，但上马后都变成了私人企业，每一个私企背后，都有一个庞大的利益链，他们为了获取高额利润，就想尽一切办法减少投入，降低成本，让承诺的高科技大大缩水。

不少居民表示，他们现在最大的愿望就是由政府把这些垃圾焚烧企业收回，就像梧桐山隧道那样，就可以把背后的利益链斩断了。他们相信，只有政府才会拿自己百姓的生命健康安全当一回事。

而大贸二期负责人贺先生则表示，他们垃圾焚烧厂采用的是BOT模式，政府对该机构提供的公共产品或服务的数量和价格可以有所限制，但要保证私人资本具有获取利润的机会。整个过程中的风险由政府和私人机构分担。当特许期限结束时，私人机构按约定将该设施移交给政府部门，转由政府指定部门经营和管理。"所以我们企业在经营到一定期限后，肯定是要交回给政府的。"

启蒙

[新闻背景] 2012年8月，深圳宣布启动垃圾分类。领导说，垃圾分类是个新鲜事物，你看能否写篇深度报道？

先做功课，查阅一下，发现两个有趣的问题：

1. 早在2000年，深圳等8个城市已作为全国试点开始推进垃圾分类。为什么十多年后，深圳还要再启垃圾分类？过去的10年都干什么了？

2. 也在2000年，台湾台北市几乎与大陆8个试点城市同时启动垃圾分类，为什么十多年后，台北已成垃圾分类"圣地"，而大陆仍在原地踏步？

调查记者刨根问底的毛病被"逗"起来了……

重启垃圾分类：深圳须以失去的十年为镜

（《晶报》2012年8月28日）

2012年8月2日，深圳市城管局召开新闻发布会，宣布垃圾分类进入实质性阶段，全市500个垃圾减量分类示范单位正式启动。而早在2000年6月，建设部就确定了北京、上海、南京、杭州、桂林、广州、深圳、厦门为全国8个垃圾分类收集试点城市。"但因种种原因，试点多以失败而告终，过去10年，对包括深圳在内的8个试点城市来说，是失去的10年。"市人大代表杨勤告诉晶报记者，在失去的10年里，与我们几乎同时起步的台湾地区和香港，却在城市垃圾分类上搞得风生水起。"深圳重启垃圾分类，必须以失去的10年为镜，以科学严谨的态度找出失败原因，并勇于纠正，才可避免在同一道坎上再次跌跤。"

环保组织举步维艰

汽车沿着红荔路西行，坐在副驾驶位置的市义工联环保组组长黄幸达，指着路边的垃圾箱说："你看，前些年搞垃圾分类时装的双垃圾桶，现在都变成单桶了，福田区垃圾分类又回到起点了。"

在黄幸达的记忆中，2000年6月，建设部确定深圳等全国8个城市为垃圾分类收集试点城市后，2003年10月，国家出台了《城市生活垃圾分类标志》。根据国家制定的统一标志，生活垃圾被重新划分为三类，分别是可回收物、有害垃圾和其他垃圾。也就是在这段时间，深圳启动了垃圾分类试点。

2001年消费者权益保护日，深圳市义工联环保组与东门天虹商场联合举办了第一场垃圾分类大型宣传活动，此后共进入208个社区进行垃圾分类宣传活动近600场。2004年4—9月进入四季花城和莲花北两个社区进行垃圾分类试点。"当时的感觉是小区居民对垃圾分类不了解，不知从何着手；小区也没有分类设施。"黄幸达说，"后来好不容易联络有关方面把设施搞好了，居民把垃圾分类了，环卫工人收集时又把垃圾倒在一起，引起居民反感。"

"各类民间环保组织对介入垃圾分类热情很高，但感觉政府职能部门对此反应漠然，在宣传、投入、相应支持等方面都不到位，使环保组织的活动难以为继。"曾在2007年深入彩田、莲花北等社区进行垃圾分类活动的环保组织"绿色珠江"创始人王华礼告诉晶报记者，在深圳前十多年的垃圾分类试点活动中，相关部门虎头蛇尾，没有真正行动起来，所以也不可能重视民间组织的力量。"职能部门不重视，环保组织行动起来单枪匹马，举步维艰。"

每天照照失去10年的镜子

作为深圳市最大的居民小区之一，梅林一村从1998年就开始实行垃圾分类管理，投资148万元建成全市首个垃圾分选站。但很快遭遇两大瓶颈，一是垃圾分类后，收集时又混合处理，影响居民积极性；二是垃圾处理硬件设施建设资金短缺。

"垃圾分类后又混合处理，反映了深圳在垃圾末端处理上的缺失。"市人大代表杨勤告诉晶报记者，中国绝大多数城市对垃圾末端处置就是简易的堆放和填埋，没有建立完整的系统化处置体系，深圳也未能例外。相关信息显示，截至目前，深圳的垃圾处理还是60%靠填埋。如果末端处置是简单填埋，市民垃圾分类做得再完美，每当看到垃圾车将不同垃圾桶的垃圾倒在一起的时候，肯定没兴趣再搞下去。

"很显然，10年前的深圳垃圾分类试点只是一场'秀'，找几个社区试点，摆几个垃圾桶，但最重要的末端处理环节根本没行动，注定了搞不下去。"杨勤说，垃圾分类包括分类收集、垃圾分拣、分类利用和分类处置等多方面，任何一个环节的缺失都会导致整个系统的失败，而末端处置的方式和水平是决定性的。末端处理需要相关配套设施建设，如有害垃圾的处理设备、焚烧厂、再生资源处理设备等，都需要大笔资金投入，事实证明深圳当时在这方面根本没动作。"过去10年，对包括深圳在内的8个垃圾分类试点城市来说，是失去的10年。"

人大代表吴立民则认为，前十多年垃圾分类试点的失败，关键一个因素是多头管理，因其涉及市区两级政府及宣传、教育、发改委、人居委、科工贸信、城管、财委等10多个部门和单位，人人有责的结果是人人都不负责，最终使当年的分类试点流于形式。

杨勤感叹，与我们几乎同时起步的台湾地区和香港，却在垃圾分类上远远走在我们前面，发人深思。"现在深圳重启垃圾分类，要想不走或少走弯路，无妨每天都照照'失去的10年'这面镜子。"

深圳垃圾分类路在何方？

"用鼓掌的双手搞环保"

那么，在大陆垃圾分类失去的10年里，台湾地区又是怎么搞上去的？

"台湾是在民间组织的推动下搞上去的。""绿色珠江"创始人王华礼告诉晶报记者，大约在20世纪90年代初，台湾地区的佛教慈善团体——慈济，首先倡导并推进垃圾分类，后来主妇联盟等其他民间团体纷纷加入。到了2000年左右，台湾地方政府看到民间组织把垃圾分类搞得有声有色，就开始介入，一是向民间组织提供一定的经费补贴（相当于我们的购买服务）；二是制定了相关的配套政策法规。

慈济深圳分会负责人叶碧峰,向晶报记者讲述了这样一个故事:1990年8月23日夜,慈济创始人证严法师在台中一夜市为当地民众演讲,夜市收摊后留下大量垃圾。演讲到精彩处,大家热烈鼓掌,证严法师便说:"请大家把鼓掌的双手,用在捡垃圾、扫街道、做资源回收上,让我们把这片土地变成净土;垃圾变黄金,黄金变爱心。"在场的人便纷纷动手,把夜市垃圾捡得干干净净。会场有一位女孩杨顺苓,因受法师的感召,在会后一个月到处捡拾资源回收物,并将资源变卖所得善款以"慈济人"的名义捐出。"用鼓掌的双手搞环保"成为台湾流行语,而那个夜晚,则被视为慈济环保事业的开端。

叶碧峰介绍,后来政府介入垃圾分类后,就是按照慈济的做法,制定了垃圾分类的实施办法及相关配套法律法规。"例如,我们将垃圾分装成多少个袋子,政府派来的收集运送车辆上也就挂上了多少个袋子。"

2007年12月,王华礼等12位大陆民间环保人士,受邀赴台考察垃圾分类。"我当时最大的感受是,台湾地区垃圾分类成功的关键,就在于很好地借助、鼓励和发挥了民间组织的力量。"王华礼介绍,以慈济为例,其在台湾地区建立了5 200多家环保站,环保站的首要功能是垃圾的回收、分类与循环利用。"如我们参观的八德环保站,旧货超市每个月的收入达到100万台币。"利用资源回收赚来的钱,慈济创办了"大爱电视台",在国际国内进行赈灾,汶川大地震后,慈济除了捐款捐物,还在什邡修建了几所学校,最近还在灾区建起了一座可回收资源处理厂。环保站的第二大功能是环保教育,除了持久性深入社区、学校宣传垃圾分类,还发动社区家庭主妇、退休人员投身环保事业。目前慈济的环保志工达到8万人,涉及各个层次。白天在环保站的大多数是退休的老人,而在"夜晚环保"的时间,主力则是下班后的中青年,主要从事装卸、开车等比较繁重的工作。

王华礼介绍,台湾地区最值得我们借鉴的,还是其理念——"环保精致化,清净在源头""垃圾不落地"。如慈济把垃圾分得很细,约有10大类,叫作"瓶(塑料瓶)瓶(玻璃瓶)罐(铝罐)罐(铁罐)纸(废纸)电(电池)一(旧衣服)三(家电、电脑、通信器材)五(五金)七(其他)"。"举个例子,我们许多人常常将各种饮料、饮水(塑料)瓶,与剩饭剩菜放在一个袋子里丢到垃圾箱,这样,本来可回收处理的瓶子就因污染而无法回收利用了。反过来,你将这些瓶子从一开始就单独放在一个袋子,使它保持清洁,那么就可以直接进行再生加工利用。"

王华礼告诉记者，美国和日本的回收塑料瓶大多卖给了中国，就是因为人家在源头上处理干净了，反过来我们每天产生的不计其数的塑料瓶，却因为源头污染而无法回收处理。

在8月2日的新闻发布会上，市城管局环境卫生管理处处长吴学龙表示，本次垃圾分类，将注意借鉴一些外来先进经验和好的做法，如台北的"垃圾不落地"政策，不仅在楼层取消了垃圾桶，甚至连小区、街巷里都不见垃圾桶的影子。政府部门要求居民在规定地点、规定时间提着垃圾袋等候垃圾车，不仅减少了垃圾分类的成本投入，也降低了人工等费用，值得深圳借鉴。

愿人人都把垃圾分类当修行

"引导市民接受垃圾分类，靠政府发文件，靠媒体在一段时间内集中报道，都是短期行为。长期而有效的办法，应是鼓励民间组织像慈济那样扎根社区，不仅自己宣传和从事垃圾分类，也要引导居民加入，如果垃圾分类成为社区居民生活的一部分，那么成功就离我们不远了。"王华礼表示，深圳不少民间环保组织都有投身垃圾分类的强烈愿望，但又不具备慈济那样强大的组织和资金自理功能，所以必须有政府的扶持。

深圳绿典环保公益发展中心创办人李东得告诉记者，深圳重启垃圾分类，他的环保团队已做好了长期扎根社区的准备，现在就等政府的相关配套政策出台，如人员培训、经费扶持等方面。

王华礼认为，深圳重启垃圾分类必须在理念上有质的提升。"不能再像过去那样，仅仅将垃圾分类视为环保行为，而应与城市文明建设和人文素质的提高联系起来，如果一个城市能做到大家都不乱丢垃圾，那么其文明程度必将提升到一个新的高度。"王华礼说，在源头净化上，可以把视野放得更宽些，如一个数据显示，我国每年光大学浪费的粮食就可以养活1 000万人口。这是什么概念？好多小国都还没有1 000万人口呢。"那么我们可不可以把垃圾分类的源头净化处理，提前到节约粮食减少浪费的阶段？如果每个人都能从节约一粒米做起，那我们的餐厨垃圾该减量多少呢？"

慈济深圳分会负责人叶碧峰告诉记者，佛教教义中的"戒"，就是让人养成好习惯的意思。"我们引导民众进行垃圾分类，其实就是要民众养成环保的好习惯，养成好习惯可不是三天两天的事，不能急，要有平常心。"叶碧峰说，"慈济深圳分会现在正在几个社区进行垃圾分类试点，但愿有一天，大家都能把垃圾分类当成个人修行。"

垃圾分类必须正视的三大问题

日前，记者随市义工联环保组组长黄幸达来到西丽塘朗雅苑社区。据黄幸达介绍，这里是深圳重启垃圾分类的试点之一，也是义工联环保组垃圾分类试点活动区。承担本小区垃圾分类工作的华力成环保公司总经理林泽瀚介绍，公司定位为"城市生活垃圾高效处理运营商"，从 2011 年 4 月起他们承担该小区垃圾分类试点任务，预计推广营运时间为 3 年。

记者在小区地下车库看到，这里分别安装着一台干垃圾处理设备和一台湿垃圾处理设备，小区的可回收垃圾不用出楼，在两台设备上就可变为颗粒状有机肥，现场闻不到明显垃圾味。不过林泽瀚告诉记者，这种垃圾处理的方式成本较高，一年多来公司都在亏本营运，政府的相关补贴尚在商谈，还没到位，他很焦虑。

"塘朗雅苑垃圾分类的补贴问题，说到底是个利益平衡的问题。"市人大代表杨勤表示，垃圾分类牵扯着一个环环相扣的利益链，如上游的可回收垃圾处理利益分配，末端处理上的再生资源回收利用、焚烧发电等。"一方面，政府职能部门必须尽量做到各个环节利益的平衡，如一些企业实实在在为垃圾分类做事，那该补贴的一定不能少，且要及时，避免挫伤积极性；另一方面，必须严防那些假垃圾分类之名套取政府补贴的企业，不让纳税人的钱白白流失。"

杨勤认为，立法涉及奖与惩的问题，在全社会都还未养成垃圾分类习惯的情况下，应加强相关法规的强制性和处罚力度，可以对相关情况举行听证会，广泛听取社会各方意见。"我国台湾地区对垃圾分类制定了较严的处罚制度，比如垃圾不分类的，在收运时是拒收的，甚至要被处罚 1 200 元到 6 000 元新台币。"

王华礼认为，增强垃圾分类末端处理能力无疑具有积极意义，但需注意二次污染给环境和市民健康带来危害，所以相关设计及设备应该高端。杨勤表示，这方面最明显的例子就是平湖垃圾焚烧厂，距辅城坳社区只有 300 多米，据当地反映，从 2005 年垃圾焚烧场投产以来，全社区 33 人因患癌症而亡，6 年当兵体检无一合格。"增建垃圾分类处理设施，必须避免类似辅城坳社区的事情发生。"

2

布道者的"绑架"

[新闻背景] 就算发表了垃圾分类深度报道《重启垃圾分类：深圳须以失去的十年为镜》，但对垃圾分类，我并未有持续关注的兴趣。

直到 2013 年五六月间，我遇到一位叫王政的退休老人。

他是个近乎神经质的垃圾分类布道者，每谈起垃圾分类都激情四溢，慷慨激昂。

对垃圾分类，他有一种天降大任、拯救地球般的情怀。

他用这种情怀"绑架"了我，逼着我走到今天，而他却在希望的曙光到来前离去了。

挥一挥衣袖，连一丝云彩也没带走。

垃圾分类试点，深圳没有"小岗村"

（《晶报》2013 年 8 月 9 日）

垃圾桶从小区消失，楼层看不到，楼下也见不到。位于罗湖区爱国路的天景花园，居民的生活垃圾固定在每天早、晚的七点到八点之间投放。错过这个时间，只能将垃圾放在家中，等待下一次固定投放时间了。

2012 年 8 月深圳宣布重启垃圾分类后，在全市陆续启动 500 个垃圾分类试点，天景花园是市城管局直属的 50 个试点之一，在半年时间里，就以惊人的效率实现了小区居民百分之百知晓、百分之百参与，小区内垃圾分类情况几乎达到了与台湾地区同步的水平。

但天景花园于众多试点而言，无异于凤毛麟角。不同的小区，情况千差万别。垃圾分类意味着垃圾利益链条的新一轮博弈。试点，则是寻求博弈中的平衡点。选点、试点运作都逃不开利益博弈，众多试点，监管更非易事，甚至小区的居民数量、素质高低都在影响着选点的难易和试点的效果。天景花园的模式，无法复制。

在垃圾分类试点上，深圳没有"小岗村"。

试点背后，有很多鲜为人知的故事。

天景花园强制定时投放

2012年12月5日清早，天景花园小区居民发现，小区内所有的垃圾桶一夜之间踪影全无，垃圾桶所在位置都放上了鲜花。

"小区的垃圾桶是12月4日凌晨全部撤走的。"天景花园物管处主任吴思强告诉晶报记者，去年8月深圳宣布在全市建立500个垃圾分类试点后，天景花园被列为直属50个试点之一。"之所以选天景花园，是因为我们有三大优势：一是我们是万科开发的第一个花园，物管处直属万科物业，有环保传统；二是我们是全国第一个设立物业管理的小区，物管条例就是根据我们小区的运作模式制定的；三是小区共有住户190多户，人数相对较少，住户稳定，人员素质相对较高，适合开展试点。"

2012年11月5日，天景花园接到试点正式通知，接下来一个多月时间都在做宣传准备工作。"物管处把事情跟业委会说了，业委会全力配合，开展起来得心应手。"吴思强说，除了宣传栏，小区每天下午下班前都在广场上播放投影，告知业主相关垃圾分类信息，小区不大，所有业主从外边回来都看得见。为了保险起见，物管处又与业委会联手，逐户上门向业主说明情况作动员。万科物业多年来有搞环保的传统，所以居民都表示理解和支持。

"正式进行垃圾分类的前提是撤去垃圾桶。"吴思强说，最初物管处的构想是把楼层间的垃圾桶撤了，在楼下设立分类垃圾桶，由居民下楼投放。"但关键问题是，居民投放时间不定，物管处总共只有15名工作人员，没有人力随时随地监管，那么居民能否真正按要求进行分类就无法保证。"

"我想，要搞垃圾分类，不如一步到位，把小区垃圾桶全撤掉，定时投放。"吴思强说，"别小看垃圾桶，他是居民生活的一部分，是习惯，突然撤掉，居民一时很难适应，意见很大，说撤掉楼层间的可以理解，连楼下都没有，无法习惯。"

吴思强说，众口难调，要取得大家的统一意见很难。经和业委会商议，决定在小区强制实行垃圾定时投入，没有商量的余地，12月4日，小区内垃圾桶将全部撤掉。

"还得夸我们小区居民素质高，物管处强制推行定时投放，大家觉得反正是干正事不是坏事，最后都接受了。"吴思强说，按照与政府方面的约定，厨余垃圾由一家环保公司每天10：00和15：00专车运走，不可回收垃圾由一家公司每天早晨6点运往垃圾焚烧厂。"居民最关心的是自己分类的成果有没有得到尊重，会不会像梅林一村那样最终又混在一起拉走，所以每次垃圾车到来，物管处都要从旁登记在册，给业主一个交代。"

垃圾分类让台湾人渡过金融危机

八卦二路城市主场花园，是我国台湾地区垃圾分类发起者——佛教慈善团体慈济深圳分会所在地。去年，城市主场花园及相邻的鹏益花园成为深圳垃圾分类的试点之一。

记者采访期间，随慈济志愿者一起去城市主场花园和鹏益花园收垃圾，每到一处，无论是居民还是街边小店，都会把整理好的垃圾放到慈济的平板车上。慈济深圳分会负责人叶碧峰透露，城市主场花园和鹏益花园两小区，由于租户较多，这些人有的长期不在家，有的不定时回家，他们登门宣传和推动垃圾分类都相对较难。

"告诉你一个秘密，知道台湾人是怎么渡过金融危机的吗？就是靠垃圾分类。"叶碧峰告诉晶报记者，金融危机后，台湾各行各业都不景气，许多人失业，没了生活来源，怎么办？去捡垃圾，通过垃圾分类提高垃圾的附加值，就能卖个好价钱。"许多平民百姓，就是依靠垃圾分类渡过生活难关的。"

在西丽的塘朗雅苑社区，则是一幅与众不同的景象。两年前，经市相关部门批准，华力成环保公司在此进行为期3年的垃圾分类试点。该公司定位为"城市生活垃圾高效处理运营商"，即有一套垃圾分类办法，同时也在小区配套相关设备，垃圾分类从小区做起，在小区终结。记者在小区地下车库看到，这里分别安装着一台干垃圾处理设备和一台湿垃圾处理设备，小区的可回收垃圾不用出楼，在两台设备上就可变为颗粒状有机肥，现场闻不到明显的垃圾余味。

该公司总经理林泽瀚介绍，这种垃圾处理的方式成本较高，运营第一年，由于政府的相关补贴不到位，基本在亏损经营。今年，政府相关补贴已到位，现在运转良好。但林泽翰也坦承，能保障公司不亏本的关键还是规模化经营，如果能多推广一些社区，他们的效益会更好。

垃圾分类才是泔水油的终结者

一位知情人告诉晶报记者，并不是所有试点都如前述几家运转得那么顺畅。"借用一句老话说，试点不是请客吃饭。"他说，别以为你想在哪儿试点就能试点，物业答不答应，业主愿不愿意？因为都涉及他们的切身利益。还有终端处理问题，牵涉多少垃圾利益链条上的单位和个人，一家摆不平都不行。

"南山区60家试点小区，都是由我们管理办出面与物业谈判的。"南山区垃圾减量分类领导小组办公室主任肖伟波告诉晶报记者，每家谈判都得进行三四次，政府给小区的分类启动资金是18万元，真金白银，你得仔细考察物管处的方方面面，保证它能把这些钱花到该花的地方。物管处同意了，得与业委会商洽，业委会再与业主沟通。"各方同意试点了，撤桶却成为最大的障碍。"

肖主任介绍，南山区一个高档社区，物业费高达7.5元，物管处发放是否垃圾分类及撤桶的调查问卷，有50%的业主愿撤桶，有70%的业主支持垃圾分类但不愿撤桶，结果试点问题迟迟没有下文。记者采访期间了解到，现在该小区大多数业主还是坚持愿搞垃圾分类但不愿撤桶的意见，通过业委会与业主沟通，业主态度强烈，不但楼下的桶不能撤，连楼层的桶都要保留，说他们出那么贵的物管费，可不想扔垃圾还要跑远路。好多试点，都因为撤桶问题而难产。

"有一点南山区比较幸运，我们进行垃圾分类，有腾浪环保公司做末端处理，所有试点上的厨余垃圾，都由该公司每天收集，处理成有机肥料。"肖主任请记者重点向读者区分两个概念，即餐厨垃圾和厨余垃圾。"餐厨垃圾就是酒楼宾馆里的餐余东西，而厨余垃圾则主要来自家庭，前者的附加值肯定远远高过后者，之所以要读者分清二者的概念，就是为让大家明白一个重要问题——餐厨垃圾是泔水油的主要原料，政府对泔水油束手无策的关键，就是无法截断其源头，现在通过垃圾分类，将餐厨垃圾收集到环保厂处理，就能截断泔水油的源头，从根本上解除泔水油对市民健康的威胁。"

但肖伟波承认，要把餐厨垃圾收集到环保厂并非易事，关键是这背后的利益链在作怪。比如,就算酒楼与环保厂签了提供餐厨垃圾的协议,但这些东西常常掌握在酒楼一些大厨或部门负责人手里,酒楼老板一般也不会拿这些垃圾当回事,如果潲水油制造者向这些人提供诱人的报酬,那他就肯定不会交给环保厂。

"这些问题下一步需要明确相关处罚政策。"肖伟波认为,垃圾分类是新生事物,有很多你无法预想的问题不断出现。"比如,腾浪公司的吞吐量是每天200吨才能吃饱不赔,但现在10多个试点每天能提供的垃圾只有50吨左右,他们的运作很不容易。问题是,未来试点推广之后,更多的小区肯定能提供每天超过200吨的垃圾量给腾浪,到时腾浪消化不了怎么办呢?"

试点运作的四大难题

南山区星海名城有业主7 000户,4万余人,是深圳最大的小区之一,也是南山区垃圾分类第一个试点。

"我们去年10月与政府签订了试点协议,与90%的业主签订了施行垃圾分类协议。"星海名城物管处负责垃圾分类的经理李建告诉记者,"但目前真正参与垃圾分类的只有50%。"

李建透露目前小区垃圾分类运作有四难:

一是业主积习难改,自觉性不够,还需社会各方特别是媒体加大宣传力度,让垃圾分类妇孺皆知,深入人心。

二是厨余垃圾末端处理的要求比较高,比如,一袋剩饭剩菜,如果你不小心丢一个烟头进去,那么腾浪的机器设备就没法处理,他们的垃圾转运车就不收。再如果皮,一般的没问题,但如榴莲那么大的,机器也不能处理,还有大骨头也是。所以要求大家在家庭分类时,就要处理好这些细节问题,但又谈何容易?

三是如何快速处理。物管处只能把垃圾中转站设在小区内,腾浪每天只来运一次,气温一高,臭味四散,周边的业主意见大,整天投诉,物管处只好把垃圾桶挪来挪去,但挪到哪儿业主都有意见。唯一的办法就是能快速处理,希望政府能与腾浪协调,增加转运垃圾的次数。

四是人力、物力不支。试点前期的费用政府通过补贴解决了,但后期的维持费用只能由物管处自己承担,如分拣人员、监督人员,还有处理中转的人员,过去物管处无这些人员设置,现在等于突然多出这么多人来,像星海名城这种超大社区，这些人员需要数十人之多，其费用对物管处来说是一笔很大的开支和负担，不少社区就是因为这个问题无法承担试点任务。这方面也希望政府能给予关注。

记者了解到，在全市试点中，并不是所有区都能像南山区这样，在终端环节上解决垃圾分类问题。据知情人透露，虽然各区都基本签约了专业环保公司解决垃圾分类终端处理问题，但由于目前全市垃圾分类政策前景还不十分明朗，一些签约公司不敢投入购买机器设备，所以分类后的垃圾到底怎么处理还是问题。

腾浪困局与城市垃圾分类的盲点

（《晶报》2013年8月16日）

南山区在全市垃圾分类试点中走在前列，盖因其形成了从垃圾分类到终端处理的较完整链条，腾浪再生资源公司（以下简称腾浪）作为分类垃圾终端处理企业作用不可低估。但有坊间传言，腾浪目前亏损严重，难以为继。腾浪总经理吴双文对外界感叹，腾浪每月亏损五六十万元，几近油尽灯残。晶报深度记者调查了解到，腾浪目前的确存在一些发展困难和问题，而这些，恰恰正是目前城市垃圾分类工作中存在且需正视的盲点。

"我个人的固定资产全抵押了"

8月14日，暴雨。位于南山区月亮湾大道尽头一处偏僻山坳里的腾浪厂区一片寂静，十几台垃圾收运车窝在雨中，几个车间的机器都在沉睡。

"我们厂每天处理餐厨垃圾的能力是200吨，保持这个数才可以不赔。但目前能收集到的餐厨垃圾，加上垃圾分类试点上收上的厨余垃圾，也不过五六十吨，所以亏损严重。"腾浪副总兼技术总监方小民告诉晶报记者，腾浪的机器只要一开，就至少产生6万多元的费用，所以只能等收运上的垃圾达到一定数量后才敢开机，否则只能停机等待。

公司总经理吴双文向晶报记者介绍，腾浪现在有100多名员工，每月的人工、水电、油费、蒸汽费等费用消耗为200多万元，减去每月处理的餐厨垃圾等所产生的利润，加上政府的一些补贴，每月亏损达五六十万元之巨，真不知道还能支撑多久？

2005 年以前，吴双文一直做着海上危险废物处理生意，赚了点钱。那几年，他看到香港以及欧美餐厨垃圾处理行业已经颇成气候，企业效益不错，国内地方政策也开始重视餐厨垃圾处理，觉得发现了新商机。经与市、区相关部门沟通后，决定成立腾浪公司，在南山区开展餐厨垃圾处理业务。2006 年，被市城管局列为餐厨垃圾试点单位，2011 年 1 月，广东省环保厅向腾浪颁发《广东省严控废物处理许可证》，2012 年被住建部列为全国仅有的两个餐厨垃圾处理科技示范单位，今年由市城管局正式授予《城市餐厨垃圾经营性收集、运输、处理服务许可证》。

"可我们是表面风光，背后的辛酸有谁知道？"吴双文告诉记者，腾浪 2007 年正式立项，2010 年 6 月建成投产，一直亏损的关键原因是用地问题，一直未能解决。腾浪厂区用地面积为 8 798 平方米，系从南油集团租用。"以前政府曾承诺，将这片地块划拨给腾浪，有关方面已与国土部门达成一致，同意将此地块作为餐厨垃圾专用土地，但直到今天，此事都未能解决。"

据吴双文介绍，问题关键可能在于涉及部门太多，国土、城管、建设、人居委、发改委、财委、审计、公安等，部门多，关卡多，大家好像都管，其实都不管。"因为土地为临时用地，银行就不敢给腾浪贷款，企业要运作怎么办？我只能不断用个人房子、车子等不动产抵押贷款，没抵押物了，就只好借高利贷，但这又能支撑多久？腾浪现在真是命悬一线。"当初他用个人的 5 000 万元投入腾浪，现在累积投入已超过一亿元，的确再无力继续投入了。

额外摊派的厨余垃圾？

吴双文告诉记者，腾浪与政府签约的处理标的是餐厨垃圾，厨余垃圾实际来自政府的摊派。"我们的机器设备工艺都是处理餐厨垃圾的，让我们处理厨余垃圾的确存在不少技术性问题。"但他表示，腾浪每一步发展都离不开政府及相关部门的支持，所以虽然厨余垃圾处理起来会有不少困难，但也只能迎难而上，希望有关部门能关注企业为此付出的努力和遇到的困难。

腾浪技术总监方小民坦承，星海名城反映情况的确属实，因为曾发生过几起机器设备遭不规范的厨余垃圾损坏事故，所以不得不对厨余垃圾的收集标准严格把关。而且，有关部门对厨余垃圾的划分标准也不尽科学，比如，把绿化垃圾也归入厨余垃圾，企业处理起来难度较大。"比如，小区内修剪下的树枝，虽然也算有机物，但腾浪的机器实在无法处理，只能捡出来另行消化。"方小民说，还有一些小区，居民分类的垃圾不尽规范，公司转运车辆每次收集时，还得进行二次分类，都无形中增加了成本。

而据一位业内权威人士透露，终端处理企业之所以对厨余垃圾处理缺少热情，除了设备工艺因素，更主要的还是厨余垃圾的附加值无法与餐厨垃圾相提并论。餐厨垃圾可以生产出生物柴油、有机肥、饲料等多种高附加值产品，而厨余垃圾能产出的很有限。"那么同等条件下，处理1吨厨余垃圾的成本远远高过餐厨垃圾，企业能不产生抵触情绪么？"他认为，在商言商，企业的情绪可以理解，政府相关部门则应该慎重考量这其中的利益平衡问题。

冲不破的餐厨垃圾利益链？

据方小民介绍，在市、区政府的关心支持下，腾浪公司相继与370家餐饮企业签订了收运餐厨垃圾合同，包括酒楼餐馆、企业、机关和学校食堂等。"比较而言，外企对此的重视和配合度高过国内企业，深大、高职院等高校也比较重视和配合，但高校的问题是，每年都有两个假期，所以供应量不稳定。"而一些签约的酒楼餐馆，在履约中也存在不少问题，比如，酒楼餐馆内部大多不进行垃圾分类，把餐厨垃圾与生活垃圾混在一处，经常垃圾车回去打开一看，餐厨垃圾中会夹杂大量筷子、破碗碎碟等生活垃圾，就得重新分拣，让企业头疼不已。

"全市每天产生餐厨垃圾2 000吨左右，包括150吨地沟油，南山区的餐厨垃圾也有几百吨，可现实问题是，每天负荷量200吨的腾浪却严重'吃不饱'，关键因素就是无法冲破餐厨垃圾背后的利益链。"方小民告诉记者，在餐厨垃圾未列入政府管理的议事日程前，养猪户和潲水油制造者是其主要客户。较大的酒店、酒楼、餐厅的餐厨垃圾多掌握在部门经理手里，一些中小餐馆则由大厨掌管，有的就直接交由区域清洁工处理，养猪户及潲水油制造者获得餐厨垃圾，都要付给相关人员一定费用，比如一些中小餐馆，每月大厨或区域清洁工能因此获得500到800多元的额外收益，大酒店酒楼的掌管者当然获得收益更多，形成餐厨垃圾利益链条的主要组成部分。"现在，我们企业从这些地方收餐厨垃圾是不付费的，肯定动了别人的奶酪，怎能不受到抵制？"

据知情人透露，绝大部分餐厨垃圾基本都被小商贩、小公司收购，再以每吨最少 200 元的价格倒手给养猪场、泔水油作坊等地。大型餐饮单位每年在餐厨垃圾上的收入一般会有几万元甚至十几万元。而政府给每吨餐厨垃圾补贴标准为 30 元，远低于小商贩的收购价。面对这样的利益链条，腾浪的碰壁在所难免。

据方小民说，现在不仅签新约不易，就是已签好的协议，履行起来也遭遇好多难以想象的抵制。"比如，一些餐馆酒楼，签约第一周都能较好地履行协议，但此后，经常上面盖的餐厨垃圾，下边全是生活垃圾，那么节余出来的垃圾去哪儿了？不是给养猪户就是给泔水油制造者了。"

其实餐厨垃圾利益链条远不像方小民描述的这样和风细雨，甚至充斥着一些血腥与恐怖。2007 年 11 月，记者曾采访这样一起案件，龙岗区一家有政府牌照的地沟油、泔水收购企业，因触动了泔水油制造者的既得利益，其员工深夜遭黑衣人砍杀，惨不忍睹。曾经的深圳最大地沟油收购企业奥威环保，因以涉黑手段控制资源遭政府关闭。

记者了解到，深圳早在 2007 年就将餐厨垃圾处理纳入政府管理的议事日程，当年 10 月 1 日颁布实施《深圳餐厨垃圾管理暂行办法》，经过 6 年的实践摸索，于去年 6 月 13 日颁布实施了《深圳市餐厨垃圾管理办法》（以下简称《办法》）。针对餐厨垃圾的管理法规实现了升级，但对餐厨垃圾背后利益链的遏制作用如何呢？

《办法》明确规定，未经许可处理餐厨垃圾，将被处罚 5 万元或 10 万元；将餐厨垃圾交给个人或者未取得许可经营资格的企业收运的，每次处 2 000 元罚款。

记者了解到，《办法》实施一年来，职能部门迄今还未开过一张罚单。

是法规本身缺乏可操作性，还是职能部门有法不依、执法不严？

腾浪困局何以解围？

"如何破解腾浪困局，除了政府关注前面所述几个方面的问题，也需要一些政策上的倾斜。"方小民表示，2012 年 8 月，长沙市签约的餐厨垃圾处理企业建成，第二个月就达到满负荷，关键是政府专门给出 96 个编制，成立餐厨垃圾执法队，不遵从政府指令的单位，由执法队强制执行，同时严管严罚，且由政府专门组织运输，企业运作成本较低。

再如重庆市，政府负责垃圾收运，一下子收集上千吨，企业按实际能力处理多少是多少，剩余的再作填埋或以其他办法处理。还有今年开始的广州市，由政府提供土地，负责厂房建设和垃圾收运，企业只负责设备投资和处理。

"餐厨垃圾处理是新生事物，离不开政府的支持关注。"方小民告诉记者，负责西宁市餐厨垃圾处理业务的青海洁神，2008 年日均餐厨垃圾处理量一度达到 150 吨，主要原因是西宁市建立了专门的执法队。这种被誉为"西宁模式"的运作方法，曾让前去考察的腾浪员工羡慕不已："只要青海洁神的收运车停在路边放音乐，餐厅的工作人员就会主动将垃圾上交，司机根本不用下车。"2011 年年底，西宁专项执法队解散后，青海洁神的日均处理量骤降至 50 吨。这也引起了业界对行业可持续发展的思考。

"在这方面，深圳可否考虑借鉴一些外地经验呢？"方小民透露，各级政府的补贴，也是环保企业赖以生存的根本之一。2011 年 7 月，国家发展改革委和财政部等部门批复，包括北京在内的 33 个城市展开餐厨垃圾处理试点，深圳也是试点城市之一。国家特意安排了 6.3 亿元专项资金进行补贴，深圳名义上可以得到 1 320 万元，但实际上只有 600 多万元进账，按市上分配方案，腾浪可分得补贴资金 280 万元，但目前对腾浪来说还只停留在字面上。"腾浪目前捉襟见肘，嗷嗷待哺，市上能不能快点将这笔钱拨下来，以解燃眉之急呢？"

寻找垃圾分类的最佳模式

（《晶报》2013 年 9 月 12 日）

垃圾分类试点，是为了探索一种适合深圳具体情况，操作性较强的处理模式。晶报深度记者调查得知，垃圾分类行动最早、力度最大的南山、福田两区，大多数试点社区厨余垃圾都采取政府主导下的集中处理的模式。同时，政府职能部门又聘请专业环保公司进驻一些小区，进行不同形式的分类处理试验。政府主导的集中处理模式普遍遭遇撤桶难，而专业公司试点的小区撤桶相对顺畅。权威人士认为，在这场城市文明历史性跨越过程中，政府需准确定位自己的角色，"不能既当裁判,又当运动员"。

政府主导集中处理模式

南山区垃圾分类试点上的厨余垃圾,统一交由腾浪公司处理。福田72个试点则由环城宝清洁公司集中处理。这种处理模式是政府职能部门与社区物业公司签署合作协议,由政府提供一定的启动资金并指导,物业公司具体操作实施的。

但目前遭遇的最大难题是撤桶难,从南山到福田,从罗湖到宝安,各区试点概莫能外。南山一些社区,因撤桶问题居民与物业长期谈判无果相持不下,宝安区一些试点甚至发生业主因撤桶问题上访的情况。福田区72个试点,至今尚有接近一半未实现撤桶,区垃圾分类办公室工作人员把周末休息时间都用到给居民做说服工作上。

"为什么要撤桶?"南山区垃圾减量分类办公室主任肖伟波告诉晶报记者,"目前主要是为了方便监管,不撤掉楼层间的垃圾桶,无论是物业公司还是政府职能部门,都拿不出那么多人力去逐层监督,居民能不能按标准分类无法掌控,收运也极不方便。长远来讲,垃圾分类最终要实现垃圾不落地,清净在源头,撤桶势所必然。"

记者了解到,撤桶难多发生于高层楼或高档社区,居民大多文化高、经济条件相对较好,他们大多对垃圾分类并不抵触,只是无法接受撤桶给生活带来的不便。比如,福田区的海馨苑社区,住的全是公务员,至今一桶难撤。一位多次深入该社区做工作的义工向晶报记者感叹:"在撤桶问题上,一群公务员的觉悟竟比不上很多普通市民,究竟出了什么问题呢?"

不占用土地的集约化模式

在西乡街道城管科食堂旁边的小板房里,一台日处理餐厨垃圾500公斤[①]的机器正在安装调试。西乡城管科垃圾分类小组组长李伟传告诉晶报记者,西乡垃圾分类试点正在推进,经招标,街道中标企业与华力成环保公司合作,引进该公司这台设备,处理机关食堂的餐厨垃圾,如果不能满足日处理500公斤的需求,将

---

① 1公斤=1千克。

从街道办大院机关食堂调运餐厨垃圾过来。"垃圾分类先从机关做起，通过处理机关内部餐厨垃圾，大家可以对垃圾分类有更多切身感受和体会，在社区向居民做宣传动员工作就更专业和有说服力一些。"

而在新安街道垃圾转运站，记者看到站内安装着一台更大的餐厨垃圾处理机器，据旁边工作人员介绍，这是华力成环保公司的另一类试点，就是以各街道垃圾转运站为据点，安装一台餐厨垃圾处理机器，辐射周边居民小区及各类餐厅食堂，将餐厨垃圾实施集约化处理。新安垃圾转运站这台机器日处理量为1 000公斤。

"这种依托垃圾转运站集约化处理餐厨垃圾的模式，才是未来华力成环保公司推进垃圾分类处理的方向。"华力成环保公司总经理林泽瀚告诉晶报记者，如果是传统的集中处理模式，必然要建大型处理厂，需要政府划拨专用土地，在土地资源儿近枯竭的深圳，占用土地成本及后期运营成本都比较高。"一是依托垃圾转运站的集约化处理模式，最大的好处就是不用政府划拨土地；二是转运成本较低，周边居民小区及食堂等，不用出动大型运输车辆，只要清洁工用平板车即可完成转运任务。"

物联网向计量收费靠近

福田区滨河新村近期因居民投放垃圾刷卡而成为各方关注焦点。负责该社区垃圾分类试点的英尔科技公司市场总监邓先生介绍，该公司首次尝试将物联网、无线互联、人机交互、云计算等高科技手段与垃圾分类相结合，在小区内做到居民实名制注册参与垃圾分类，通过小区内部通信网络和智能电子系统，随时掌握小区居民的垃圾分类投放情况。

记者在小区看到，原来小区内的38个垃圾桶现在缩减到10个，与原来不同的是，现在的10个垃圾桶都是由英尔科技开发的专用数字垃圾分类桶，每户居民都被发放一张实名注册的"家园卡"，在倒垃圾的时候顺手在数字垃圾桶上刷一下，采用了物联网技术的小区内部通信网络就能将数据实时传送到服务终端设备上。

在小区文化广场上有一座绿色小房子，是垃圾分类服务站，小房子墙上有一个大屏幕，正是服务终端设备，居民用"家园卡"刷一下感应器，屏幕上就能显示该家庭本月投放垃圾的次数、积分等相关数据。这块触摸屏内还设置有多款与垃圾分类相关的益智游戏和知识抢答程序，深得孩子的喜爱，通过触摸，就可以玩垃圾分类的各种游戏，在娱乐中受到潜移默化的教育。

这套设备一是方便监管，比如，数据显示哪户居民一段时期内没倒过垃圾，工作人员就会上门督导，以防出现乱扔垃圾的现象。同时，居民投放垃圾的相关数据，可通过终端设备转化成积分，用来换取垃圾袋、环保袋之类的纪念品，从而提高居民参与的积极性。

"垃圾分类要有可持续性，必须和居民切身利益挂钩，即最终实现计量收费，英尔科技下一步目标，就是进一步完善升级物联网等相关技术，最终实现垃圾桶实时计量功能，为未来实施计量收费提供平台。"谈到目前普遍遭遇的撤桶难问题，李海涛表示，英尔科技的两个试点小区，都较顺利地解决了这个问题。以红荔村为例，其靠近华强北，50%以上是租户，人员构成复杂，楼房为高层与多层混合。"我们5月初进驻，一般来说，高层撤桶难度相对大于多层，我们就先易后难，从多层做起。"

他说，工作人员与义工一起，逐门逐户做宣传引导工作，动员居民签署垃圾分类承诺书。之后，第一个月完成多层楼的撤桶，把高层楼晾在一边。"这是个心理战术，就是要激起高层楼居民的好奇心——为什么不让我们分类？好奇，同时也就关注了一个月，潜移默化了一个月。"

到了6月就开始启动高层撤桶，强撤当然不行。先是每一层逐户登门劝导，多数人思想通了，就以半个月为期，在楼层垃圾桶边设置撤桶倒计时——今天距撤桶还有14天……12天……6天……

"倒计时，就是一个让居民消化愤怒情绪的过程，到真正撤桶那天，居民情绪消化得差不多了，阻力就消失了。"李海涛透露，这种倒计时并非同时行动，而是逐层进行，哪一层成熟就先做，不成熟就继续攻关做思想工作。历时2个月，高层撤桶工作已经全部完成。

计量收费终极模式寻找伯乐

一位军人出身的退休国企高管，近10年来痴迷于垃圾分类研究。自费赴美国旧金山、我国台湾地区及国内数十个开展垃圾分类的城市考察，花光了积蓄，最后把经营的一家宾馆也卖了。2011年1月5日，由他发明的"封闭式可分类计量垃圾桶"获得国家专利。

他叫王政，现为中国垃圾资源化产业协会理事、深圳垃圾资源化科技创新工作室主任。"垃圾分类试点无论采取何种模式，如果不实行按量计费，最终都无法持续。"王政告诉晶报记者，不少垃圾分类试点，都实现了源头分类和终端处理一条龙，看上去不错，但对小区居民来说，尽义务的成分多，与个人切身利益关联却不大，那么他有没有兴趣长期坚持就得打问号。

"计量收费就是把居民切身利益与垃圾分类联系起来，你搞分类，就会少交垃圾处理费，如果你可循环垃圾投放得多、厨余垃圾投放得少，甚至可以不缴费，让居民从垃圾分类中获利，这肯定会调动人们的积极性。"王政举例说，比如，现在深圳社区居民每户每月垃圾处理费为13.5元，无论你投的垃圾多少都是这个数。实现垃圾分类并计量收费后，你投放的厨余垃圾和不可回收垃圾要计量收费，投放的可循环垃圾部分（即可变卖产生效益的），则要向住户计量返还费用，那么上缴的和返还的费用进行冲抵，住户的垃圾处理费肯定会大大降低。

"我的'封闭式可分类计量垃圾桶'，就是实现计量收费的最佳平台，也是建立垃圾分类制度长效机制的一种模式。"王政介绍，这种数字垃圾桶拥有统计垃圾量、IC卡刷卡、电子关门、计量数据显示和保存、语音提示等多种功能。"垃圾桶内设三筒，可分别投放厨余垃圾、可循环垃圾和其他垃圾，当你投放某种垃圾进去时，会有语音提示你投放了多少量，中央处理器会把你这些数据记录下来，比如，你投放的付费厨余垃圾和不可回收垃圾费用达到每月15块，而你投放的可循环垃圾返还费用可达到10块以上，那么你实际只需交5块钱的垃圾处理费。"

据王政介绍，这种数字化垃圾桶，按规范是每户配置一个，专桶专用，可将垃圾分类的责任落实到户、到人。对收集到的厨余垃圾，将采用山东某企业的终端处理设备，生产一种专门喂虫子的饲料，由该企业包销，主要销往海外。

王政的垃圾分类计量收费模式要完成一个社区试点，需要投入数百万元。他强调只要实现规模化经营，成本可大大降低，利润很可观。"我的钱都花在考察路途上了，没有力量投入试点。"他告诉记者，他拿着相关资料去找过政府主管职能部门，都说他的项目很好，是给政府雪中送炭，但政府也拿不出这么多钱支持他搞试点，让他自己想办法。"现在我的主要精力都在寻找合作伙伴，或者一个伯乐。"

主动式垃圾分类背后

"盐田实行的是餐厨垃圾和厨余垃圾一体化解决方案，我们公司没觉得有什么不便。"盐田区签约的餐厨垃圾处理企业瑞赛尔环保公司董事长孙江久告诉晶报记者,他们在盐田社区垃圾分类试点中,采取的是主动式垃圾分类模式,就是经过宣传劝导后,积极主动参加垃圾分类的,就发给专用厨余垃圾桶,不愿意的不强迫。

据孙江久介绍,这样做一是给不愿意搞的居民一个缓冲过程,让主动投身垃圾分类的居民在潜移默化中感染他们;二是汲取经验,避免浪费。以前在金色家园搞试点时,他们曾向居民发放了900多个不锈钢专用厨余垃圾桶,结果后来发现,这成了好多居民放米、面或杂物的器具。

市人大代表杨勤认为,撤桶难只是垃圾分类过程中的一个表象化问题,其背后更深层次反映了政府在城市综合管理上存在的问题。政府有没有把垃圾分类放到城市综合管理的高度去处理呢?据了解,与政府主导的集中处理模式普遍遭遇撤桶难相比较,专业公司试点撤桶问题都较顺畅地得到解决,说明了什么?设想一下,如果采取政府主导、企业运作、公众参与的模式,把试点都交给专业公司去做,向市场寻求难题的解决办法,撤桶情况会不会好点呢?

"在垃圾分类中,政府既是游戏规则的制定者——裁判员,同时也是游戏玩家——运动员,可能难免会做些吃力不讨好的事。"杨勤认为,在垃圾分类问题上,政府必须有长远规划,不能走一步看一步,"必须准确定位自己的角色,不能既当裁判员,又当运动员。"

城市综合管理手段:破解餐厨垃圾收运难题的密码?

(《晶报》2013年9月14日)

全市最早投入餐厨垃圾营运的腾浪公司,由于遭遇土地、垃圾收运等诸多问题,营运困难,举步维艰。其他区的同类企业情况如何呢?晶报深度记者调查了解到,福田区由于土地未落实,目前餐厨垃圾处理进展缓慢。其他区同类企业有的正在规划建设,有的处于试运营阶段。对于餐厨垃圾收运中存在的困难,有企业表示,只要政府采取城市综合管理手段即可一招破解。

污泥与餐厨垃圾混合能产出什么？

3月底，市水务局局长张绮文曾向媒体透露，深圳的污泥产生量日均为2 618吨，但处置能力仅约1 000吨，1 600多吨污泥无出路。政府曾分别与东莞、惠州、揭阳、清远的4家污泥处置企业签订污泥处置服务合同，但污泥外运处置，成本高、风险大、衍生因素多，绝非长远之计。近期如不能立足深圳将已规划的污泥设施按期推进、尽早建成，污泥将无出路，有可能直接造成深圳污水处理系统瘫痪。

——深圳污泥成灾的状况，也许不久有望改观。

日前，龙华新区签约的餐厨垃圾处理企业利赛环保透露，设备投产后，除每日处理龙华新区的餐厨垃圾200吨外，还将处理污泥300吨。未来随着生产工艺的不断成熟，日处理污泥量还将不断提升。

"项目从立项、审批、环评、土地到现在规划建厂，虽然历时较久，遇到不少困难，但目前一一得到解决。"利赛环保技术部经理陈凤凯告诉晶报记者，项目采用清华大学自主开发的"水热闪蒸强化水解—厌氧消化"工艺，对菜场垃圾、餐厨垃圾进场后首先进行破碎制浆，然后与污泥混合后进入除砂设备以及水热强化预处理系统。

"水热处理后的物料进入高效厌氧消化反应器进行厌氧反应，然后就生产出沼气，再经过分离提纯，可年生产清洁燃气超过388万立方米。"陈凤凯介绍，同时年可获得4 000吨工业二氧化碳；脱水泥饼进入堆肥系统生产有机肥料。

陈凤凯表示，厂区基建工程预计今年底完成场地平整，明年年底进行设备安装并试投产。初期生产的主产品沼气可主要用于项目内部的锅炉燃料，未来随着工艺流程的日渐成熟，逐步扩大生产规模，餐厨垃圾和污泥的处理量不断上升，生产的清洁能源达到一定数量后，不排除进军能源市场。

这种工艺流程会否产生二次污染呢？

陈凤凯表示，整个系统中所产生的臭气经由生物除臭系统处理，保证臭气不外泄，脱水滤液经调质处理后，再进行深度处理会达标排放，不会造成二次污染。

记者看到，利赛环保厂区位于清平高速西侧山区郁南环境园，远离社区。但这里距龙华新区30多公里，未来餐厨垃圾转运可能成本较大。

产新能源灭地沟油

5月21日，上市公司东江环保与罗湖区城管局正式签署了"罗湖区餐厨垃圾收运、处理特许经营协议"，成为罗湖区餐厨垃圾收运、处理项目的特许经营者，项目建设规模为日平均处理餐厨垃圾300吨，特许经营期限为10年。

该公司餐厨垃圾项目的相关负责人告诉晶报记者，处理厂选址清水河下坪填埋场，土地问题已得到解决，现已开始餐厨垃圾处理工程项目的建设，预计年底建成试产，目前边建设边试运营。"罗湖区一共有3 200家单位是公司的目标客户，包括餐馆、小食店、快餐店、食堂、食品公司等。"他说，公司已在与部分党政机关食堂、学校进行协商，进展顺利。这个项目的关键点不在于其产生的经济效益，而在于其示范效应，希望用一个新的模式能将餐厨垃圾回收生成沼气等新的能源，同时从源头上消灭地沟油。

"但我们也面临一些与腾浪类似的困难，传统的餐厨垃圾产生单位将垃圾交给非法收集者能获得一定的经济利益，且非法收集者承担了餐馆垃圾分类、搬运和清洁卫生等一些服务工作，形成了固有利益链。而正规餐厨垃圾处理企业因为收运和处理成本高，既无力付费，又无人力帮餐饮单位搞清洁服务工作，所以很难短期突破固有利益链，收运工作极其艰难。"该负责人表示，能不能突破固有餐厨垃圾利益链，关键是执法力度问题。城管综合执法队做了多次专项餐厨垃圾执法行动，但效果不佳。"主要还是没有形成长效机制，街道城管综合执法队监管任务很多，不可能把精力都放在餐厨垃圾上。"

擂台上打出个三位一体

去年3月，盐田区城管局安排了一场特殊的擂台赛：指定瑞赛尔环保公司（以下简称瑞赛尔）和另一家环保企业同步进行餐厨垃圾处理试点，竞争该区餐厨垃圾特许经营权。12月28日擂台赛落幕，瑞赛尔胜出。今年1月，瑞赛尔取得盐田区餐厨垃圾特许经营权，3月开始正式运作。

"我们主要做法是采用BOT方式，将餐厨垃圾、居民厨余垃圾和垃圾分类三位一体化处理。"瑞赛尔董事长孙江久告诉晶报记者，终端处理厂区设在坪山，在盐田只建一些预处理设施，不用占多大场地，设在垃圾转运站即可。试运营半年来的具体情况，孙江久不愿多谈。

据多次去瑞赛尔考察调研的市人大代表杨勤介绍，瑞赛尔三位一体化模式主要抓住了三个重点：

在酒楼集中的海鲜街设立预处理工作站，为每家餐饮单位设置生、熟餐饮垃圾投放点，配备滴漏桶，熟食垃圾就地固液分离，免得转运途中造成二次污染；生餐饮垃圾直接运往片区转运站高温生物降解减量；在食街排污管网口设置大型油水分离机，把地沟油一网打尽。"他们不设专职分类工作人员，而是聘请酒楼洗碗工兼职收集和进行垃圾分类，每月补贴给这些人几百块钱，洗碗工有积极性，酒楼老板也赞同，而成本远低于设置一个专职分类和收集的工作人员。"

抓住政府机关及企事业单位食堂，给每个食堂都装上固液分离机和油水分离机，对餐厨垃圾进行干湿和生熟分类，含水率低的直接运往转运站预处理，高的经过固液分离后直接运往坪山厂区加工成饲料蛋白。油水混合物与地沟油都可加工成生物柴油。

在居民小区，联合物业公司发动居民在家中进行干、湿垃圾分类，将湿垃圾放到由瑞赛尔发放的专用小垃圾桶中，再投放到小区的大收集桶里。

城市综合管理手段破解收运难

针对餐厨垃圾收运存在的种种困难，东江环保餐厨垃圾项目负责人顾先生建议，在餐厨垃圾收运的前期，各街道应配备至少 2 名专职的餐厨垃圾执法队员，保障监督执法的力度，最好持续 1 年左右。同时希望政府采取城市综合管理手段，把餐饮企业执照、税务、排污许可证、卫生许可证的年审与餐厨垃圾管理挂钩，不与政府特许环保企业签约、不提供餐厨垃圾去向证明文件的餐馆酒楼，年审一律不予通过，也许就会彻底截断餐厨垃圾固有利益链。

孙江久则表示，盐田区其实已运用了城市综合管理手段，把餐饮企业执照、税务、排污许可证、卫生许可证等的年审与餐厨垃圾管理挂上了钩，效果显著。"盐田区共有大小不等的餐饮单位 500 多个，现在 90% 都与我们签了约。"孙江久打个比方说，"对餐馆酒楼来说，你不把餐厨垃圾交给政府指定环保企业，年审通不过，生意就没法继续，哪个老板能不掂量一下其中的轻重？"

"盐田区这种行之有效的城市综合管理办法值得推广。"杨勤表示,只要政府真正把垃圾分类放到正常工作的议事日程,重视起来,垃圾分类中的许多难题都有望得到解决。"餐厨垃圾管理办法目前很难发挥规范作用,与其缺少相应的实施细则有较大关系,法规是原则性的,什么情况下要处罚、怎么罚,就需要配套相应实施细则才具可操作性。"

垃圾分类:只投入不产出无收益无出路

(《晶报》2013年10月9日)

在全市推进500个垃圾分类试点1年后,如何解决厨余垃圾终端处理依然没有清晰答案,业界和职能部门甚至流露出不同程度的悲观。一业界权威人士表示,厨余垃圾终端处理问题能否真正解决,从某种程度上左右着垃圾分类今后的命运。"垃圾分类其实是一个城市管理问题,能否管好,取决于政府的决心。"中国环境科学研究院研究员、原国家环保总局环境工程评估中心常聘专家、中国垃圾资源化产业协会会长赵章元表示,"如果把垃圾分类当作秀,结果不言而喻;如果下定决心摆上政府工作的议事日程,很多问题都会迎刃而解。"

厨余垃圾之困

在500个垃圾分类试点陆续推进后,一个无法回避的问题摆在面前:各试点收集的厨余垃圾如何处理?记者了解到,南山、福田等区,一定程度上实现了厨余垃圾规模化集中处理。南山区所有试点统一交由腾浪,福田区72家交由环城宝。

"腾浪公司的吞吐量是每天200吨才能吃饱不赔,现在试点每天能提供的垃圾只有50吨左右,他们的运作很不容易。"南山区垃圾减量分类领导小组办公室主任肖伟波不无担忧地表示,"问题是,如果未来垃圾分类全面推开,更多的小区肯定能提供每天远远超过200吨的垃圾量,到时腾浪无法承受了怎么办呢?"

据福田区垃圾减量分类办支部书记彭先生介绍,福田区早在去年7月就推出首个示范垃圾分类试点天安高尔夫花园,到今年1月72个试点全面启动。为积累厨余垃圾处理经验,在梅坳垃圾站引入一台日处理量200公斤的厨余垃圾处理设备处理区城管局机关食堂的厨余垃圾。"但试运转一段时间后，发现成本太过高昂。"该局垃圾分类办负责人何先生告诉晶报记者，首先是机器本身价格昂贵，再就是水电等运行成本远远高过其所产生的有机肥价值。"这种情况根本无法推广，最后只好采取外包方式，通过招标集中处理试点小区厨余垃圾。"

何先生表示福田区也面临着与南山区同样的问题，就是一旦垃圾分类全面铺开，环城宝也无法消化全区的厨余垃圾，到时候又该怎么办呢？还有一个更关键的问题，就是厨余垃圾处理企业如何可持续发展的问题。"企业每处理1吨垃圾政府有200元补贴，但企业能否持续发展的关键，不是政府补贴，而是自身的造血功能，比如，你的厨余垃圾产品要能找到市场，能产生经济效益，否则，肯定无法持续。"

南山、福田两区的问题并不孤立，也非偶然，是整个深圳垃圾分类推进中无法避免必须面对的课题。

福田区滨河新村因采用物联网技术试点垃圾分类名噪一时，但该小区物管处主任苏红军却不无忧虑地告诉记者，现在小区垃圾分类由物业配合区城管局签约的专业公司英尔科技来运作，搞得顺风顺水，但一旦英尔科技完成试点撤走，全部交由物业公司运作的话，他最头疼的是可持续性的问题。"如果无经费补贴，物业运作垃圾分类有心无力。"苏红军举了个例子，物业公司收入主要来源于物管费，是政府10年前定的价，10年后，物价、人工、公共设施维护等费用涨了数倍，物管费却一成不变，如无经费补贴，物业无力独自承担垃圾分类运作。

一业内人士表示，目前的试点多数采取政府与物业签约的运作模式，苏红军的担忧是个普遍问题。

垃圾分类是个民心工程

"垃圾分类其实是个民心工程，需要一定的过程和时间，要有足够的耐心，还需要平常心。"慈济大爱电视台编导陆凯声告诉晶报记者，台湾垃圾分类是由民间组织先喊、先试，整整用了9年时间，再由政府在此基础上出面推动，结果老百姓都接受了。

先是慈济在1990年8月开始，此后，主妇联盟等民间组织也相继加入推动垃圾分类事业。

"台湾民间组织搞垃圾分类是从难到易，先搞资源回收（可回收垃圾），再搞垃圾分类。因为搞分类需要经费，先搞好资源回收积累资金，才有力量去搞分类。"陆凯声介绍，民间组织进入社区、学校等进行资源回收的同时，宣传垃圾分类知识，日积月累，水到渠成，大多数老百姓都接受了垃圾分类的理念。"所以我说垃圾分类是项民心工程。"

据陆凯声介绍，20世纪90年代陈水扁任台北市长时，曾想推动垃圾分类，因条件尚不成熟而作罢。2000年马英九出任台北市长时，感觉条件成熟，决定正式推动。陆凯声当时是"民视"电视台记者，扛着摄像机亲历了台北市垃圾分类启动仪式。"那天马英九带着许多官员、议员还有明星，穿着宣传垃圾分类的专用背心，到社区去宣传垃圾分类，亲自向居民进行示范。"他说，有人说马英九做秀，但这个秀做得好啊，他一动，那些议员、明星、各政治团体都动了，纷纷走入民间宣传。

台北市一动，其他市也纷纷效仿，全台湾很快都搞了起来。2002年开始，台湾环保主管部门编列预算推动厨余回收；到了2005年，台湾环保主管部门制定了垃圾强制分厨余、资源（可回收）和一般垃圾（其他垃圾）三类的政策，不分类则拒收、处罚。

"台湾垃圾分类最终实行强制性政策，但你要注意，不是一开始就强制，因为大多数老百姓都没理解和接受时，就算你强制也没用。当民间组织通过'民心工程'把多数人思想工作做通了，再实行强制分类，限制的只是少数人，当然顺理成章。"陆凯声说，他就是在马英九推动台北市垃圾分类不久，离开"民视"，加入"慈济大爱电视台"。

陆凯声建议深圳开展垃圾分类从"民心工程"角度切入，想办法调动发挥NGO和民间组织的作用。"也莫忘记发挥明星示范效应，比如，在街头或媒体上用明星做垃圾分类公益宣传，可能会起到意想不到的作用。"

只投入无产出无收益无出路

"垃圾分类主要体现为两种责任，一是愿不愿意分类，二是怎么去分类，前者是民众的事情，后者则事关政府职责。"中国垃圾资源化协会常务理事王政告诉记者，社会各方特别是媒体报道，对民众"愿不愿意分类"关注较多，对"怎样分类"的政府责任这一块却较少关注。"这是个误区，是本末倒置。"

"垃圾分类中政府的责任到底是什么呢？"王政认为要从垃圾分类的目的中寻找答案。垃圾分类的目的就是通过分类实现源头减量，然后是资源回收利用，形成完整的资源回收产业链条，产生相应的经济效益。即有投入、有产出、有收益。有收益，才具有持续性，否则无法持续。打造垃圾分类产业链这个系统工程，才是政府的职责，也只有政府具备这个主导能力。

"但据我的实际调查，我国不少大中城市对于垃圾分类工作均采取了'只投入、不产出、无收益'的办法。"王政说，一些城市，对于参与垃圾分类的居民生活小区，视小区人居规模的大小，由政府行政主管部门拨付几万至十几万元不等的资金赞助支持，这些小区拿到资金后，很多都花在了垃圾桶款式上，由原来的塑料桶变成了不锈钢桶、大理石桶，小区的外观环境得到了改善，但打开垃圾桶一看，还是混装，并没有分类投放，垃圾分类最终成了面子工程。

王政认为，深圳垃圾分类试点遭遇厨余垃圾处理难之困，就是因为还没做好打造垃圾分类系统工程的功课。仅就厨余垃圾而言，你收集了是第一步，第二步是要有终端处理设备，第三步是有产品，第四步是你的产品能卖得出去，如果卖不出去，仅靠政府补贴，终端处理企业也活不长久。"就整个垃圾分类产业链条而言，可回收垃圾部分是链条上不可或缺的一环，打个比方，一家企业处理厨余垃圾的同时，也把可回收垃圾交给他处理，那么这部分产生的效益，将会极大增强企业的自我造血功能。"

王政表示，目前深圳垃圾分类试点采取政府与物业签约的运作模式，出现厨余垃圾处理难，证明其有无法弥补的短板，正如市人大代表杨勤说的那样，政府必须准确定位自己的角色，不能既当裁判员，又当运动员。

"政府亲力亲为垃圾分类，最有可能形成只投入、无产出、无收益，从而不可持续的局面。"王政认为，垃圾分类下一步如要全面铺开，最佳模式是：政府制定游戏规则，当好裁判，让企业去做。

市场洗牌与体制性障碍

"深圳目前垃圾分类缺乏全市统一规划，餐厨垃圾和厨余垃圾处理由各区自行招标，分别由多家公司承担处理，企业规模小，实力弱，易造成市场运营秩序混乱、恶性竞争、效率低下的局面，不利于垃圾分类的全面铺开。"长期关注研究垃圾分类的资深媒体人、原《检察日报》驻深记者站站长徐选礼告诉晶报记者，旧金山市曾有100多家小规模企业从事垃圾处理业务，市场秩序混乱、效率低下。为改变这种局面，旧金山市政府主导将100多家企业进行整合兼并重组，由小企业联合组建成清道夫保护协会，负责收集旧金山的金融区和中心城居民区的垃圾；由几个大财团组建日落清道夫公司，主要负责收集城市外围居住区的垃圾。而今，旧金山垃圾分类已成世界楷模，两家公司也成为全美最具实力的垃圾处理综合运营商，实现了社会效益和经济效益双赢之局。"从长远来看，深圳未来垃圾分类要健康前行，必须参照旧金山模式进行洗牌，打造我们自己的垃圾处理综合运营商。"

"台北市推动垃圾分类时，把厨余和餐厨垃圾统一交由王永庆的台塑去处理，王永庆起初老大不愿意，后出于公益考虑勉强接手，起初生产的有机肥都免费送给市政园林用作花草施肥。"慈济大爱电视台编导陆凯声告诉记者，王永庆的老母亲在楼顶种了片菜地，施用儿子公司产的有机肥，种出的菜口感极好，拿去一化验，各项指标显示都是最好的有机蔬菜，欣喜若狂，发现了新商机，从此开发出了"台塑牌"有机蔬菜，畅销全台，成为台塑新的经济增长点。"这就是把垃圾交给大企业处理的好处，初期的亏损他能抗得住，后期开发他有实力大投入，最终实现大收益。"

王政则认为，旧金山、台北市的办法固然很好，但目前在深圳还无可操作性。比如，旧金山，他有法律规定，除了两家政府指定企业，任何人在该市范围垃圾桶内拾荒均属违法，以盗窃罪论处，从而保障了两家企业的利益。"深圳目前尚无相关法律出台，同时也存在着一些体制性障碍，比如，城管局主管垃圾分类，却管不了废品回收，其管理职能归口市商贸局，而商贸局却不管垃圾分类，实际上废品回收在深圳游离于垃圾管理范围之外。"王政说，"深圳要打造垃圾分类产业链系统工程，必须清除这些体制性障碍，建立商业化运作机制。"

"政府主导、公众参与、企业化运作的垃圾分类模式未来不可避免。"市人大代表杨勤表示，"但必须预防'寻租'，建立一套预警监管机制，这方面必须未雨绸缪。"

院士力挺垃圾分类

"垃圾分类的关键在于政府管理，成败取决于是真管还是假管。"中国环境科学研究院研究员、原国家环保总局环境工程评估中心常聘专家、中国垃圾资源化产业协会会长赵章元表示，"我注意到，8月份有媒体报道，深圳想在2020年实现100%垃圾焚烧处理，发电量居全国第一。我没进一步核实此消息真假，假如真如消息说的那样，那深圳以后还要不要推垃圾分类呢？"

"你知道世界二噁英最高浓度值在哪里吗？就在焚烧大国日本，其平均值高出欧洲国家四五倍。前些年日本人觉得再这样没法活了，开始搞垃圾分类进行减量，空气中的二噁英确实减了，但食品中的二噁英还在继续增加。"赵章元说，另一焚烧大国德国市场上曾出现大批二噁英毒鸡蛋震惊欧洲，广州李坑号称"最先进"的垃圾焚烧炉，运行仅4年，周边永兴村就出现癌病患者200多人，国内国外，警钟不断啊！"垃圾焚烧背后是有利益链的，不少地方政府其实很想推动垃圾分类，但往往受制于这个利益链，这在北京、广州、云南、湖南、江苏等地尤为严重。"

"在破解垃圾围城困局上，焚烧发电的确既能快速减量，还能产生电能，但其导致二次污染，特别是二噁英排放，对民众健康和环境都是一场灾难，这已是国际共识，国内应该引以为鉴。"中国工程院院士王如松表示，垃圾处理是一个系统工程，有大量的有机物和可回收成分，如果分类回收做得好，城市垃圾中有80%是可以资源化利用的，剩下的10%可以焚烧，10%可以填埋。"相较于垃圾焚烧，垃圾分类减量无论从环保和资源回收利用上，都是目前破解垃圾围城的最佳方案，各地政府应认真思考和对待这个问题。"

垃圾分类：广州敢吃螃蟹匹马在前

（《晶报》2013年11月6日）

10月28日，广州宣布11月起试点垃圾分类计量收费，引起全国关注。

早在2011年4月1日，广州在全国第一个吃螃蟹，颁布实施《广州市城市生活垃圾分类管理暂行规定》,以立法形式推动垃圾分类。此后两年多时间里,广州政界掀起垃圾分类热,有了"垃圾市长""垃圾秘书长",甚至主管垃圾分类的一位副市长,从台北取经归来连夜召开座谈会,商量以立法形式推动垃圾计量收费,终结多年一贯的垃圾定量收费旧机制。

在全国垃圾分类雷声大、雨点小、万马齐喑的局面下,广州何以敢第一个吃螃蟹?

番禺垃圾焚烧厂的博弈与促动

"垃圾围城已成为广州城市发展必须破解的难题,而番禺垃圾焚烧厂事件则直接引发了全社会对垃圾分类问题的深入思考。"广州市城管委垃圾分类处处长尹自永告诉晶报记者,"正是番禺垃圾焚烧厂事件,促使广州下决心推进垃圾分类,实现源头减量。但垃圾分类在内地还无一个成功范例,广州除了大胆'吃螃蟹',别无选择。"

时间回溯到 2009 年 11 月 23 日。这天,上千名广州市番禺区居民,戴着口罩,手持"反对垃圾焚烧"的标语,聚集在广州市政府门前请愿。事情起因是,当年 2 月 4 日,广州市政府通告,在番禺区大石街会江村与钟村镇谢村交界处修建一座生活垃圾焚烧发电厂,计划于 2010 年建成并投入运营。

10 月 25 日起,当地居民相继发起了反对建焚烧发电厂的抗议活动。居民的反对意见集中体现在:我在此处买房,图的就是比广州市区内空气好,你现在建垃圾焚烧厂,我的房要掉价,而且产生的二噁英可能会让我得癌症,且质疑一些支持建焚烧厂的领导与垃圾焚烧发电厂的利益集团有关联。

由于无法与居民达成共识,12 月 10 日,番禺区宣布暂缓"垃圾焚烧发电厂"项目的选址及建设,并启动全民选址讨论。

在这场有关垃圾焚烧的博弈中,民意暂居上风。

随后的 12 月 17 日,有关方面就"番禺事件"组织了一次有业主、人大代表、政协委员、学者和业界人士参加的讨论会。与会者一致认为,之所以会出现"番禺事件",关键是广州没有抓住 10 年前被列为全国八大垃圾分类试点城市的机遇,失去了 10 年大好时光,才会导致今天垃圾围城的尴尬。会上,几位业主代表提出在番禺区推进垃圾分类的动议。与会的原省人大环资委主任陈之泉表示,番禺区居民主动要求推进垃圾分类，对广州是个机遇，人大和政府要联合出台垃圾管理条例，然后制订垃圾管理实施细则，同时要建立一套监督机制，人大监督政府，政府监督社会。

陈之泉的提议，被视为较早在广州公开发出以立法推动垃圾分类的声音。

当然，"焚烧"与垃圾分类的博弈还在继续。

2010年1月，番禺众多业主致信广东省人大，希望垃圾处理议题在省两会上得到公开讨论，结果未获回应，他们继而联合多名广州公民起草了一份致全国人大的"万言建议书"，呼吁全国人大重视垃圾处理政策，"垃圾处理不能一烧了之"。为消弭公众对政府的质疑，2010年2月底，广州邀请全国32位权威专家，就垃圾处理方式面向社会公开讨论，经过两大讨论，"主烧派"以31：1的压倒优势成为"主流"，并最终形成《广州市生活垃圾处理专家咨询意见书》。

原中国环境科学研究所研究员、中国垃圾资源化产业协会会长、环保专家赵章元，是32名专家中唯一的一位"反烧"的与会者。4月29日，赵章元在《中国环境报》撰文陈述"反烧"理由，指出"焚烧"的规划冠以"现代化"的头衔不过是在迷惑民众，走垃圾资源化之路是人类的唯一选择。

但赵章元随后给广州市政府提出了一个颇具黑色幽默味道的建议：垃圾焚烧厂当然可以建，但是不是可以选址在政府办公大楼附近呢？

"垃圾市长"的示范效应

广州城管委垃圾分类处处长尹自永告诉晶报记者，全国首部有关垃圾分类的法规——《广州市城市生活垃圾分类管理暂行规定》（以下简称"暂行规定"），正是在"番禺事件"的博弈过程中酝酿，并于2011年4月1日颁布实施的。"立法的目的，就是要将广州市垃圾分类的所有行为，都纳入法律的框架之下。"

"在全国第一个推出'暂行规定'地方法规，是广州'真刀真枪'推动垃圾分类的一个标志。"中国垃圾资源化产业协会常务理事王政表示，"业界也都看到，此后广州还出现了'垃圾市长''垃圾秘书长'，说明政府不仅动了真格，而且把垃圾分类上升到政治的高度。"

2012年1月，陈建华出任市长，主政广州。

一大堆有关垃圾的问题摆在他面前——

番禺垃圾焚烧厂事件悬而未决。

广州每天产生垃圾近2万吨，全部用载重5吨的车装起来，如果一天不处理，汽车可以排到惠州；两天不处理可以排到香港；一个星期不处理，广州所有的道路将全部堆满垃圾，没有任何的空间。

然而广州已经没有空间可建垃圾填埋场了，如果输送到周边城市必然引发"垃圾大战"。

何以解忧？唯有推进垃圾分类，实现源头减量。

推进垃圾分类，破解垃圾围城，成为陈建华上任后的头等大事。他先后赴上海、北京、美国哥伦比亚大学取经，为广州的垃圾围城问题寻求解决方法；调研广州的垃圾压缩站、垃圾分类小区，同市民和网友座谈，把脉广州垃圾围城问题。

每天陈建华都随身带着《居民家庭生活垃圾分类指引手册》，有空就看就学。日子一久，竟有不少感悟，他还自创了三句垃圾分类口诀：能卖拿去卖，有毒单独放，干湿要分开。无论是开会还是到居民小区调研，陈建华逢人必讲自己的"垃圾经"。垃圾行业有句很流行的话叫"垃圾是放错了位置的资源"，陈建华却将此语升级到一个新高度——垃圾是被忽视的"城市矿藏"。他对外公开宣称："要我去派垃圾袋，搞分类，我随请随到。"

在2012年8月的广州城市废弃物处理公众咨询监督委员会成立大会上，陈建华当众表示——如果我能够把广州垃圾分类工作做好，我愿意当"垃圾市长"。

虽然只是带着"如果"的表态，却有了几分"军令状"的味道，这为广州的政治生态烙上了浓厚的垃圾分类印记。

广州市政府副秘书长古石阳，2012年6月出任广州固废办主任，用他自己的话讲，"现在70%的精力都放在了垃圾问题上""建华市长称自己是'垃圾市长'，我成了'垃圾秘书长'"。

2013年6月16日，分管城管工作的广州市副市长谢晓丹率队赴台北考察垃圾分类。18日夜，考察团考察台北夜市垃圾处理情况回来，已是11点多，好多人刚刚睡下，却被谢晓丹叫起来开会。根据广州实际，对比台北经验，谢晓丹提出了建垃圾焚烧厂的生态补偿、建立垃圾分类群众监督机制、尝试垃圾按量计费推动源头减量等问题，让大家连夜讨论并商量对策。在谈到按量计费时谢晓丹指出，垃圾分类立法的关键在于确定如何收垃圾费，是定额收费还是定量收费。广州在过去的十多年实行的是定额收费,但这不是潮流和方向,对鼓励源头减量是没有好处的,只有按量收费才可以推动源头减量。

此前广州有关方面也多次提到垃圾计量收费问题,但多停留在概念和探讨阶段。台北取经归来,计量收费从"云端"落到地上。7月,广州有关方面制定了《广州市城市生活垃圾分类计量收费管理办法(讨论稿)》和《广州市生活垃圾分类计量收费试点方案(讨论稿)》,提交广州市城市废弃物处理公众咨询委员会讨论。

10月28日,广州市人大常委会副主任吴树坚主持人大代表接待日活动。在回应人大代表关于垃圾分类处理等问题时,市城管委垃圾分类处处长尹自永透露,将在11月份启动垃圾分类处理按量收费试点。

副市长台北街头仰天长叹

"为什么要推进垃圾计量收费?因为不实行按量计费,垃圾分类最终都难以持续。"广州市城管委垃圾分类处处长尹自永接受晶报记者采访时表示,即便社区都实现了源头分类减量和终端处理一条龙,但对小区居民来说,尽义务的成分多,与个人切身利益关联却不大,那么他有没有兴趣长期坚持就得打个问号。

"计量收费就是要把居民切身利益与垃圾分类联系起来,你搞分类,可循环垃圾投放的多,厨余及非循环垃圾投放的少,就可以少缴费,让居民从垃圾分类中获利,这肯定会调动人们的积极性。"他举例说,广州针对户籍居民的现行垃圾费征收方式,是对每户居民征收每月10元清运费和5元处理费。无论你投的垃圾多少都是这个数,不公平也不科学。"实现计量收费后,谁投的垃圾多就得多缴费,反之,则少缴。"

"如果说垃圾分类是垃圾处理领域的皇冠,那么计量收费就是这项皇冠上的明珠。"中国垃圾资源化产业协会常务理事王政告诉晶报记者,"推进计量收费会有许多困难和曲折,广州敢于跨出这一步勇气可嘉!"

的确,推行计量收费不是件轻松事。

时光回溯到2013年6月17日。台北街头,广州副市长谢晓丹拿着台北市的垃圾袋仰天长叹。

台北市实行的是垃圾按袋计量收费,比如,"一般垃圾"要用指定的垃圾袋进行装袋。专用垃圾袋里 1 公升袋子的售价为 0.42 元新台币，3 公升的价格是 1.26 元新台币。居民到政府指定单位购买垃圾袋，实际上就是缴纳了垃圾处理相关费用，用的袋子多，缴费多，反之缴的少。这是最现成的计量收费模式，但如果广州要推行，首先面临的挑战是，大量假冒伪劣垃圾袋涌入了怎么办呢？

台北的应对措施是，如果市民买了其他垃圾袋来装一般垃圾，被街角摄像头拍到并被查实后将被罚款 3 000 元新台币。伪造垃圾袋处 2 年以上 7 年以下徒刑，往行人专用垃圾筒丢放家庭垃圾，将罚款 6 000 元新台币。

伪造垃圾袋最高判 7 年，当然具有极大的震慑作用，但广州办不到，一是全国人大、国务院并未制定相关的上位法，二是广州地方立法权也无此权限。更头疼的是，广州 1 500 万人口中近一半是流动人口，监管也非易事。

谢晓丹之叹，是对广州垃圾分类在法律、体制、人文等方面存在障碍的忧虑。

但广州还是选择迎难而上。

据尹自永介绍，计量收费的具体办法，将采取两种方式，居民户和暂住人员通过购买专用垃圾袋缴纳垃圾收运处理费，机关、企事业单位、个体工商户按桶计量缴纳。从今年 11 月起，广州将选取 20 个地点开展为期七个月的"按桶收费+按袋收费"试点，一边试点，一边征集各方意见。

记者了解到，此次广州垃圾费改革最大的亮点，就是彻底打破固有的垃圾费定额收费模式，由定额收费向按量收费转变。收费范围限定在只对其他垃圾收费（其他垃圾混入量不得超过 5%），可回收物有偿回收，厨余垃圾不收费（其他垃圾混入量不得超过 5%），有害垃圾定时或预约收集、不收费。

广州市城管委按照不同容积，制定了 3 升、5 升、8 升、10 升、12 升、15 升 6 种规格的专用垃圾袋。最小规格为 3 升专用袋，每只售价 0.48 元；最大规格为 15 升专用袋，每只售价 1.75 元。机关、企事业单位、个体工商户按月、按桶收费，计费依据为每天排放其他垃圾量（以"桶"为计算单位）的全月合计数——100 升桶每桶 9 元、120 升桶每桶 11 元、240 公升桶每桶 22 元。排放量较少、不便按桶收费的，可随袋征收。

他们在专用垃圾袋制作上也下足了功夫。一是环保为先，垃圾袋采用"完全生物降解塑料"制造，90 天内可 90% 以上分解为二氧化碳、水、无机物和可以为土壤和植物吸收的小分子物质，并且所有残渣对土壤及环境无毒无害；二是采用激光打印技术进行防伪。但在试点过程中，也将对两者的成本、可操作性等方面进行综合考量。

处罚将先在政府头上"动刀"

记者采访中了解到，在过去的 2012 年，广州全市 1 400 个社区中，有 1 200 个全面推广了垃圾分类。全市进入焚烧、填埋终处理设施的生活垃圾总量同比减少 3%，取得阶段性成果。但也存在着一些问题，比如，垃圾终端处理设施缺乏，一些社区垃圾分类后混收混运依旧；2011 年 4 月 1 日颁布实施"暂行规定"后，至今未开出一张罚单。

"混收混运的情况的确有，而且今后相当一段时间内都可能一定程度的存在。"广州市城管委垃圾分类处处长尹自永向晶报记者坦承，广州 20 多年时间形成的混收混运体系，想要在短期内改变过来，难度可想而知。在垃圾分类这场革新中，市区两级收运体系很快可以调整到位，但社区和家庭这一块和大的体系对接之间，缺少一个市场环节，这就导致对接中很容易出现混收的情况。

广州市政府副秘书长、固废办主任古石阳也曾公开坦承，他最头疼的就是厨余垃圾的出路，因为缺少处理设施，难免出现混收混运情况，广州垃圾围城的出路，就是要有设施。

"我们也曾考虑过借助社会力量，运用市场运作的方式去解决垃圾终端处理设施问题，但苦于目前还未探索出一种让企业和资本进入的服务化模式。"尹自永表示，虽然企业想赚钱，但根本看不到赚钱的模式，投入多少，产出多少，没有相关数据，也不敢进入。未来广州将建专事垃圾处理的七大产业园，将会集垃圾分类终端处理、焚烧、延伸产业链等为一体，形成高科技垃圾综合处理运营产业园。

2011 年 4 月 1 日颁布实施的"暂行规定"，对垃圾分类不力的个人、单位等都规定了具体处罚措施，比如，对不分类投放且拒不改正的，个人处以每次 50 元罚款。在 2012 年年底的一次垃圾分类研讨会上，有专家质疑"暂行规定"实施近两年广州未开具过一张罚单，有"空法"之嫌。对此，古石阳回复，因为罚不过来，80%的人不守法，无法执行。并表示将从 2014 年执行处罚措施，先从机关单位和公务员小区做起。

10 月 25 日上午 10 时许，晶报记者来到位于广州越秀区六榕街道办兴隆东社区，即被大门外少先队员办的垃圾分类黑板报所吸引。兴隆东居委会陈主任告诉晶报记者，社区一年前开始实施垃圾定时投放，居民们大多都已习惯，但也存在少数居民分类不尽标准的情况，需要清洁员进行二次分拣。"最令人鼓舞的是，我们这里做到了垃圾分类从娃娃抓起。"陈主任介绍，由于市政府全面推进垃圾分类，教育部门也成了责任单位，把垃圾分类知识纳入小学和幼儿园教学范围，街道办领导和垃圾分类专职指导员，每周都要来社区幼儿园给孩子们上垃圾分类课。"让孩子们去影响家长，比什么办法都有效。"

在社区墙头，记者看到大幅的宣传标语，是"垃圾市长"陈建华编的顺口溜——能卖拿去卖，有害单独放，干湿要分开。

"2010 年 2 月，我在广州经历了垃圾焚烧与分类争议中 31∶1 的尴尬，曾使我对广州垃圾分类的前景充满担忧。"原中国环境科学研究所研究员、中国垃圾资源化产业协会会长、环保专家赵章元接受晶报记者采访时表示，"但近两年广州以立法推动垃圾分类，市长及领导班子带头真抓实干，让我对广州垃圾分类的未来重燃希望。"

呼唤"垃圾市长"

[**核心提示**] 2014 年，我开始关注垃圾分类遇到的一些体制性问题，如九龙治水、多头管理等。"垃圾市长"无疑是解决这些体制性问题的重要保障，但有多少领导愿意做"垃圾市长"呢？

垃圾分类绕不开的体制性障碍

（《晶报》2014 年 4 月 29 日）

进入 2014 年 3 月，深圳推出 500 个垃圾分类试点一年半过去了。试点效果如何？还存在哪些问题？今年深圳垃圾分类将向何处去？记者从市垃圾减量分类办公室（以下简称分类办）了解到，试点取得了一些阶段性成果，但厨余垃圾处理难、居民参与率不高、可回收垃圾收运无章可循、有害垃圾收运政策导向不明等问题依然未找到有效解决方案。垃圾分类专家、中国垃圾资源化产业协会常务理事王政一针见血地指出，一些体制性障碍如多头管理，协调困难等，是垃圾分类进展困难的根本原因，到了该正视解决这些问题的时候了。分类办表示将努力营造部门间无缝对接管道，同时在未来采取计量收费模式提升居民参与积极性。市政协委员李毅则呼吁深圳通过立法推动垃圾分类。

多头管理的尴尬

"围绕 500 个试点，全市垃圾减量分类工作取得了阶段性成果，比如，试行了多种减量分类方式，建立了厨余垃圾专门收运系统，建设了一批厨余垃圾处理设施，制定了一批配套文件和政策。"分类办相关负责人罗先生接受晶报记者采访时表示，但也存在着一些问题，厨余垃圾处理困难依旧，居民参与率不高，甚至楼层撤桶都遭遇不少居民抵制，一些机关单位"低碳办公，绿色就餐"流于形式，继续大量使用一次性办公用品用具，内部饭堂剩菜剩饭多，浪费严重，没有发挥应有的模范带头作用；厨余垃圾处理设施严重不足，产生量和处理能力两个数据差距很大。

"可回收物和有害垃圾处理也存在很大问题。"罗先生告诉晶报记者，可回收物分类回收缺乏规范化管理，散乱无序，造成大量应当和可以回收的再生资源白白流失，既浪费了资源，又污染了环境；有害垃圾分类回收的主要问题是政策导向不明确，对家庭日常生活垃圾中有害垃圾是否需要从生活垃圾中分出来、集中回收，没有明确意见。

根据《国家危险废物名录》第六条的规定，"家庭日常生活中产生的废药品及其包装物、废杀虫剂和消毒剂及其包装物、废油漆和溶剂及其包装物、废矿物油及其包装物、废胶片及废像纸、废荧光灯管、废温度计、废血压计、废镍镉电池和氧化汞电池以及电子类危险废物等，可以不按照危险废物进行管理。"但"将前款所列废弃物从生活垃圾中分类收集后，其运输、贮存、利用或者处置，按照危险废物进行管理。"

那么，家庭日常生活中的有害垃圾究竟分不分？怎么分？从家庭生活垃圾中分出来的有害垃圾，谁来收运处理？如何监管？至今政策都不明确。

"这就是典型的多头管理带来的麻烦，就是阻碍垃圾分类顺利推进的体制性障碍。"垃圾分类专家王政说，从国家层面来看，与垃圾分类相关的部委多达16个，拿深圳市来看，可回收垃圾科工信贸委管，有害的人居委管，难免协调困难，甚至互不认账、推诿扯皮，导致办事效率低下，甚而无法进行。"垃圾分类其实是城市综合管理方面的深化改革，市府应该正视这些体制性障碍，拿出改革的勇气理顺体制。"

王政认为，正因为这些体制性障碍，才导致全国垃圾分类自上而下存在一种概念性错误，就是在垃圾分类实践中，人为把可回收垃圾与垃圾分类割裂开来，使垃圾分类无法形成完整的产业链条，从而无法持续。"举个例子说，餐厨和厨余垃圾处理成本较高，企业即便有较好的技术设备，生产出了有市场效益的产品，可能仍不足以实现盈利。这时，加上政府的补贴，再加上区域内可回收垃圾产生的价值，企业就可能扭亏为赢，实现可持续发展。这方面中国台北、美国旧金山都有成功范例。"王政说，问题是从2000年全国第一次启动垃圾分类8个试点城市，到近几年启动第二轮垃圾分类试点，从北京、上海到广州、深圳，有哪个城市是把垃圾分类当作一个整体和系统工程来运作，把可回收垃圾资源当成垃圾分类工程不可或缺的一部分的？"就拿深圳来说，城管局主管垃圾分类，却管不了可回收垃圾，无法将其纳入整个垃圾分类产业链条之内，无法通过资源配置，用其产生的价值反哺厨余垃圾处理。不解决这个问题，城管局本事再大也搞不好垃圾分类！"

"我相信职能部门不会看不到这个体制性障碍，只是无能为力罢了。"在盐田、坪山及大鹏新区进行垃圾分类试点的瑞赛尔董事长孙江久表示，十多年来全国垃圾分类之所以总是雷声大、雨点小，难见成效，就是因为自上而下处在一种"只见树木，不见森林"的状态，没把垃圾分类看成一个系统工程。"深圳垃圾分类要真正取得成效，必须理顺体制，把复杂问题简单化，何不尝试把可回收垃圾和有害垃圾都交给城管局去管，以减少多头管理带来的问题呢？"

分类办罗先生表示，垃圾分类是个城市综合管理问题，因而注定涉及众多部门参与，齐抓共管。下一步分类办将通过主管部门协调建立与其他部门的无缝对接管道和平台，明确分工及责任。市政协委员李毅认为，这个对接平台应是一个信息化、数字化平台，一是部门间信息透明，二是对接的界面在哪里，比如，城管与人居委对接有害垃圾问题，责任要明确，要有监管处罚机制，谁没做好自己的事要负责任。同时李毅也呼吁深圳利用特区立法权，尽快为垃圾分类立法，使城市垃圾分类走上法治化道路。

以计量收费促居民参与

"社区居民为什么对垃圾分类积极性不高？除了相关宣传普及不到位等因素外，主要还是垃圾分类与自身利益无关。要解决这个问题，就必须实施计量收费。"垃圾分类专家王政表示，多年来，我们对社区居民垃圾处理采取的都是定额收费，广州是每户每月15元，深圳是13.5元。定额收费的最大弊端是，投多投少都是一个价，欠缺公平，无法调动居民垃圾减量积极性。计量收费的好处，就是谁投的多，交费多，反之则少，从而调动居民参与垃圾分类的积极性，实现生活垃圾的源头减量。"问题是，如果现在实施垃圾计量收费，原有的定额收费制又成为绕不过的行政壁垒。"

"垃圾分类实质上是改变城市居民多年形成的固有生活习惯，所以决非一朝一夕之功，切忌急功近利，社会各界都一定要有足够的耐心和平常心，更不能搞政绩工程和面子工程。"王政告诉记者，台湾地区和美国旧金山从启动垃圾分类到最终普及成功，都用了很长时间，前者大约20年，后者历时更久，所以别指望深圳垃圾分类一夜之间改天换地。"而且，台北垃圾分类的社会普及中，慈济和主妇联盟等民间组织发挥了重要作用，这方面应对深圳有借鉴价值。"

"如果把垃圾分类作为城市管理的系统工程来看，整个运作过程其实是一个培育过程。"瑞赛尔董事长孙江久认为，一是居民的垃圾分类意识需要培育；二是民间组织需要培育和引导；三是参与企业需要培育，比如，培育企业如何实现自我造血，从依靠政府补助到最终依靠市场。

"计量收费肯定是垃圾分类终极解决方案不可或缺的重要环节，也是分类办今后工作的努力方向。但要真正实施，确实还需一定的过程。"分类办罗先生表示，一是计量收费与原有定额收费的对接问题，涉及政策调整、部门职能转换等各个方面，需要一个过程；二是计量模式问题，究竟如何计量，这又是一个相对复杂的系统问题，都需要试点和论证。

"台北采取的是按袋计量方式，垃圾不用称重，居民购买政府指定的专用垃圾袋，所付费用就是垃圾费，买的袋子多，付的费就多，反之就少。"罗先生告诉记者，但台北的方式不一定适合深圳。"台北生活垃圾采取定时定点收运，那里居民居住相对分散，大型社区较少，且家中多有老人或主妇守候，一般家庭可以保证定时定点投放。但深圳是个年轻白领居多的城市，大家都要上班，就没法保证家庭定时定点投放。所以，深圳究竟如何计量，还得不断调研探索。最终无论采取哪种计量方式，都必须简单易行才易推行。"

"全社会分类意识差，城中村多，流动人口多，关内关外形成的历史性差异，缺乏相应制约惩罚机制，这都是深圳目前垃圾分类的'短板'。"罗先生认为，解决这个"短板"必须运用城市综合管理手段。可以探索把企业招工、旅游业、工商登记、税务管理、企业招标等社会事务都与垃圾分类挂上钩，比如企业开发房地产，可将垃圾分类也列入招标条件。美、日、韩等对不分类的企业和个人都要惩罚性的多缴费，对分类的采取奖励性的少缴甚或不缴费，下一步深圳也必须逐步建立起奖惩机制。"眼下我们要做的，就是协调教育部门，将垃圾分类列入幼儿园及小学课程,做到垃圾分类从娃娃抓起。"

垃圾分类中的政府角色定位

深圳推进垃圾分类的方针是"政府搭台、企业唱戏、市场化运作、全民参与",那么500个试点是否如是呢?

"据我了解,除了瑞赛尔、英尔科技、华力成等专业公司运营的试点小区外,其余大多数试点小区都是政府与物业合作的模式,政府既搭台子又唱戏,既当裁判员又当运动员。"市人大代表杨勤表示,从试点效果来看,政府亲自试点的小区多数遭遇如撤桶难、居民参与积极性不高难题,而专业公司运营的小区则相对较顺利。"在垃圾分类中政府到底该如何定位自己的角色呢?假如按照政府搭台、企业唱戏的游戏规则,让企业去做,把难题交给市场,会不会效果好一点呢?"

瑞赛尔董事长孙江久认为,500个试点也有一个较大弊端就是太过分散,管理不便。另外,需要的厨垃圾处理设施较多,重复投资,成本较高。"下一步职能部门是否可以考虑进行集中规模化试点,把一定区域内的社区集中在一起,这样管起来方便,垃圾收运方便,厨余垃圾处理设施建设大大减少,还能实现厨余规模化处理产能。"孙江久表示,短期内,在厨余垃圾没找到最佳处理办法前,是不是可以把厨余纳入餐厨垃圾处理系统内。"餐厨与厨余本来就是同类物质,只不过一个油多,一个油少,放在一起处理有何不可?职能部门可以算笔账,如果把厨余垃圾处理设施建设及相关运营费用,拿出一小部分去补贴处理厨余垃圾的餐厨企业,是不是成本更低呢?"

"分类办正在考虑将厨余垃圾纳入餐厨垃圾处理系统,由于我市餐厨垃圾处理运作较早,2007年就开始,并进行了相关立法,政府与相关企业签订餐厨垃圾处理协议时,垃圾分类还没正式运作,这种时间差导致把餐厨与厨余两种性质相类的垃圾分开处理,现在进行调整正当其时。"分类办罗先生表示,在推进500个垃圾分类试点时,全国无一个成功范例可仿,从政府到企业都不知该怎么办,政府只好扮演"摸石头过河"的角色,既搭台又唱戏。

"经过近两年实践,政府到了回归自己游戏规则制定者本位角色的时候了。"分类办罗先生表示,下一步将考虑制定科学、系统的垃圾分类市场准入"游戏规则",在条件成熟时以"政府搭台、企业唱戏、市场运作、全民参与"的方针和模式全面推进垃圾分类。

推进垃圾分类需重燃"特区精神"

"深圳日产生活垃圾14 000多吨,且以8%的增幅在不断增长,我们赖以生活的城市空间被垃圾包围,原有的填埋和焚烧都无法破解垃圾围城,所以我们才采用垃圾分类,以源头减量的办法破解垃圾围城。"分类办罗先生感叹,原来主要采取填埋和焚烧两种垃圾处理方式,但深圳已无可填之地,且填埋污染土壤水源,后果严重。而相当部分焚烧企业由于技术设备的局限,对废水、废气、废渣等"三废"处理不达标,造成的污染后果更严重。

但垃圾分类是个漫长培育过程,无法产生立竿见影的效果,在相当长一段时间内,我们还不得不把焚烧作为垃圾减量的重要方式,但前提是企业的技术设备必须符合环保标准,否则,就应该下马。韩国敢把垃圾焚烧厂建在市政府旁边,因为技术设备有保障。"但有一点必须明确,垃圾焚烧只是权宜之计,分类减量才是未来方向。"罗先生表示,台湾当初建了数十座垃圾焚烧厂,但随着垃圾分类推进,量越来越少,没得烧了,大多数自然关闭了。"常看到居民抗议焚烧厂或阻挡焚烧厂选址周边,非常理解市民的感受,但我想说的是,大家能否想想,政府推进垃圾分类不正是为了让垃圾远离我们,为了让焚烧厂有一天从我们生活中消失吗?"

"不少人对深圳垃圾分类前景持怀疑态度,但我始终认为道路可能曲折,前景却一定光明。"垃圾分类专家王政表示,"深圳人的血液里,有着改革的基因,身体中蕴藏着创新的勇气,凭着深圳敢为天下先的改革基因,只要重燃改革激情,发扬特区精神,垃圾分类没有过不去的坎,未来中国垃圾分类最佳模式必将在深圳产生!"

破解九龙治水,需要"垃圾市长"

(《晶报》2014年5月3日)

连日来,《晶报》"聚焦垃圾分类"栏目刊发的垃圾分类体制性问题探讨系列报道,引起了市内外各界人士关注。人大代表、政协委员和外地专家学者纷纷就深圳垃圾分类遭遇的问题，探讨办法，献计献策。

毛达：破除行政壁垒要有"壮士断腕"的改革决心

人物介绍：

毛达，（环境研究）历史学博士，北京师范大学化学学院博士后，民间环保公益平台"中国零废弃联盟"联合发起人，磐石环境与能源研究所副主任。出版有《海有崖岸》等环境历史学专著，目前主要研究课题是垃圾焚烧与二噁英问题的历史。

声音：

《晶报》昨天的报道，谈到了深圳垃圾分类存在的种种体制性障碍，包括多头管理、部门责任不清、奖惩机制缺失、政府角色不明等，归纳、分析都非常到位，也是全国垃圾分类工作面临的普遍问题。

推动垃圾分类，其直接对象是垃圾无节制的大量产生、混合投放、混合运输、混合处理的现况，以及由此引发的资源浪费、污染严重的后果。但因涉及诸多行政职能部门的配合及协调，其实成为一场涉及城市管理和行政体制等诸多方面的改革。为什么出现部门间协调配合不畅的情况，就是因为改革动了部门利益的"奶酪"。要克服这些行政壁垒和体制障碍，深圳必须拿出壮士断腕的改革勇气。

就推动垃圾分类所期待的效果而言，量化目标可以用"垃圾混合处理的分流量或分流率"这样的指标设定，内容就是一个地区垃圾送往焚烧或填埋等混合处理设施的总量或比率的减少程度。根据德国的历史经验，垃圾混合处理比率已从1990年的87%大幅降至2010年的37%，说明一项积极的分流目标并非遥不可及。

正如报道所言，深圳"推进垃圾分类需重燃'特区精神'"，大家拭目以待。

黄小山：垃圾问题是个哲学问题

人物介绍：

黄小山，网名"驴屎蛋"，网络红人。毕业于北大法律系，曾是中国恢复律师制度后的第一批律师，"驴屎蛋"的网名就来自于"律师"的谐音。身为律师，从不穿西装，衣服、头发颜色赤橙黄绿青蓝紫引领时尚。北京市政府要在他的小汤山别墅区周边建亚洲最大垃圾焚烧厂，他冲冠一怒为维权，率数百名业主在北京市中心示威游行，以"扰乱公共秩序"被行政拘留 5 天。他张口闭口说中国垃圾问题完全是个哲学问题；电视里、网络上，一谈起垃圾就如滔滔江水，激情与口水共溅，智慧与怪论横飞。

声音：

垃圾问题是个哲学问题。说到底垃圾问题符合哲学的三大根本问题，垃圾是什么？从哪来？到哪去？我认为，研究垃圾问题最终要回归到研究如何对待产生垃圾的人，如果从这些角度考虑，垃圾问题才能解决。

从最简单的人性考量，在没有奖励、没有处罚的情况下普通老百姓为什么要做垃圾分类？深圳有个垃圾分类专家叫王政的，曾跟我说过垃圾计量收费，他的 RQS 垃圾分类国家专利技术，就是一个垃圾计量收费的运作系统，好多年都找不到用武之地。深圳有这样的国家专利发明，为什么不尝试用其解决垃圾计量问题呢？

《晶报》报道中曾提到厨余垃圾处理难的问题，我认为这其实是个伪命题，厨余垃圾没法处理是因为没终端处理设施，那你建起来不就行了？至于终端设施建设可能涉及的资金模式、土地、配套政策等系列问题，看似复杂，其实就是个市场准入机制的问题。有了科学可行的准入机制，难题会迎刃而解。各地政府推进垃圾分类最常讲的话就是"政府搭台，企业唱戏，市场化运作"，政府搭什么台呢？不就是搭机制的台么？

垃圾分类是个新问题，遇到行政障碍或壁垒不可避免，解决问题的责任在政府，能不能解决问题则取决于政府推进垃圾分类的决心！

张伯驹：垃圾善治，离不开绿色公民教育

人物介绍：

张伯驹，毕业于北京交通大学和香港中文大学，曾任联合国环境规划署（UNEP）青年顾问。现任环保组织自然之友总干事，自然之友公益基金会秘书长，宜居广州生态环境保护中心创始理事，《中国环境绿皮书》编委。2011 年推动成立行动平台——中国零废弃联盟，持续探索并实践有效、公义、可持续的垃圾问题解决之道。

声音：

垃圾管理的基础是生命周期管理，而生命周期管理的前提是分类。只有让更多的公众意识到自己每天扔垃圾的下意识动作与生命周期联系到一起，只有让更多的公众相信日常习惯的改变可以影响到整个城市的空气清新与饮水安全，垃圾分类才会有真正的基础，城市垃圾管理才有可能发生根本性的变革。

这样的教育，不仅仅发生在学校中，也应发生在办公室、家庭、会展空间、电视节目及网络社区，成为一种持续且全面的绿色公民教育。这需要政府的魄力与投入，更需要媒体、企业及民间组织等社会各方积极行动，形成合力。

希望在不久的将来，深圳市民对垃圾问题的认识会超越"让它们从我家楼下的垃圾桶消失，这就是故事的全部"。他们会问：垃圾后来去了哪儿？在那里它们仍然是垃圾吗？垃圾怎么样才不会放错地方？垃圾为什么要分类？垃圾不分类会产生什么样的危害？会伤害谁？明天伤害的会不会是我的邻居、我自己，以至于我们的后代？谁应该对此负责？最后，他们会问：为了改变现状，我能够做什么？

当所有人用行动回答这个问题的时候，垃圾才将不再成为一个问题。

杜欢政："垃圾市长"破解"九龙治水"

人物介绍：

杜欢政，教授，浙江东阳人，中国社会科学院中国循环经济与环境评估预测研究中心副主任、世界银行和国家发展改革委循环经济专家、长三角循环经济技术研究院（浙江）院长。我国最早研究循环经济和再生资源回收利用的学者之一，被业界称为"垃圾教授"。主要研究方向为资源循环产业、循环经济与区域经济。从1986年开始进入再生资源回收利用领域的研究，从金属再生资源回收利用研究开始，后来逐步扩大到废纸、废塑料、废汽车、电子废弃物、农业废弃物、餐厨垃圾等领域的研究，再进一步扩展到整个资源循环产业、循环经济与区域经济发展研究。

声音：

早在2000年6月，建设部就确定了北京、上海、广州、深圳等为全国8个垃圾分类收集试点城市，经过十几年的试点，成效甚微。原因何在？

首先，缺乏全面系统的操作。垃圾分类是一个系统工程，涉及源头分类收集、分类回收、分类处置等多个环节,任何一个环节的缺失都会导致整个系统的失灵。

其次,垃圾多头管理,难以协调。垃圾管理涉及诸多部门,每个部门都只在自己系统内进行循环。如建筑垃圾归住建部管;包装垃圾、可回收垃圾归商务部管;危险废弃物如废电池、荧光灯管等,归环保部管。各部门之间像是"九龙治水",缺乏协作机制。

另外,垃圾分类涉及政府、企业、NGO和公众等多个利益主体,必须达成共识,才能可持续。

深圳遭遇的问题,只是全国的缩影。垃圾问题不仅是环境,也是经济、社会、民生问题,更是政治问题。

包括深圳在内的各地方政府,要破解"九龙治水"等行政壁垒问题,最关键的一条是地方政府党政主要领导愿意当"垃圾市长",高度重视垃圾分类问题。也只有在"垃圾市长"主导下的体系顶层设计,才能突破现有制度的层层壁垒,打破环卫、住建、交通、工商、城管、公安等各部门的职责分工,梳理各方利益分配,将推进垃圾分类所需要的各种资源,调配到最佳组合。最终建立政府主导、企业运作、公众参与、NGO推动的垃圾管理创新模式,形成从垃圾源头分类到终端处理处置的完整链条,真正解决"垃圾围城"问题。

大部制破解协调难

(《晶报》2014年5月7日)

连日来,"聚焦垃圾分类"栏目刊发的系列报道,引起了市内外各界人士关注。人大代表、政协委员和外地专家学者纷纷就深圳垃圾分类遭遇的问题,探讨办法,献计献策。

市政协科教文卫委副主任董兵团:

可否用大部制办法解决协调难

《晶报》报道中提到的目前垃圾分类过程中存在多头管理、部门间协调困难,是体制性障碍也罢,行政壁垒也罢,都有一定历史延续性因素,是不是考虑用大部制办法解决这一问题，比如，把相关职能处室切割出来，与垃圾分类中心组合在一起，协调困难的问题就能得到解决，从而形成合力。如果不能采取大部制办法，我赞同北京专家赵章元的说法，生活垃圾分类管理事务中心不能弱势，否则，就无法协调其他职能部门。如果建立职能部门协调机制或平台，一定要责任明确，要有监督和问责机制，哪个部门不尽力要有人督促，出了问题要追究责任，该打板子的要打板子。

计量收费是垃圾分类的一种高端运作模式，其实很符合国情，就是我们常说的奖惩机制，通过计量，你投的垃圾多就多收费，少了就少收，从而把分类与居民切身利益挂上钩，让自觉分类的市民尝到甜头，反之就吃点苦头。这就涉及与原有定额收费如何衔接的问题，有关部门应该早点介入调研，为未来推进垃圾计量收费做准备。前几天《深圳市生活垃圾减量和分类管理办法（试行）》（草案稿）向社会公开征集意见，其中对不搞分类的个人罚款 200 元的措施很得力，政府就应该拿出像处理酒驾那样的力度来解决垃圾分类问题。

近年社会就业压力很大，需要不断创造新的就业机会。垃圾分类必将形成一个新的巨大的产业链条，每一个环节都可能形成新的就业平台，使得垃圾分类整个系统成为解决就业问题的突破口，政府应该花点力气搭好这个平台。

人大代表杨勤：

罚款 200 元体现了法规的刚性

《深圳市生活垃圾减量和分类管理办法（试行）》（草案稿）正在征集社会意见，市民普遍比较关注个人垃圾不分类罚款 200 元的条款，我觉得这一条制定得好，体现了法规的刚性。也只有刚性的法规才具有较强约束力，其他一些城市如台北、广州、南京、杭州等也都较早出台了类似法规，也有刚性处罚条款，比如，台北对不进行分类的居民最高可处 6 000 元新台币罚款。

但我认为法规的普及和宣传推广很关键，一个 80%居民不了解、也不执行的法规相当于是无效法规。深圳对垃圾分类的宣传力度一直不够，我认为应借这次法规征求意见的机会，组织 NGO 和一些公益机构进社区进行宣讲，和居民进行互动，做到家喻户晓，人莫不知。同时，政府也应该在车站、码头、机场、CBD 广场等推出垃圾分类公益宣传广告，营造社会氛围。同时要制定可操作性强的实施细则。

曾经分类试点的不成功，多头管理等行政壁垒是重要原因，《晶报》报道点出了问题关键。垃圾分类试点责任往往涉及市区两级政府及发改委、环保、城管、宣传、教育等 10 多个部门和单位。"九龙治水"的结果是，人人有责，人人都不负责，使分类试点流于形式。

下一步政府应把理顺体制、消除阻碍垃圾分类推进的行政壁垒作为工作重点。

市人大代表肖幼美：

计量收费是垃圾分类减量的扛杆

《晶报》"聚焦垃圾"分类栏目对目前垃圾分类遇到的各种困难和问题的探讨非常到位，切中要害。如今每一项社会事务行政改革，均不同程度遭遇类似体制性障碍、多头管理、协调困难等通病。深圳每年生活垃圾以 7%的增幅在不断增长，可填埋的空间愈来愈少，而焚烧处理后产生的有害气体，严重影响城市大气质量，威胁市民身心健康，生活垃圾分类减量已迫在眉睫。

《晶报》报道中专家王政谈到垃圾计量收费问题，我认为这是垃圾源头减量的杠杆。如文章所言，传统上很多城市对小区居民实行垃圾定额收费制，深圳是每户每月 13.5 元，广州是 15 元。很显然，定额收费制实施起来相对简便、容易，方便管理，能一定程度上提升人们的环境保护意识和保证环卫经费的来源。但对源头减量没有作用，甚至因为其投多投少一个样的平均主义倾向，还成为我们目前推进生活垃圾源头减量的障碍。所以定额收费制，是我们首要克服的体制性障碍之一。

计量收费其实是一种奖惩机制，你分类搞得好，把可回收的分出去了，投的量少了，可少缴费，这是奖励。反之，则是惩罚。从这个意义上来讲，计量收费其实就是垃圾源头减量的一种调节扛杆。韩国 1995 年开始在全国实行垃圾收集 UPS（单位价格系统）计量收费制后，生活垃圾量减少了 17.8%，居民分类可回收垃圾量上升 26.8%。台北实施计量收费后，减量效果也很显著。

下一步深圳如何对定额收费制进行改革，并推进计量收费，是一个很有意思的研究课题。不仅是生活垃圾分类管理中心，市委、市政府的一些研究机构，也应对这个课题展开调研。

人大代表周明明：

垃圾分类标准应纳入城市可持续发展战略规划

前几天的《晶报》报道中，市生活垃圾分类管理中心提出了标准化概念，新鲜，有创意。曾跟一个朋友探讨标准化作用的问题，他打了个比方说，很早以前在农村，家庭成员的鞋子主要是由主妇手工做的，孩子的、大人的，都要把尺寸量好再做。有的村里有鞋匠，找他做鞋也都要量尺寸。手工做法决定了你永远无法工业化批量生产。后来鞋子生产的标准出来了，除了姚明、郑海霞那样的巨人需特殊码数，普通人都能在那些标准码数型号中，找到自己要穿的鞋子。

垃圾分类是个系统工程和产业链条，如果没有标准化，产业链条可能很难形成。按照专家的说法，垃圾分类大体可分为4个重要环节，一是分类，二是收集运输，三是终端处理，四是政策法规配套。那么它的标准就应该围绕这四个环节来制定。

就拿小区分类环节来说，是仅仅把干湿分开呢，还是按照厨余、可回收、有害物和其他等四大类来分？如可回收垃圾，包含的类型很多，除了那些附加值高的，其余很多居民都不是很清楚，是不是需要出台一个可回收垃圾目录？再如，有害垃圾，除了电池、灯管等一些居民了解，还有很多不了解，比如，家庭中的过期废旧药品，好多人并不知道其属于危险性较高的有害物，只作为普通垃圾随意扔掉，是不是应出台一本有害垃圾目录？

国家目前还未出台相关标准，所以深圳制定垃圾分类标准无疑具有"试验田"意味。当然，前提是我们要做认真仔细的调研，凭数据说话，不能坐在办公室里拍脑袋。

垃圾分类，有法可依后我们怎么办？
——上海举行垃圾分类立法实施后面临机遇和挑战研讨会

（《晶报》2014年5月17日）

"'有法可依'是本次垃圾分类立法带来的最大机遇，而这部法规如何实施到位则面临着最大挑战。"5月1日，上海市《促进生活垃圾分类减量办法》颁布实施。4 月 30 日下午，NGO 组织爱芬环保及长三角循环经济技术研究院、浙江科技出版社等单位和机构组织举行"上海垃圾分类立法实施后面临的机遇和挑战"研讨会，来自上海、杭州、福州、深圳等地的 NGO 组织、政府部门、专家学者、垃圾分类一线工作人员等 30 多人参加了会议。中国社科院循环经济与环境评估预测研究中心副主任、长三角循环经济技术研究院院长杜欢政教授参加研讨，并作了《开发城市矿产破解"垃圾围城"怪圈》的主题演讲。

立法带来的机遇

"'有法可依'是垃圾立法带来的最大机遇。"闸北宝山路街道办副主任张众表示，作为政府部门，"有法可依"是支撑我们去推动垃圾分类的动力和压力。"有法可依"首先要有两个支撑因素：明确政府责任和明确公民的法定义务，二者相互循环推动。这两点法规都已然明确，令人鼓舞。作为政府部门，有法律赋予的责任、权利，推动垃圾分类更有底气，但这种责任权利同时也带来倒逼的压力，那就是如果没能履行好法定责任可能受到追究。

会上最开心的是上海 NGO 组织。过去政府对 NGO 组织参与垃圾分类活动一直持慎重态度，基本不予开放，NGO 组织去街道联络参与垃圾分类事宜很难得到认可和理解，爱芬环保经过多年争取才取得了在两个社区进行垃圾分类试点的许可，成为上海 NGO 组织的唯一。新颁布的法规明确支持社会组织参与垃圾分类过程，NGO 组织从此在涉足和推动垃圾分类方面有了更大的信心和底气。

与会的环保企业则表示，法规实施为垃圾分类产业链条形成奠定了法律基础和保障。政府每一次政策法规调整，对企业来说都是一次难得的机遇。在垃圾分类整个产业链条上，无论分类环节、收集运输环节还是终端处理环节，企业都有大把机会，商业及经济前景可期，企业要做的就是搞好技术创新，以最好的竞技状态迎接和把握这次机遇。在目前社会就业压力不断增大的情况下，垃圾分类每个环节都将成为新的就业机会产生的平台。

会议主持人、上海行动学习方法论机构创办人施伟仪认为，这是垃圾分类第一次锁定生活垃圾，以前分的类别很多，所以是一大突破；法规明确责任下压到基层，甚至到了家庭，宣教体系到了全员，这也是一大突破。

立法带来的挑战

"法规是有了,怎么实施到位呢?我没从条文里明确看到。如果无法实施到位,那么这部法规就是空中楼阁。"以自然人身份在松江区从事垃圾分类试点的陆肖琴表示,法规最吸引她的是个人不进行垃圾分类的将罚50~200元。她试点的村和社区,经常会有不按规定进行分类的情况出现,如果能罚款,将会起到极大的约束和强制作用。"问题是谁来执法,谁来罚款呢?我是个自然人,肯定没有执法权,怎样用法规去督促村民呢?就算有人执法了,要是村民不配合,又该如何?"

与会的政府、机构及企业人士有一个共同看法,立法比较原则化,没有实施细则,执行操作性不够强。

有法可依后,最关键一个因素是如何通过宣传做到家喻户晓。与会者认为,市民对垃圾立法多数是拥护的,但是上海媒体对此相对冷淡,关注度不高,如何调动媒体宣传积极性很重要。法规明确要把垃圾分类知识纳入中小学课堂,涉及学校、家庭、政府教育部门和社区四个方面的配合,但怎样配合,还不够明确。

垃圾分类能否可持续发展的一个关键因素,是如何把分类和居民个人利益挂钩,法规明确上海将实行"绿色账户",对分类好的居民进行奖励,当然分类不好的也将进行罚款。但没有进行计量收费,仍沿用过去的定额收费制,其实并未将分类与居民个人利益真正挂上钩。

中国社科院循环经济与环境评估预测研究中心副主任、长三角循环经济技术研究院院长杜欢政教授表示,法规有比没有好,有了之后在实践中可以不断完善。但制定法规政策容易,实现可持续发展则取决于政府的改革决心和力度,比如,垃圾分类长期面临的"九龙治水"、多头管理等体制性障碍,必须下决心改革,由多头管理、"九龙治水"变为统一管理,否则将会给前景蒙上阴影。"我现在希望在全国各地大中小城市搞分类试点,从顶层设计、项目策划到实施完成。"他希望各地志愿者能加入进来,工作地点可以是北京、上海、深圳、嘉兴等许多城市。"欢迎各方面的人才加入进来。"

垃圾分类是个政治问题

"垃圾分类改变的是工业化的生产方式和一代人的生活方式,需要至少20年时间建立垃圾分类各个体系,并使垃圾分类成为人们的生活习惯。"杜欢政教授在《开发城市矿产　破解"垃圾围城"怪圈》的主题演讲中表示,垃圾分类是环境问题+经济问题+资源问题+民生问题+社会和谐问题,总归是个政治问题。党的十八大提出现代化建设总体布局"五位一体",即经济建设、政治建设、文化建设、社会建设、生态文明建设五位一体。"垃圾分类是生态文明建设的重要内容,所以说它是政治问题一点不为过。现在一些地方政府对垃圾分类推进持观望态度,是欠缺一点政治敏感性。"

杜欢政认为,要开发垃圾这个城市矿产,破解"垃圾围城"怪圈,很多环节上要匹配,包括垃圾分类、回收体系、资源循环利用产业、资源循环产品应用,环环相扣,缺一不可。每一环都是一个体系。杜教授拿出一本用利乐包为原材料制作的《弟子规》说,利乐包可以制作包括《弟子规》在内的好多产品,但在实际回收过程中,利乐包因为附加值相对较低,大多数都并未得到回收,一是造成资源浪费,二是没有起到源头减量的作用。所以每一个体系中,都有大量可值得研究的课题。

政策上也要灵活一些,须根据具体情况,制定相应的法律、法规、政策、标准。比如,针对玻璃瓶、利乐包等附加值较低的可回收资源,政府要制定绿色采购政策,在政府采购中优先采购环保产品等。

杜欢政的名片上令人讶异地标注着"垃圾教授"几个字,他坦承这比较真实地反映了个人特征——研究、实验、试点、演讲、著书立说均与垃圾有关。他在宁波、嘉兴搞起了几处垃圾分类试点,受邀曾为广州市政府高层作过垃圾分类专题演讲,也提供过一些决策建议。"从广州及嘉兴等地的经验来看,垃圾分类系统本身又是一个利益链条体系,能否顺利推进的关键,是如何求得链条上各不同利益主体之间的平衡。"他说,比如,实现源头减量,如何求得居民利益与分类之间的平衡;建立新的可回收资源回收体系,如何去平衡旧有的资源回收公司及各小区回收游击队的利益;如何平衡城管与可回收及有害垃圾行政主管部门间的利益等。

上海垃圾处理空间、立法及试点与深圳的显著不同

上海《促进生活垃圾分类减量办法》于5月1日正式颁布实施,而深圳则在此前的 4 月中旬，推出《深圳市生活垃圾减量和分类管理办法（试行）》（草案稿），向社会征集意见。

晶报记者应邀参加了上海研讨会，发现上海垃圾分类法规、试点及垃圾处理空间与深圳明显不同：

1. 上海处罚"温情"，深圳相对严厉。如对单位和个人不分类投放生活垃圾的，上海规定"单位处 100 元以上 1 000 元以下罚款；个人处 50 元以上 200 元以下罚款。"深圳则规定"对个人每次处以 200 元罚款；对单位每次处以 1 000 元以上 3 000 元以下罚款。"再如，对生活垃圾混装混运的，上海"处 1 000 元以上 3 000 元以下罚款"，深圳"处以 5 000 元罚款"。

2. 深圳明确"住宅区内的生活垃圾实行定时定点相对集中分类投放"。定时定点投放是我国台北和日本的成熟做法，其配套措施就是按袋计量收费，深圳虽未明确按袋计量收费，但定时定点投放为之提供了未来施行可能。同时规定"市政府可依据社会发展情况，遵循污染者付费、公平合理的原则，适时调整生活垃圾处理收费制度。具体办法另行研究制定"。也就是说，在条件成熟时，可能对原有的垃圾定额收费机制进行改革，即不排除未来实施计量收费的可能。

上海未在法规中明确定时定点投放，绿化和市容管理部门表示，台北市或日本推行的垃圾费随袋征收的办法，目前在上海可行性不大。

3. 上海在松江区农村，由个人主动开始垃圾分类试点，深圳目前还主要集中在城市社区，也没有个人从事垃圾分类试点的例子。

4. 上海目前有 29 平方千米的土地可用来进行垃圾处理，而深圳目前可供填埋处理的空间容量为 3 920 万立方米。

区级组织机构悬空：深圳垃圾分类推进前景堪忧

（《晶报》2014 年 6 月 27 日）

"深圳垃圾分类最大的困难和障碍是什么？也许大家看法各不相同。我认为，组织机构不健全和人员配置力量薄弱，是目前深圳垃圾分类推进的最大软肋。"市人大代表陈寿生告诉晶报记者，市一级设置了深圳市生活垃圾分类事务管理中心

（以下简称分类中心）这个专门机构，但各区均为临时机构和临时抽调人员，不仅要搞垃圾分类，还要兼顾城管其他繁多的工作。"按照规划，深圳明年要全面推进垃圾分类，这是一场攻坚性战役，各区作为垃圾分类具体操作实施单位，其临时机构和人员就像是不成建制的'游击队'，如何应对这场战役呢？"

记者调查得知，陈寿生代表所反映的，也是区一级城管部门最头疼的问题。不少区垃圾分类机构临时负责人向记者感叹："机构及人员编制问题不解决，未来垃圾分类前景堪忧！"

代表建议：

构建市、区、街道三级可持续管理体系

陈寿生代表告诉晶报记者，2013年7月，市城管局成立了分类中心，在编人员22名，主要负责全市垃圾减量分类规划、管理工作和承担市属生活垃圾处理设施日常运行的监测工作。截至目前做了大量实质性工作，也有不少亮点。但是，垃圾减量分类涉及社会的方方面面，大到国家政策、法律法规，小到生活习惯、个人素质。到目前为止，深圳市厨余垃圾日处理量仅350吨，还不到可分类处理量的5%，离市政府确定的目标差距非常大。

"我们在调研中发现，诸多因素中，组织机构不健全、人员配置力量薄弱是最主要原因。"陈寿生表示，如果不引起重视，不及时进行有效的组织建设和保障，市政府确定的垃圾分类目标根本无法达成。"要达成市政府确定的生活垃圾减量分类的整体目标，我们必须逐步建立'减少产生，资源回收，分类处理，能量循环'的可持续垃圾管理体系，通过有组织、有监督的机构持续引导、长期坚持，形成市民的自觉意识和统一行动。"

陈寿生表示，在所有的投入和措施中，组织及人员的保障是第一要务。尤其是垃圾减量分类工作，基础差、起点低、资源受限、涉及面广，各项措施必须深入广泛的社区、居民区，甚至到家庭。如果没有明确的机构、人员，缺乏清晰的机构职能定位、工作目标、业绩考核，市政府的此项规划和各项目标必定无法落实。

陈寿生等4位人大代表向市城管局提出建议：

构建三级管理体系以"深圳市生活垃圾分类管理事务中心"为核心，此为一级机构，加强中心人员的专业性，主要负责垃圾减量分类的整体规划、考核和监察，组织研究及提案垃圾减量分类的政策、制度。

在全市10个区（含4个新区）设立"××区生活垃圾分类管理办公室"，此为二级机构，编制3~4名，按照管理事务中心的规划要求，落实辖区内垃圾分类各项工作的推行，加强对各单位的执法和考核。

在各街道办设立"××街道垃圾分类管理岗"职能，建议为兼职1~2名，此为三级机构，按照上级机构的要求，具体执行街道办范围内相关工作的执行和反馈。

以上三级机构（含兼职）都要明确其职能范围、工作规范、工作目标、考核机制。

记者调查：

身兼多职，区一级机构叫苦连天

那么区一级垃圾分类机构及人员设置到底是什么情况呢？记者先后对福田区、南山区、罗湖区、宝安区、大鹏新区等进行了调查。

经调查记者了解到，除罗湖区、福田区从区城管局各单位抽调人手组成临时机构外，其他各区均由区城管局环卫科（或城市管理科）工作人员统筹负责；各街道办则由街道城管科（或城建城管办）统筹承担。福田、罗湖、南山等区机构，在全市开展垃圾分类试点工作最早，实践经验相对丰富，虽为临时抽调人员，但职责明确，就是专门从事垃圾分类，不再兼顾其他工作。而其余7个区，既要搞垃圾分类，又要兼顾其他多项工作。

福田区、罗湖区、南山区，虽然明确专事垃圾分类，但由于是临时机构和临时抽调人员，队伍缺乏稳定性，人员可能随时流失。垃圾分类是一项长期性、专业性较强的工作，缺乏稳定性的队伍很难保障工作的可持续性。

其他7个区的情况更难言乐观，无论机构是设在环卫处下还是城管科，意味着垃圾分类工作人员身兼多职，根本无法把全部精力都投入到垃圾分类上。宝安区垃圾分类负责人告诉记者，他们总共有6名工作人员，应对全区各街道垃圾分类工作已捉襟见肘，还要兼顾近十项环卫工作，真是疲于奔命。各街道更惨，城管科要搞垃圾分类，还要负责城管的所有职能，哪一项工作不到位都要追究责任，你让他们怎么办？

龙岗区垃圾分类由区城管局环卫科负责，即垃圾分类与环卫工作是两块牌子，一套人马。"我们承担着路面清扫、日常环卫检查、垃圾转运、城中村卫生等多项工作，光清扫面积就达5100万平方米，这些日常工作都忙不过来，有多少精力去搞垃圾分类？"该科一负责人给记者算了一笔账，"龙岗区去年搞了70个垃圾分类试点，去试点检查工作，一个点按1小时算，70个点跑一遍需多少时间？"

一位区垃圾分类负责人感叹，一些街道上的垃圾分类纯属做样子，应付上级，这难道全是基层工作人员的错吗？"垃圾分类需要诸多政府职能部门配合，可我们这样的临时机构有什么权威性去协调其他部门呢？去年市生活垃圾分类事务管理中心成立时，我曾建议在文件上加一句'各区可参照执行'，却无下文。"他说，"垃圾分类具体操作和推进工作由区和街道执行，可我们名不正言不顺，如何去执行？我敢断言：如果不解决区一级机构建设问题，深圳垃圾分类前景堪忧。"

市编办：

区级机构宜由同级编办按程序办理

记者从市城管局了解到，分类中心现有的22个人员编制相比工作量仍捉襟见肘，不得已从其他下属单位借调了24人临时支援。同时证实，各区（新区）当前均无专门的机构，兼顾的城管或环卫部门需负责市容环境卫生、垃圾减量分类、爱国卫生、执法监察、余泥渣土、数字化城管等多项工作，身兼多职，难以做到面面俱到，直接影响了垃圾分类工作推进的质量。

陈寿生等4位人大代表提出"构建市、区、街道三级可持续管理体系"的建议后，市城管局很快向市编办反映情况，并申请为分类中心增加编制20名。

市编办于5月下旬就人大代表建议作出答复，肯定建议"具有积极意义"，但目前按照国家有关财政供养人员只减不增的要求，各级政府必须严控机构编制事项。

由于机构编制管理实行市、区分级管理，对于市生活垃圾分类管理事务中心的运行情况，编办将适时进行评估，至于各区有关垃圾分类管理的机构及岗位设置问题，宜由区城管局在充分研究论证的基础上，专门向同级机构编制部门申请，由区机构编制部门按程序办理。

市编办也表示，生活垃圾减量分类管理工作涉及面广，具有社会性、长期性的特点，难以单靠政府部门全面承担，因此，建议在充分挖掘现有政府部门人员力量、优化业务流程的基础上，充分调动企业、社会组织、志愿者等社会各界力量，形成齐抓共治的良好社会氛围与局面。

赵章元：

编制背后是政府对垃圾分类的态度问题

记者从各区垃圾分类临时机构了解到，区一级编办对城管部门解决垃圾分类机构及人员编制申请的回答一般是三个字：没编制。

这就使得各区垃圾分类工作陷入两难之局，一方面，垃圾分类工作需要十分健全的组织机构和人员；另一方面，编制无法解决。

深圳的现实就仿佛淮海战役即将开打，上去的不是华野，而是游击队，结果可想而知。

陈寿生代表认为，各区完全可以参照市分类中心模式去组建机构，从城管系统其他部门抽调在编人员，不用增加人员编制，但机构编制一定要给，这就像部队的建制番号，没有就是游击队。如果人员还不够，可参照市编办的建议，发挥NGO公益组织和志愿者的作用，相信总能找到解决办法。

罗湖区垃圾分类相关负责人告诉记者，过去两年的工作实践证明，用临时机构和人员去推进全区垃圾分类，根本无法完成目标任务。他们将相关情况向区、局领导作了详细汇报后，征得同意，近期向区编办递交了组织机构和人员编制的申请。

"深圳区一级垃圾分类组织机构和人员不健全，不是一个简单的有没有编制的问题，而是倒映了政府对垃圾分类是不是真正重视的问题。"原中国环境科学研究院研究员、中国垃圾资源化产业协会会长赵章元感叹，"垃圾分类的关键在于政府管理，成败取决于政府是真管还是假管，你连个编制都舍不得解决，能说是真管吗？"

试水垃圾分类：深圳 NGO 期盼"大联盟"

（《晶报》2014 年 8 月 21 日）

7月10日，在深圳市生活垃圾分类管理事务中心（以下简称分类中心）举行的新闻发布会上，市义工联、慈济深圳总部、深圳民间 NGO 三大公益组织高调联手，正式介入垃圾分类减量活动。分类中心主任梁国锋表示，让 NGO 参与垃圾分类，是深圳垃圾分类推进中的一件大事。今后将充分发挥民间组织及 NGO 的宣传、普及作用，潜移默化地引导市民养成生活垃圾分类习惯。

"大陆很多城市都去台湾求取垃圾分类'真经'，但回来却大多遭遇'水土不服'，收效甚微，原因何在？"广州著名环保组织宜居广州总干事巴索风云告诉晶报记者，"重要原因之一，就是大家取经时忽略了一个重要环节——台湾垃圾分类是由 NGO 组织先行先试，引导民众形成了垃圾分类共识，为政府推进垃圾分类打下了民意基础。从这个意义上来讲，深圳由政府职能部门组织协调 NGO 介入垃圾分类，无疑具有积极意义。"

除了带有半官方色彩的市义工联及来自台湾的慈济（深圳分部），深圳还有多少民间 NGO 组织存在？他们以怎样的形态存在，又是怎样的生存状况？他们能够承担垃圾分类的责任吗？

NGO 忽如一夜春风来

8月14日上午11时许。云南昭通鲁甸县城汽车站。一个瘦高个的中年男人在站外焦急地等待着什么。

他叫付伯承，深圳市龙华新区大浪街道沐恩志愿者协会会长。昨夜，他带着3万多元救灾捐款，连夜乘火车赶到昆明，又搭汽车赶到鲁甸县城。现在，他在等待那个点对点的联系人。联系人一到，即在县城购买救灾物资，送往对口灾区。

8月6日，记者赶往沐恩志愿者协会采访时，付伯承的救灾募捐正在进行。不过他告诉记者，救灾募捐是应急突发性任务，作为以环保为主题的 NGO 公益组织，沐恩志愿者协会最想介入的公益事件是垃圾分类，但进入的通道并不顺畅。

去年，有关部门委托一些专业公司到大浪一些社区宣传垃圾分类，据说一年付费数十万元。但在他眼里，那种宣传顶多就是走几场秀——到小区挂几个横幅标语，演几个节目，然后拍照走人，效果可想而知。于是他找到有关部门，建议把同样的事情以同样的费用交给他们协会来做，而他们就会派志愿者天天守在小区，除了宣传示范，还会督导居民真正开展垃圾分类，可有关部门拒绝采纳他的建议，让他好生郁闷。

"现在市分类中心把大家组织到一起，希望能真正开辟一条进入垃圾分类事务的通道。"付伯承说，"对于垃圾分类，我们 NGO 有激情投入，有信心搞好，就看政府给不给我们机会。"

当付伯承在为如何进入垃圾分类而苦恼时，也有不少 NGO 组织早已在路上。

今年 5 月 20 日，"垃圾分类从娃娃抓起"在深圳终于成为现实。当天下午，深圳垃圾分类讲师团首次公开亮相，在福田区梅华小学开讲垃圾分类第一课。这个讲师团由 NGO 绿典环保促进中心组织和发起，专门从事垃圾分类知识传播和讲授，授课对象包括中小学、机关企事业单位、社区等。首批 10 名讲师成员，有环保和垃圾分类专家、环保漫画家、环保记者、老年协会成员、环保志愿者等。讲师团成立不久即与绿点环保与福田区教育局签约，将在区内 36 所中小学开讲垃圾分类，迄今已在校园、社区开讲 30 多场。

在罗湖，一个叫罗溪社会服务社的 NGO 组织，因为在 7 所幼儿园开展垃圾分类教育而引人注目。在宝安区，绿宝宝垃圾分类指导中心在 6 个街道设立了志愿者服务队，深入社区、机关、学校、U 站，宣传垃圾分类减量。

记者调查了解到，在深圳 10 个区，目前共活动着"草根"NGO 组织约 13 个。2012 年 8 月，深圳宣布重启垃圾分类试点，而这些 NGO 组织，多数在这个节点前后"忽如一夜春风来"，应运而生。

那些人，那些事

5 月 20 日，深圳垃圾分类讲师团首次亮相，在福田区梅华小学开讲垃圾分类第一课。当天第一个走上讲台的，是漫画家徐静茹，一个瘦弱文静的女士。

8 月 8 日，记者来到位于福田南的徐静茹工作室，被墙上的四幅漫画所吸引——她用漫画语言和形式表现出的垃圾分类的四种类型："可回收、有害、厨余、其他"。

1993年，毕业于哈尔滨师范大学装饰绘画系的徐静茹南下深圳，先后做过玩具和动漫设计师。2000年，公益组织"绿色江河"在全国招募志愿者，前往可可西里保护藏羚羊，徐静茹报名应征。组织者派人前来深圳面试她，因为身体素质达不到应对可可西里恶劣自然条件要求，她落选了。但来人说，许多保护场所需要藏羚羊宣传画，你可以画藏羚羊，也算是为保护藏羚羊尽份力。

她拿着"绿色江河"寄来的藏羚羊照片，撑起画板……她画的藏羚羊，出现在西藏许多藏羚羊保护场所。后来，相继有各类动物保护组织请她做画——白鳍豚、黑熊、斑头雁……她用画笔勾勒着她的环保人生。

后来，她发起成立了深圳向日葵环保联盟，又成为自然之友深圳组发起人。几年前，她开始将艺术触角转向垃圾分类，创作的垃圾分类系列漫画被厦门等多个城市采用。之后她与绿典环保合作，出任垃圾分类讲师团首席讲师。

今年4月，她应拉萨江苏商会邀请，前往进行垃圾分类讲座。商会请她去郊外一农家乐用餐，那里的客房都挂着她的画作藏羚羊和斑头雁。斑头雁是青藏高原上的珍贵鸟类，但也快让人类吃光了。用餐间商会一位领导对她说，你画的斑头雁太可爱了，我以后再也不吃它了，也要号召商会所有会员单位禁吃。

那一刻徐静茹眼睛有点潮湿。

绿典环保创始人李东得本在香港开公司，一次酒后与台湾朋友的一句玩笑，改变了他的人生轨迹。

那是2009年的一天，他与几个有业务关系的台湾朋友小聚。大家都喝高了，台湾朋友说，台湾用了20多年的时间，把垃圾分类搞成了，现在生活环境很好，感叹大陆人环保意识差，乱丢垃圾，环境糟糕。李东得说："你们效率太低，用了二十几年，要在深圳，几年就能搞成。"台湾朋友不依了，说你这么牛，敢亲自去搞一下乎？他说搞就搞，谁怕谁？当时还击掌为誓。

"我当时真是无知者无畏，对环保和垃圾分类一无所知，才敢说那么大话，没想到台湾朋友当了真，老追着问，硬把我逼上了这条路。"李东得回忆，当时他回深圳一打听，才知垃圾分类还是概念，他连边都沾不上。想退缩，又不好在台湾朋友那里失了面子。只好把公司事务委托给其他股东打理，他返回深圳，在当时NGO"绿色珠江"创始人王华礼旗下做了一名环保志愿者，开始研究垃圾分类，直到后来自立门户，成立绿典环保垃圾分类促进中心。

几乎每个草根 NGO 创始人背后，都有一段故事。

沐恩志愿者协会创始人付伯承，原本是名警察，后来又做过劳动站劳资纠纷调解员。街道领导见他热衷公益活动，就特准他专职打理街道公益事务。他就把原来的大浪义工联进行改组升级，成为今天的沐恩志愿者协会，不到 3 年志愿者人数超千人。

采访中记者了解到，这些草根 NGO 面临的最大发展瓶颈是经费问题。

李东得告诉记者，几年来绿典环保也零星通过招标得到过一些政府垃圾分类宣传项目，但对于整个团队运作而言，那点钱只是杯水车薪。无奈，他只好从公司股份里抽出 20 多万元填补亏空。

付伯承坦言，搞公益活动虽然是无偿的，但志愿者搞活动总得吃饭喝水吧，协会没有钱开支，他只好自己垫付，但这样能支撑多久呢？

经费——正成为深圳草根 NGO 生命天平上那最后一根稻草。

台湾 NGO 的镜子

宜居广州总干事巴索风云，曾长期考察日本、韩国及欧美垃圾分类和 NGO 发展情况。他表示，深圳 NGO 发展中的困难，若以台湾 NGO 为镜，就不难找到问题根源。

"台湾 NGO 介入垃圾分类，其实是从反焚烧开始的。"巴索风云介绍，20 世纪八九十年代，台湾经济飞速发展，生活垃圾以几何量爆增，全台生活垃圾日产 24 800 吨。为解决垃圾围城之厄，台湾环保部门决定实行"一县市一焚化炉"的策略，在全台兴建 21 处焚化炉。"NGO 不干了，你建这么多炉子烧垃圾，环境空气污染了，二噁英四处扩散，在害居民得癌症的呀！于是就起来抗议。"

绿色公民行动联盟、主妇联盟等 NGO 一致起来抗议焚烧垃圾，但摆在眼前的现实是，台湾土地资源短缺，没有空间可填埋处理，不烧，那么多垃圾怎么处理？如果拿不出解决方案，NGO 推翻政府焚烧计划也就缺了底气。

参考了多种国际先进经验后，NGO 推出了对垃圾进行分类减量、资源化和无害化处理的解决方案。为了让政府相信方案的可行性，不少 NGO 组织亲自示范实践。比如，主妇联盟，1998 年开始在台北小区试点资源回收和厨余垃圾回收，效果显著。台北市政府看到希望，于 2000 年开始在两个里（街道）进行 5 000 户家庭的试点计划,由主妇联盟负责执行,由台北市清洁队负责清运,回收成果斐然。台北市其他里民(街道居民)也要求加入,于是,台北市扩大厨余回收区域增加到 51 里,并在 2003 年年底宣布 449 个里全面回收。

当然在这个过程中,政府的"一县市一焚化炉"计划也取消了。

以上可以看出台湾 NGO 的几个特征:①发展历史较长,会员众多。如"主妇联盟",1988 年创立,拥有会员数万。再如,慈济,20 世纪 90 年代至今,志工可以天文数字计。②主动介入垃圾分类,有明确行动纲领、理念和目标。③政府支持,经费充足。其经费,一半来自政府拨款,另一半来自会员会费。④有丰富的垃圾分类实际操作经验。

较之台湾,深圳 NGO 组织发展历史较短,如沐恩志愿者协会,在大运会前后成立,到现在不过 3 年时间,已算较长的了,其余大多只一两年历史。沐恩志愿者协会现有志愿者上千,也算较多的,其余志愿者多者数百,少则几十。其一,由于人数少,影响力相对有限。其二,由于人数少,会费收入有限,加上政府缺少相应支持,经费紧张,生存艰难。其三,多从事垃圾分类宣传活动,缺少垃圾分类实际操作经验及技能。

这样一支年轻、经验欠缺、经费不足的 NGO 队伍,投身垃圾分类出路何在?

呼唤建立深圳 NGO 大联盟

7 月 10 日,在深圳市分类中心举行的新闻发布会上,市义工联、慈济深圳总部、深圳民间 NGO 三大公益组织高调联手,正式介入垃圾分类减量活动。身穿深圳义工红马甲、慈济志工黄马甲、深圳 NGO 绿马甲的志愿者,将持续不断深入机关企事业单位、学校和社区,进行生活垃圾减量分类示范、引导和宣传活动。

这是分类中心第一次整合引导公益力量介入垃圾分类的大行动,其对参与活动的公益组织采取购买服务的方式,被视为政府对公益组织的支持。但对于身着绿马甲的绿典环保、绿宝宝、沐恩志愿者协会、罗溪服务社等 10 多个草根 NGO 组织而言,他们更关心的是这次宣传活动结束后,他们干什么,以后的路该怎么走。

"我们的力量太弱小了,靠单打独斗很难成事儿。"绿典环保理事长李东得表示,"建议分类中心把大家组织起来,形成一个 NGO 联合体,在分类中心的统一协调下介入垃圾分类,既能形成合力,也能降低运作成本。"

"目前各 NGO 力量都相对薄弱,但各有所长,如各自为战,力量分散,很难取得成效。"罗溪服务社长苏鹏表示,"分类中心如果把大家集合起来,建立一个垃圾分类 NGO 互助平台,各取所长,形成合力,可能会取得事半功倍的效果。"

接受记者采访时,各 NGO 几乎不约而同地发出了组建联合体的呼声。但更多的声音是,希望今后政府在经费上多向 NGO 倾斜,苏鹏认为分类中心今后应在垃圾分类经费上,将 NGO 购买服务单独立项。

市分类中心负责人在接受记者采访时表示,让 NGO 参与垃圾分类,是深圳垃圾分类推进中的一件大事。今后将充分发挥民间组织及 NGO 的宣传、普及作用,潜移默化地引导市民养成生活垃圾分类习惯。7 月推出的"红、黄、绿"大行动,是一次有益尝试,不排除今后在合适时机,将 NGO 集合起来,组成"联盟"或协会,打造出一支推进垃圾分类的有生力量。下一步,也会考虑将 NGO 的经费纳入垃圾分类预算中,向财委提出申请。

4

废旧织物的"矿"该怎么挖

[新闻背景] 2015 年 1 月,作为深圳废旧纺织品回收试点单位的福田区城管局陷入尴尬境地——准备作为废纺回收试点的 600 个小区,没等中标企业进入,有 300 多个已被未中标企业抢占,致使中标企业无法履标。这背后凸显了废旧纺织品回收遭遇的系列尴尬问题:顶层设计缺失,政府监管无政策法规依据,企业无序、恶性竞争,产业链条和盈利模式不清晰等。为此,记者先后赴多地采访,寻找问题答案。

深圳废旧织物回收:号响了,集结了,矿该怎么挖?

(《晶报》2014 年 9 月 8 日)

一群大妈、靓女、小朋友,把一袋袋旧衣服投进回收箱。时间:8 月 23 日上午 11 时。地点:福田区百花二路新天地广场。

当天,新生的深圳 NGO 晴天环保促进中心(以下简称晴天环保)在此举办废旧衣物回收活动。据该中心秘书长尹淑冰告诉晶报记者,这是自去年 11 月该中心在民政局注册以来,举办的第 50 场废旧织物回收活动,累计回收达 30 吨。

深圳废旧织物回收,NGO 先行先试,策马在前。

6 月 21 日,由深圳市分类中心和福田区城市管理局联合举行的"衣衣不舍——旧衣回收"活动启动,意味着深圳正式吹响"旧衣回收"集结号。

深圳究竟有多少可资回收的废旧织物资源?应该采取何种收集模式?收集之后如何处理才能真正实现其资源循环利用的价值?政府应该配套哪些相应的政策?

NGO 的运行轨迹

晴天环保摆摊回收废旧织物其实是件复杂艰难的事儿。首先，无论在何处摆摊，首先要过城管这一关；其次，NGO 系非营利组织，一大拨人在那儿忙活一整天，工资可以不要，但总要吃饭喝水，要把宣传的器材、桌椅、回收的衣物运来运去，这些费用哪儿来？最后，旧衣服回收了，怎么去清洗消毒？之后又用在何处？

8 月 23 日，记者从百花二路新天地广场回收现场了解到，晴天环保的运作有以下几大轨迹：

第一，坚定的公益理想和信念。晴天环保秘书长、创始人之一尹淑冰，学生时代就有公益理想，从深圳大学毕业后首选去甘肃支教。期间她惊奇发现，当地人其实并不真正需要她们这些来自外地的支教者。挫折感让她开始思考一个问题：那些贫困地区的人们，究竟需要什么？我们又能为他们提供什么？

带着这个疑问，返回深圳后她决意投身公益事业，在公益实践中寻找答案。公益事业门类繁多，选哪一行作为切入点呢？她百度了一下，第一个搜出来的是一个叫升东华的废旧衣物处理企业，在其年轻的董事长温达升关于废旧衣物收集处理的种种讲述里，她了解到垃圾分类源头减量、资源循环利用再生处理，了解到其背后的慈善公益价值和商业运作模式。于是，她决定把废旧衣物回收作为自己的公益切入点。在温达升的支持下，成立了晴天环保促进中心。

第二，社工支持。据现场的百花社区社工告诉晶报记者，晴天环保在此摆设废旧衣物回收摊点，得到他们的大力协助支持。社工的责任是，协调社区工作站和城管为活动大开绿灯，同时提供现场服务。

第三，慈善公益组织资助。据现场的信利康爱心基金负责人曾小燕告诉记者，本次回收活动的经费，包括餐饮、奖品购买、交通运输等全部由基金负责。该基金由深圳信利康供应链管理公司与深圳慈善会合作创办，信利康每年提供上百万元的资金投入，专门用于各种公益事业。

第四，专业公司消毒处理加工。晴天环保收集的 30 余吨废旧衣物，全部由升东华公司无偿完成分拣和消毒加工处理。

第五，收集衣物去向。尹淑冰告诉记者，晴天环保收集的衣物，大致去向有三种，一是质地相对较好的，经过消毒处理后，再送给那些需要的人；二是作为原料再加工成其他工艺品；三是进行循环再生利用。尹淑冰首先尝试了关注街头流浪者，去年12月份给广州街头露宿者送去200套冬衣，今年1月又给东门周边的露宿者派发了数百套厚外套和棉被。

当然，尹淑冰也遭遇了与其他NGO一样的尴尬——经费缺乏。就如最近的三场旧衣回收活动，均由信利康爱心基金提供帮助。但这三场活动之后，她还不知道再去哪里寻找资金支持。

第一个"吃螃蟹"的在深圳

2007年上半年，一个叫温达升的香港小伙子来到深圳，穿行于各城中村，游走于各大社区，总是围着垃圾箱所在地转悠。同年10月，温达升在深圳创办升东华再生资源公司，专事废旧衣物回收。迄今，升东华已在深圳运作8年之久。

"那时我在好多垃圾箱所在地，发现有大量丢弃的废旧衣物，就意识到自己在深圳创业的机会来了。"温达升告诉记者，当年他来深圳考察废旧衣物情况，是因为那在香港已是一条成熟的产业链，蕴藏着极大的商机。香港废旧衣物处理归民政局管辖范围，民政局将废旧衣物收集处理授权给救世军、地球之友、长春社和励行会四家NGO组织。具体运作方式是，NGO再委托社会企业具体操作废旧衣物的收集运输及处理事项，他所在公司就是香港运营商之一。"NGO其实只是负责宣传推广，商业运作则由企业操作。这样，公益和商业运作井水不犯河水。"

据温达升说，为了保证NGO的运作经费，企业回收多少，民政局会按相关数据给予NGO相应的补贴。同时，政府也允许NGO兴办慈善超市，将收集的废旧衣物消毒处理后出售，收入作为NGO日常运作及慈善活动的经费。"所以香港NGO经费都很充足。"温达升介绍，即便是从事废旧衣物回收的商业化企业，也带有浓厚的公益色彩。"比如，企业一般会将能穿的衣服消毒加工处理后，一部分捐给老人院和青少年收容机构，剩下的才会进行出口或其他处理。"

"我在深圳开始废旧衣物回收时，发现政府还没介入，也没相关政策出台，也无有资质的专业公司，我其实成了深圳第一个吃螃蟹的人。"温达升坦言，这样的好处是没有竞争对手，但另一方面，由于缺少政策支持，他碰到不少头疼的事，首先是进入小区难，物业公司配合者少；经过多年努力，在全市铺下400个收集点，投放了数百个回收箱，但不时出现回收箱内衣物被盗或回收箱遭破坏的事，报警都得不到处理。"在香港，发现回收箱衣物被盗和回收箱被破坏的，一个电话警察就会到场，哪怕你从回收箱内拿走一件极不值钱的衣物，警方都会按刑事案来处理。内地怎会对这些盗窃、破坏者这样宽容呢？"

升东华对于收集来的废旧衣物一般先在厂区进行分拣，符合捐赠条件的，经清洗和消毒加工后，捐赠给贫困地区和慈善公益机构。记者从民政部门颁发的一份证书上看到，去年市民政给西部贫困地区捐助了大批衣服，10多万元的运费即由升东华赞助。对于不符合捐赠条件的废旧衣物，升东华一般经过切割成条、开化成棉等7道再生处理工序，将其生成绵纱。

记者了解到，在温达升来到深圳从事废旧织物回收的2007年，升东华不仅是深圳，也是全国第一家专业废旧织物回收公司。

升东华进入深圳8年来，累计投入近千万元，但业务拓展并不理想。"我的公司每月运行费用得10多万元，可我目前能产生的效益只有区区数万块，每月都在赔钱。"温达升向记者大倒苦水，赔钱的主要原因是缺少政策支持，无法形成规模效益。"我的公司要扭亏为盈，每月至少需要500吨的收集量，但要实现这个目标谈何容易？"

市场化运作政府不掏钱

深圳废旧织物的年产生量有多少，目前尚无官方权威统计数据。升东华董事长温达升表示，废旧织物的产生量可能每天都有变化，较难统计出确切数据，但国内已有大数据统计办法，即按我国年人均纤维消费量18公斤计，目前深圳常住人口1 300万，若按纺织品使用周期两年计算，废弃量达70%，每年大约产生8.2万吨的废旧织物。

"8万多吨废旧纺织品，相当于多少石油资源？如能得到有效回收利用，将形成多大的产业链条？"温达升告诉记者，他在全市铺了400多个点，放了500个回收箱，月平均回收衣物在60吨上下，处于亏损状态，如若回收量每月达到500~600吨，就可赚钱了。

深圳市分类中心在去年已将废旧织物回收，列入2014年垃圾分类减量推进工作的重点，计划在福田区推出600个回收试点。今年6月21日，由分类中心和福田区城市管理局联合举行的"衣衣不舍——旧衣回收"活动启动,意味着深圳正式吹响"旧衣回收"集结号。

据福田区城管局垃圾分类办公室负责人何忠伟介绍,这次废旧织物回收将完全采用市场化运作方式,向社会招标,政府不投入资金经费,由中标企业自负盈亏。8月上旬,相关招标书已在福田区政府采购网上公示,由竞标企业对内容提出意见。8月底开始,已进入正式招标阶段。

记者从招标书上看到,本次招标的600个小区,总共将投放800个回收箱,总投资280万元人民币。招标有几个显著物点:①硬件设施要求高,运输车辆配置不能少于5台,在深圳须有1 000平方米以上的废旧织物储存场所。②要求配备数字化管理系统,比如,废旧织物回收箱须安装数字化计量系统,便于后续终端数据的统计;运输车辆配备GPS车载设备系统,方便监管。③突出环保元素,比如,回收箱要求必须采用可循环利用材料,还不能选用进口产品。④具备慈善色彩,每月将回收物品中九成新部分的10%无偿捐赠给相关公益、慈善或民政部门。⑤竞标公司过去的社保情况、纳税情况和参加慈善公益活动情况都成为评标的重要内容项目。

深圳目前还没有废旧织物回收的相关政策,不难看出,福田区城管的招标条件,已具备和包含了相当的政策元素。

还未上路"狼"已经来了

据废旧纺织品综合利用产业技术创新战略联盟一位专家介绍,2013年我国废旧纺织品存量约2 600万吨,其中化学纤维1 800万吨,天然纤维800万吨,如能得到有效回收和再生利用,相当于节约原油2 400万吨,等于大庆油田年产量的一半。但事实上,我国的利用率连10%都不到,相当于我们每年都把2 400万吨原油倒掉了。

中国垃圾资源化产业协会会长赵章元表示,一方面我国每年把大量废旧织物浪费掉;另一方面却要花大把外汇从国外进口纺织原材料,这是件非常遗憾和令人痛心的事。

记者了解到,目前不少城市中都活动着废旧织物回收者的身影,但多为不受监管的"马路游击队"。而参与的专业公司普遍存在三大问题,一是再生产品档次低、附加值低；二是企业规模小，没有形成规模；三是没有一家大型的龙头企业从事大规模、高值化、资源化的再生利用。即便是废旧织物回收搞得最有声势的上海，目前也是难成气候。

据赵章元介绍，欧美国家早在20世纪80年代末，就已意识到纺织纤维废料实际上可成为第二原材料。90年代起，废旧织物回收已成为不少国家的新兴产业。据说，最早的华纳兄弟等好莱坞大亨们，从欧洲移民美国时就是靠捡布条获得第一桶金的。经过近30年发展，废旧织物回收已成为欧美社会一个独立而庞大的产业链条。

近年来，发达国家的废旧织物回收企业已大举进军我国。日本帝人公司早几年已在中国开展废旧衣物回收，运回日本用于生产再生纤维，然后作为布料和纱线出口到中国。去年3月起，瑞典时尚品牌H&M在上海试行"旧衣回收"项目，顾客将家里闲置的旧衣服打包送到店里回收，还可拿到一张优惠券。H&M上海的门店会将收到的旧衣服运回瑞典，交给当地一家回收公司I：CO做后期的循环利用。

"日本和瑞典两家公司进军国内废旧织物回收业，无疑为国内企业拉响狼来了的警报。"赵章元表示，"深圳作为中国改革开放的先锋队，在废旧织物回收上，应该迎头赶上。"

深圳废旧织物回收之困顿和迷惘

（《晶报》2015年7月27日）

[核心提示] 2014年，市分类中心开始推进废旧织物回收试点。而市民政局社会捐赠中心，很早就开始了废旧织物捐赠和义卖的尝试。

到目前为止，这两个部门的废旧织物回收，都因碰到不同程度的问题而陷入困顿。就分类中心而言，回收企业无序、恶性竞争，导致政府试点计划无法推进；顶层设计缺失，无法对企业进行有效监管；产业链条和盈利模式尚不明晰等，都掣肘着废旧织物全盘计划的推进。就民政而言，原来的旧衣捐赠慈善模式已无法适应新形势需要，以后的路该怎么走？

带着这些问题,记者于 6 月上旬走访了浙江、上海、香港三地的相关企业和机构,寻找问题答案。在上海,记者参加了"旧衣零抛弃高峰论坛",见证了我国第一部关于废旧纺织品循环经济现状白皮书的发布。听取了从国家发展改革委到工信部、民政部,从纺织品工业联合会到中国再生资源利用协会等政府部门和社会机构对未来我国废旧纺织品回收处理的形势分析和走势构想。就深圳遇到的问题,广泛听取了专家权威和业内人士的意见建议。

"政府目前被推到进退两难的尴尬境地——1月份标书都下达了,可到现在,中标企业都没与政府签约,当然更不可能进小区展开废旧织物回收试点——因为,还没等中标企业进小区摆回收桶,一家未中标的企业已利用时间差,把大批的回收桶铺进了小区。福田区准备试点的 600 个小区,300 多个都被抢先占有,中标企业没法履标。"福田区垃圾分类负责人何忠伟告诉记者,政府的尴尬在于,废旧织物回收并未采取特许经营模式,未中标企业抢先在试点小区铺回收桶,说到底是一种市场行为,从法律角度,政府无法进行干预。"但客观上,未中标企业这种行为,扰乱了全市废旧织物回收推进的秩序,使得福田区废旧织物回收招标处于近乎流标的停滞状态。"

暗战:从政府投资到自负盈亏

2013 年,市分类中心决定将废旧织物回收作为 2014 年垃圾分类减量工作推进的重点,计划在福田区 600 个社区进行回收试点。2014 年 6 月 21 日,由分类中心和福田区城管局联合举办的"衣衣不舍——旧衣回收"活动启动,吹响了深圳废旧织物回收的集结号。

福田区 600 个废旧织物回收试点社区,采用市场化运作方式,向社会招标,政府不投入资金经费,由中标企业自负盈亏。

深圳总共有四家从事废旧织物回收的企业,福田区本次招标被视作一次行业重大机遇,四家企业摩拳擦掌,展开角逐。

"开展废旧织物回收试点的目的是希望通过一定范围的试点,摸清废旧织物的产生量、种类、回收成本、最终流向等基础数据,以及探索建立对废旧织物回收的有效监管机制,有效避免废旧织物的非法销售,为全市全面有序开展废旧织物回收奠定基础。因此，对试点项目采用的废旧回收箱的功能提出了很高的要求，回收箱制作成本远远高于普通回收箱，同时考虑到试点规模有限，为了减轻中标企业的运营压力，600个社区、800个废旧织物回收箱的费用由政府财政和中标企业共同承担，管理费用和运营费用由企业负担，接受政府监管。"市分类中心相关负责人告诉记者。试点任务下达后，在试点任务具体落实阶段，有企业提出，不要政府投一分钱，回收桶投资由企业自行负担，最后招标文件就改成了政府不投入资金。"后来的事实证明，这是一些企业为了夺标，不惜代价和工本进行的恶性竞争，为了先占有资源而不计后果。"

将政府投资280万元变成由企业自负盈亏，是4家企业"争霸"的第一个回合，一场暗战，结果是政府轻松了，未来企业运营的负担和风险加大了。

拉锯：中标、投诉、应诉

按照招标程序，2014年8月福田区政府在采购网上公示了标书，听取投标企业意见后进行修改，9月份再在采购网上公示后，没有意见就正式进入招标程序。

2014年11月下旬的一天，招标在罗湖区龙达招标公司进行。参与竞标的四家企业升东华、绿色先锋、翔维城、嘉艺华业集体亮相，"暗战"变成面对面的较量。每家公司有15分钟演讲，表述各自的优势，展示自己的实力。竞标的另一个程序是比桶——在楼下院子里摆着四家公司的废旧织物回收桶，由评委鉴定后进行考量。标书的一大特点，就是对回收桶的数字化、智能化要求极高，结果在这一环节，翔维城公司一马当先。

一周后，招标公司宣布翔维城在福田区废旧织物回收竞标中胜出，600个小区800个桶，总投资金额4 937.9万元。

结果一出，绿色先锋和升东华两家公司就向龙达招标公司提出质疑。

绿色先锋质疑：项目总投资额4 937.9万元，从企业经营角度来看，没有盈利空间，从基本常识判断这个价格完全不具备可行性，严重质疑专家组的严谨性。

对此，中标公司翔维城答辩称：4 937.9万元投资总额"经过我司合理测算，具有可行性"，"盈利模式涉及公司内部商业秘密，不便公开。"

评标委员会答辩称：招标文件并未规定最低或最高投资限额，仅列出了招标人对项目投资额度的估算。市场经济环境下，市场主体有权决定其以何种模式经营,并承担相应风险。故质疑专家组严谨性的说法不能成立。

绿色先锋同时质疑:中标者翔维城公司大股东为深圳市华力成环保科技公司,多次得到福田区城管局的招标,二者存在利益关系。

翔维城答辩称:本公司系独立法人企业,依靠自身实力依法投标中标,合法有效,相关质疑不能成立。

评标委员会答辩称:华力成与翔维城二者均属独立承担法律责任的企业法人,股权关系并不影响二者分别中标招标项目,绿色先锋不可将二者相互混淆,强加关联。

绿色先锋还质疑:本项目评标专家多次担任中标商翔维城的大股东华力成的评标专家,有失公允。

对此龙达招标公司回应称:本项目评标委员会依法组建,其中专家评委由政府采购专家库系统随机抽取,采购人评委也系依据"政府采购条例"授权选派,均不具有法定回避事由。

升东华公司主要质疑:翔维城公司承诺的"数字化、智能化"高科技回收桶,在政府没有提供网络、电源的前提下能否落实?未来试点回收桶是否能达到竞标时所展示回收桶的参数(如展示桶那样数字化、智能化和高科技)。

翔维城则在答辩中坚称:投标函中所承诺条件具有法律效力,未来投放社区试点的回收箱保证与竞标时展示的一样。

尴尬:未中标企业利用时间差逆袭

龙达招标公司于2014年12月4日收到绿色先锋和升东华两家公司的质疑函,按照政府采购程序,对函中所涉问题要求相关当事人进行答辩,再提交给评标委员会审议。

最终,招标评审委员会经过审议,认定质疑不成立,翔维城公司中标有效。龙达招标公司向翔维城下达了中标通知书,时间是2015年1月22日。

中间经历了近两个月的时间。

"这个时间里发生了意想不到的事,绿色先锋竟然在600个试点社区中的300多个投放了回收桶。"福田区分类办负责人何忠伟说,"未中标的把地方占了,让中标企业怎么办呢?"

"这件事颇有些黑色幽默的味道，我们中标，他们投诉，我们全身心地应对投诉和答辩，他们却打时间差抢了我们的地盘。"翔维城负责人曾维滔说，"我们发现情况后立即向福田区城管局反映，希望政府出面将他们清除出去，可政府却无能为力。"

"如果按照思维定式，政府似乎应该对绿色先锋采取行动，但现在讲依法行政，政府的行为也得合法。"何忠伟说，"福田区城管局就此咨询了法律顾问，得到的答复是，在市场经济条件下，绿色先锋的行为并未违反法律法规，是一种市场行为，政府不好进行干预。"

"一个无情的事实是，600个试点社区，300个被侵占，这种情况下，如果我们贸然履标，肯定血本无归。"曾维滔表示，无奈之下，翔维城拿到中标通知却只能压下不动，不敢与政府签订相关协议。

对于上述情形，绿色先锋项目执行总监钟志荣表示，绿色先锋早在招标前就开始布桶，所谓"福田300多个桶"大多就是在招标前就已布下，不存在打时间差的问题，而且只有200多个。

"无论绿色先锋有没有打时间差，客观上它占有了600个试点社区中的300多个，让中标企业无法履标，福田区整个废旧织物回收试点陷于停顿，城管局进退维谷。"何忠伟感叹，转眼到了6月份，半年时间即将过去，僵局依旧。"如果说绿色先锋的行为不违法，但全市整个废旧织物回收推进的计划却因此而裹足不前，问题到底出在哪里？"

企业：请告诉我什么不能做

根据基础数据测算，深圳市年产废旧织物在10万吨左右。现有废旧织物回收企业四家，在全市投放回收桶，升东华大约700个，绿色先锋1 200个，翔维城和嘉艺华都在100个左右，总投放量在2 100个左右。据企业相关人员测算，每只桶根据淡、旺季和承载量、投放时间的不同，月均回收量应不低于100公斤，年回收总量应该在1吨左右，2 100个桶的年回收总量应不低于2 000吨，可挖掘的空间还很大。但企业却都在叫苦。

记者在采访中看到，升东华在平湖拥有3 000多平方米的分拣和清洗消毒车间，在陆河有占地百亩的废旧织物资源化处理工厂，具有年产纱线7 000多吨、手套300万打的生产能力,是深圳唯一拥有废旧织物完整生产链条的企业。

"但我投资深圳8年多来一直在亏损,因为量一直做不上去。"升东华总经理温达升告诉记者,回收的衣物中,有10%的杂物(包装袋、纸皮袋、玩具、书籍等);约10%九成新的用于捐赠;20%可用于出口;约60%进行资源化处理。"但废旧衣物利润非常薄,无论出口还是资源化处理,批量大才有利润空间,目前这点量只能赔钱。"

温达升打个比方,现在升东华每月回收量大约在130吨,假如能扩大10倍,就可实现盈利。"这些年最头疼的是经常发生回收桶被砸、衣物被盗情况,报案多次从未有过破案,希望政府关注这一情况。"温达升表示,更渴望政府加强监管,规范废旧衣物回收市场,"升东华愿意在各个环节接受政府监督,让企业流程运转在阳光下,欢迎政府派人驻点,并将提供一切方便。"

绿色先锋也拥有数百平方米的分拣和消毒车间,公司总经理骆桂军介绍,其1 200个分布全市各地的回收桶,旺季每月可回收500多吨,淡季也就四五十吨。除了质料最好的进行捐赠,部分给有资质的企业出口非洲,其余的送往广西梧州合作厂家进行资源化处理。"我们一直在开发数字化、智能化的回收桶,但最头痛的事是,物业虽然欢迎摆桶,却没法提供电源和网络,由企业自己去接线成本太大。"谈到监管问题,骆桂军说,在国家相关政策尚不明晰的情况下,职能部门可明确告诉企业什么能做,什么不能做。

迷惘:无章可循监管难

"城管部门在废旧织物回收推进上所面临的尴尬,岂止是面对绿色先锋的无奈?"市分类中心副主任王芙蓉向记者感叹,"比如,要进哪个小区投放废旧织物回收箱,政府说了不算,得物业和业主委员会点头才行,他们可以让你进,也可以不让你进。"

"废旧织物回收要建立产业链,实现可持续发展,就必须找到盈利模式,但目前这一点还比较模糊。"王芙蓉说,特别是国家不再对棉花进行统购统销,棉花的市场价格很低,这样一来,为了打开销路,废旧织物再生产品的价格就比棉花还低,这些对废旧织物产业链形成都是潜在威胁。

"监管也是令人头疼的问题,比如,深圳现有的四家企业,分类中心并不掌握其回收旧衣的去向,问过一些企业,说质料较好的捐民政了,不好的资源化处理了,但要他们拿出单据证明,却拿不出来。"王芙蓉说,如果监管不到位,这些回收的旧衣可能流入黑市,也可能变成"黑心棉"。"如何监管国家并无明确政策法规,而且在顶层设计上也存在缺憾,比如,从垃圾分类角度,废旧织物的监管似乎应该由城管负责,但实际不是,再生资源回收利用这块儿在经信委,商品流通市场监管在市场监督局,捐赠职能在民政局。"

王芙蓉认为,废旧织物回收这块,难免与捐赠有关,所以有必要与民政部门建立某种协调机制。

那么民政方面的情况如何呢?

民政:当爱心遭遇尴尬

"捐赠中心每月收到社会捐赠的衣物大体在 7 吨左右,但合乎标准的不多。"市民政局捐赠中心主任张思全带记者来到中心仓库,这里放着大批捐赠衣物,有两名工人在分拣,张主任随意打开一袋分拣过的不适合捐赠的衣服,内衣、内裤什么都有。"我们对捐赠衣物有明确规定,至少七成新,只要外套,不要内衣内裤,但实际捐什么的都有。"

张思全告诉记者,民政收到捐赠的衣物,用途主要有二:一是送到贫困地区或拿去救灾;二是拿到慈善超市义卖,收入归到扶贫基金账户。

"但我们面临最大的尴尬是,旧衣捐赠这块供大于求,救灾规定要用新衣服,本地贫困人口不需要,老少边穷地区贫困人口倒是需要,但运送成本过高,常常花费的人力物力比那些衣物本身价值还高。"张思全给记者算了一笔账,一吨旧衣物有 2 000~2 500 件,要运往灾区或贫困地区,首先要清洗和消毒,每件成本在 3~5 块,按最低的 3 块算,一吨的清洗消毒费也有 6 000~7 000 元。然后就是物流成本,市内从仓库运到火车站,按一卡车 3 吨计,需要 450~500 元的运费。到火车站要等车皮,得先放仓库,30 吨的储存费用在 1 500 元,然后再运往贫困地区,运费有 2 万多元。"把这些账仔细一算,向贫困地区捐赠旧衣成本太高了。"

"最让人尴尬的是,这些旧衣送到当地,要从车站转运到山区乡下,还得花钱,而好多贫困地区从政府到百姓都拿不出这笔运费来,这个时候,你捐赠的爱心,很可能成为他们的负担。"张思全说,向贫困地区捐赠旧衣,实际上已无法适应当地实际需要了。"其实他们最需要的是现金,有了现金什么都能买。问题是,这些捐赠的旧衣物,如何才能变现呢?"

另外一点就是要规范捐赠市场,对不规范或违法行为要予以处理。张思全表示:"比如,有的企业明明只搞了一次捐赠,然后,在以后的所有回收活动中,都打着慈善公益的旗号,这明显有弄虚作假之嫌嘛。"

上海废旧织物回收的盈利模式

(《晶报》2015 年 7 月 28 日)

"用了 5 年时间,我们终于找到了废旧织物回收的盈利模式。"上海缘源实业有限公司(以下简称缘源公司)总经理杨膺鸿告诉晶报记者,2014 年公司营业总收入 281 万元,其中出口占 80 万元,毛织品 130 万元,资源化处理 55 万元,其余鞋、包类占 26 万元左右。净利润 28.6 万元,约占总营业额的 10%。

在 6 月 16 日的"旧衣零抛弃上海高峰论坛"上,中国纺织工业联合会副秘书长孙淮滨称赞杨膺鸿为"中国废旧织物回收第一人"。

那么缘源公司的盈利模式究竟是怎样形成的呢?

政府如何搭台决定成败

"常说垃圾分类是'政府搭台,企业唱戏',所谓'政府搭台',就是如何制定政策即游戏规则,这是决定事情成败的关键。"杨膺鸿告诉记者,上海世博会期间,国家发展改革委牵头在上海做过废旧衣物回收问题专题调研,同年 9 月 25 日上海出台推进生活垃圾减量分类实施意见,为废旧衣物回收打下了政策铺垫,12 月 15 日,缘源公司就在小区布下第一只回收桶,开始了废旧衣物回收试点。

2012 年 2 月,上海市政府根据缘源公司一年多旧衣回收实践及相关调研情况,首次将废旧服装回收利用列入"循环经济和清洁生产"专项建设项目,缘源公司被列为"废旧服装回收利用"项目建设单位。

"将废旧衣物回收利用列为政府建设项目,缘源公司为建设单位,这就是上海市政府为废旧衣物回收搭的'台子',代表政府与我对接的单位有四家——市发展改革委、环保局、经信委、交通委。"杨膺鸿表示，正因为政府搭好了"台子"，他这几年来废旧织物回收的"戏"越唱越顺，有了今天盈利的局面。"政府除了给政策，并没什么补贴。"

居委会助力回收桶投放

杨膺鸿介绍，一开始放桶只注意放在人流相对密集的地方，后来发生了几起回收桶被砸、衣物被盗事件，就将桶专门安置在小区大门口保安视线所及的地方，就再未发生过砸、盗情况。"回收桶运转情况良好，各小区保安功不可没。"

一小区门卫向记者坦言，其职责中并无规定必须照看回收桶，照看是学雷锋，无任何报酬。徐汇区凌运街道梅陇三村常总支书记尚艳华告诉记者，由于文件明确废旧织物回收是政府项目，社区居委会作为政府的最基层组织，把这项工作当作社区垃圾分类和生态文明建设的大事来抓，以居委会为责任主体向小区投桶，得到物业和业委会的配合支持。

回收桶是一只憨态可掬的大熊猫，高 1.65 米、宽 1 米、厚 0.8 米，也经历了"进化"的过程。"最初是用玻璃钢制成，但用了一段时间发现，一是容易脏污，二是未来废弃时无法循环利用，于是就改成今天这种可循环利用的塑料桶。"杨膺鸿透露，"我们根据小区居住人口进行布点，一般 500 户居民放一只；7 天到 10 天开箱一次，500 户以上的中型小区，每 15 天到 30 天开箱一次。"

缘源公司 2011 年共置放箱体 480 个，年收集各类废旧衣物 113 吨，平均每个箱体收集 235.42 公斤；2012 年累计置放箱体 980 个，年收集各类废旧衣物 305 吨，平均每个箱体收集 311.22 公斤；2013 年 1—5 月收集各类废旧衣物 302 吨，几乎接近去年全年的收集总量。换算成全年，平均每个箱体收集 559.6 公斤，目前为止总共投放回收箱 1 925 个。

记者在虹口区政府、中科院上海分院等机关事业单位都看到了熊猫回收箱，杨膺鸿表示，这代表了主流社会对旧衣回收的认可，其普及宣传作用不可估量。

去向和价值发现

杨膺鸿介绍，他回收的衣物有如下几种去向：

将成色较新和款式质量较好的御寒冬衣挑选出来经整理、消毒后，无偿提供给广西、青海、安徽、山东、河南等地生活困难群众；

部分夏衣经整理消毒后，出口非洲；

对丧失穿用价值的破损废旧衣物根据面料分类，分成毛、棉、化纤、混纺等四大类别，出售给山东、江苏、浙江的毛纺、棉纺企业，开松处置、循环利用，加工成毛、棉纺织面料；

鞋包类物品出售给浙江湖州地区橡塑皮革再生资源利用企业，做成再生原料；

部分有利用价值的牛仔裤改制成包袋工艺品。

杨膺鸿强调，废旧纺织品中的废旧衣物来自千家万户，如何将不同面料成分的丧失穿用价值的废旧衣物分别归类，这需要一定的纺织面料的基本知识，还需通过手感、目测积累的实践经验，也可借助识别技术来判断。经过正确分类不仅可以提高附加值，还为下游原料加工企业的成本控制和生产管理带来了方便。

"纺织面料主要由天然纤维（植物纤维和动物纤维）和化学化纤（高分子物质纤维）构成，不同的纤维具有不同的性能，不同性能的纤维具有不同的商业价值。"杨膺鸿告诉记者，从原料市场价格的经济价值来看，羊毛每吨最低价格3万元，涤纶1.2万元，腈纶1.5万元，锦纶1.8万元，加权平均为1.5万元/吨。但毛和化纤混纺的原料，由于无法分离回收不同的纤维，只能生产比较低端的纺织品，以毡布为例，价格只有4 500元/吨，高值资源、低值利用的现状可见一斑。"作为废旧织物回收从业者，首先得了解回收物的价值，并进行科学分类，才能实现最大限度资源化和效益化。"

盈利是这样实现的

"我在铺到1 000个回收桶时，就已实现了盈亏平衡。"杨膺鸿翻着统计表，就2014年公司经营状况给记者算了一笔账，全年有效回收旧衣物约1 800吨，总收入291万元，其中出口占80万元，毛织品130万元，资源化处理55万元，其余鞋、包类占26万元左右。

公司分拣部8个人，物流部5部车8个人，服务部、行政部各有3人，加上两名管理人员，共有24人。总营收减去人力成本、物流成本、管理成本、税费，净利润28.6万元，约占总营业额的10%。

杨膺鸿告诉记者，出口这块价格根据衣服成色而在每吨三四千元间浮动。公司收入80万元，至少卖了200吨衣服。

"目前我只进入了上海15%的社区，未来随着进入越来越多的社区，利润也会水涨船高。"杨膺鸿表示，废旧衣物回收要形成产业链，最关键是要与纺织企业进行合作，才能解决出路问题。"前些年我的资源化处理部分一般都是卖给其他纺织企业，属'体外处理'，今年我们与浙江华鼎集团合资成立鼎缘纺织品公司，引进德国最先进的资源再生处理技术和设备，今后所有回收物都将'体内处理'，逐步形成完整的产业链。"

香港废旧衣物回收：公益组织唱主角

（《晶报》2015年7月28日）

与深圳一河之隔的香港，政府将旧衣回收事宜委托给公益组织处理。香港最大公益组织救世军社区关系部王国清表示，公益组织20多年前开始通过旧衣回收进行慈善活动，后来政府授权给公益组织只是顺势而为。

政府授权公益组织回收旧衣

港府环保署廖珮贤先生告诉记者，在香港从事废旧衣物回收的企业与一般行业无异，须符合香港的环保及其他相关法律。废旧衣物属于一般回收物料，与其他常见的回收物料，如纸、金属等相同，并非受法例管制的特殊废物。一般而言，经分类后可重用的旧衣，大多数会以二手衣物形式出口到其他国家和地区，亦有小部分会在本地市场出售。回收商在出口旧衣时必须采取适当措施，以确保货物符合入口国家对相关入口货物的质量规定及卫生标准。太破旧的衣物会被分割成碎布，然后加工循环再造。

特区政府在全港超过2 000个屋苑推行废物源头分类计划，这些屋苑在楼宇每层或屋苑范围内设置废物分类设施，方便居民在源头将废物分类。旧衣是其中一种常见的可回收物料，参与计划的屋苑一般会与回收商或非牟利团体联系合作，将收集得来的回收物料妥善处理。另外，市面上亦有回收商为市民提供上门回收旧衣的服务。此外，为方便住所范围内没有设置旧衣回收箱的居民参与旧衣回收，特区政府自 2006 年起推出"小区旧衣回收箱计划"，在全港十八区合适的公众地点，包括小区会堂、小区中心、休憩处、公园、体育中心和图书馆等放置旧衣回收箱，并委托救世军、地球之友、长春社和励行会四家公益组织运营。

口碑铸就公益品牌

"公益组织通过旧衣回收搞慈善，在香港已形成口碑，为市民公认，政府推动'小区旧衣回收箱计划'时授权给公益组织，只是顺势而为。"香港救世军港澳军区委员、社区关系总监王国清告诉晶报记者，救世军从 20 世纪 90 年代初就回收旧衣搞慈善，市民都看在眼里，愿意把向救世军捐献旧衣当作参与慈善活动。有的自己花邮费寄过来，有的打车送上门。"香港是个自由港，也有企业和个人从事旧衣回收，但市民还是更愿意把衣服交给救世军。"

救世军回收的衣物，挑质料最好的在慈善超市出售，其余的委托企业处理，所得收入除了应对日常支出，全部并入慈善基金。救世军除了在各区设置回收箱收集衣物及捐赠的物资外，在相当多的小区都设立了以销售二手服装为主的慈善超市。

也有公益组织将旧衣收集运输和处理全部委托给企业处理，除了企业按一定比例返还利润给公益组织，政府民政部门也会按回收量给予一定的补贴。所以香港公益组织经费都较充足。这种做法的好处在于，公益和商业运作井水不犯河水，各得其所。

乳罩八毛钱，非洲当时髦
——旧衣出口非洲产业链揭秘

（《晶报》2015 年 7 月 28 日）

也许你今天扔掉的一只旧乳罩，几个月后会戴在肯尼亚草原某个部落妇女的身上。因为，它以 8 毛钱的代价出口，飘洋过海，卖到非洲，且很受欢迎。这是有过几年旧衣出口经验的缘源公司总经理杨膺鸿告诉记者的事。

记者采访中了解到,目前旧衣资源化由于尚有技术瓶颈,利润空间较小,只有出口这块,才是旧衣回收的盈利点所在。

但由于政策不明朗,政府、企业谈到旧衣出口都有些犹抱琵琶半遮面,反倒给行业蒙上层神秘色彩。

非洲大餐,中国迟到

除了上海缘源的杨膺鸿,记者碰到的废旧织物回收从业人员,谈起旧衣出口时都有些犹抱琵琶半遮面,少了份理直气壮和自信。

"这都是由于国家政策不明朗,造成了旧衣出口被妖魔化的情况。"中国旧衣网创始人方晓东告诉记者,其实,外经贸部、海关总署、国家环保总局公布的《禁止进口货物目录》(第四批)中,旧衣物在禁止之列,但目前还没有相关法规对二手服装出口交易进行规范。服装行业的人都知道,我国禁止旧衣进入二手市场交易,其实到目前为止,谁也没找到禁止旧衣进入二手市场的具体法规或政策条文。相关专家的解释是,有此约定俗成,应该是按照国家相关卫生标准。"本来法无禁止即可行,但由于国内禁止旧衣零售,而对出口又无明确规定,所以形成一种社会心理:你中国都禁止进口二手衣服,也不许国内销售,却要拿去出口,这不是缺德挣黑心钱么?"

"其实这是一种极其错误的观点和误区。"方晓东表示,美国、英国、荷兰、日本、韩国早在多年前就已开始向非洲出口旧衣,且在其国内都是作为环保项目,受到政府补贴支持。美国出口旧衣服在非洲市场占有率达到70%以上,西非国家喀麦隆一年从欧洲进口2万多吨旧衣服。"非洲旧衣市场是一份大餐,中国本来就迟到了,而且由于政策不明朗,在现在的市场份额竞争中又处在下风。"

一只乳罩背后的市场格局

在谈起旧衣分拣的重要性时,杨膺鸿告诉记者,民政部门要求捐赠的衣服中不能有乳罩和内衣、内裤类东西,但对出口来说,乳罩在非洲较受欢迎,一个出口价可达8毛钱,所以分拣时会特意挑出来。

采访那天杨膺鸿提早走了,说晚上要接待中东来的客商。从杨膺鸿处了解到,出口旧衣买卖达成的过程，一般是出口企业委托"下线"在市场上收购分拣衣服，这是收货物；发货则是通过委托贸易公司，再运向非洲市场。也会有非洲或中东客商定期来大陆搜寻旧衣服供货源，广州、上海都是旧衣出口集散地。

各地旧衣服的价格标准并不一样，"河北旧衣服统货（未经分拣处理）每吨在 300~600 元，浙江每吨在 1 200~1 800 元，而同样的货在广州每吨 2 000~3 000 元。一般来说，沿海港口城市的价格高于内地城市，而且价格一步步上涨。"方晓东透露，"一吨旧衣服出口到非洲价格一般在 4 000~20 000 元，这与货物的成色有关，比如，货物里有皮料，价格能超过 10 000 元。"

非洲也吹禁止风

方晓东介绍，出于保护地方经济或者是其他政治原因，一些非洲国家也开始禁止进口旧服装，如尼日利亚将旧衣服列入绝对禁止进口商品中。

而乌干达、尼日尔、南非等国家则是允许旧衣服进口的国家。而且，各国旧衣服进口关税不一，西非国家塞拉利昂，旧衣服到岸价格为 1 美元/公斤，征收的关税和销售税分别为 20%和 15%。

目前中国打开的市场主要在非洲南部、东、西部和中非地区。西非国家如贝宁，东非国家如肯尼亚，中非国家如乌干达。

旧衣出口亟须"正名"

根据中国资源综合利用协会的统计数据显示，2011 年我国纺织品生产量达 4 300 万吨，扔掉的旧衣服约有 2 600 万吨，"综合利用量仅为 233 万吨，综合利用率不足 10%"。2012 年，全国可能有价值约 2 000 亿元的废旧衣服被淘汰。

杨膺鸿说，他印象中最多的一次，杨浦区有一户人家搬家的时候给他们打电话要求上门收衣服，全家一下子交出 306 公斤衣服。

如此巨量的废旧织物资源，在当前国内资源化处理技术尚存瓶颈的条件下，再生处理的利润空间有限，而出口创汇无疑是目前较为合适的再生利用途径。

"法制的精神是'法无禁止即可行'，但我国的社会心理及习惯是，法无禁止，但也未明确允许的，也不许做或不敢做。"方晓东认为，这种习惯性社会心理非常不利于我国对非洲旧衣出口市场的拓展，也不利于废旧织物回收产业链的形成。

"废旧衣物出口,不仅需要政府进行规范,也更需要给予必要的正名"。

国内外专家为深圳废旧织物回收把脉

(《晶报》2015 年 7 月 29 日)

就深圳废旧织物回收再利用推进中碰到的问题,记者在 6 月上旬专访了美国零废弃之父保罗·霍肯,同时于 6 月中旬举办的"旧衣零抛弃"上海高峰论坛上采访了与会专家和企业界人士。

北京服装学院教授郭燕:

棉花自由买卖不会冲击废旧衣物产业链

不仅是深圳,也有其他地方提出过类似问题:国家不再对棉花统购统销,废旧织物再生产品因成本问题,可能比棉花价钱还高,会不会冲击产业链形成?

这其实是个思考问题切入点和方法论的问题,我们不能只用旧衣再生产品的直接表面价值去和棉花比较,而要以其附加的环境资源效益和社会效益来比较。

比如,生产棉花要使用土地,耗费化肥、农药、水等资源,反过来我们使用旧衣再生产品,就把这些资源省下了。我国产棉地河南省有关部门提供的资料,一年一产的棉花一亩地产棉花 200 公斤,除去皮、籽、水分量的成品棉花为 80 公斤,每利用 1 公斤棉纤维废旧纺织品(衣物)开松后做原料使用相当于节约耕地 8.33 平方米。另外还减少施用 0.3 公斤的化肥和 0.2 公斤的农药,节约水 6 000 升。

所以国家不再对棉花统购统销,不会冲击废旧衣物回收和再生利用产业链。

还想建议深圳政府部门注意一下日本优衣库的做法,作为全球快销时尚品牌前三甲企业,优衣库成为服装企业主动承担废旧服装回收及循环再利用的成功典范。优衣库主要通过开展"全部商品循环再利用活动",将顾客手上不再需要的服装回收后,捐赠给世界各地的难民营,其余不能再使用的废旧服装,用作燃料和纤维进行循环再利用,消除浪费,避免废旧服装成为垃圾,以减轻对环境的压力。优衣库此举主动承担起减轻环境负荷的重任。

优衣库鼓励顾客的政策,就是回缴旧衣的顾客可享受打折优惠。深圳是一线城市,服装消费市场很大,如果政府与相关协会携手,与品牌商和零售商协商推行优衣库的做法,将构成旧衣回收系统的重要一环。

这一块监管难,是因为相关法律法规还是空白,在国家法规政策还没出台前,深圳可利用特区立法权进行专门立法。有法可依,有章可循了,政府就不会这么累了。

上海缘源实业总经理杨膺鸿:

我争取到废旧织物增值税按 3%收

听说深圳由于回收公司间无序竞争,导致废旧织物招标停滞,整个推进计划受阻,挺替深圳遗憾。我们常说垃圾分类"政府搭台,企业唱戏,市场化运作,全民参与",政府搭台,就是政府主导制定游戏规则。虽然现在是市场经济,倡导自由竞争,但废旧织物回收作为特殊行业和垃圾分类的组成部分,政府只能也必须发挥主导作用。且试点作为政府整个废旧织物回收再利用推进计划的一部分,负有为以后大面积推进提供可复制模式的重任,不是普通商业推进,所以必须在政府可控范围内进行。

那么政府为什么会对试点推进失控呢?这个问题很值得思考。

一些业内朋友和我探讨时担忧,由于还存在技术瓶颈,旧衣资源化处理附加值不高,利润空间小,难以持续发展。但我几年来的体会是,虽然有瓶颈,但现有技术里同样有可提高其附加值的,比如,你去做拖把、抹布等肯定附加值不高,但如果去做汽车内饰件、板材、防火材料,附加值会提高十数倍不止。

所以,我对旧衣资源化市场价值和潜力充满信心。

另一个想分享的就是增值税问题,上海缘源实业 2011 年和 2012 年由于收集和处置量不大,按 80 万元年营业收入标准划定,全额缴纳 3%的增值税,随着收集和处置量的增加,后来销售额超过 80 万元,按 17%比例缴纳增值税。由于废旧衣物均来自居住小区和院校以及企事业单位的个人行为,所以没有进项税票的税收抵扣,按 17%缴纳的增值税事实上是按全额征收。同时没有货物进项成本在企业所得税前列支,为此企业要比其他同比例税负企业在进货成本方面就要多承担 17%的增值税和 25%的企业所得税。这样就加重了企业不该承担的税务成本,不能体现政府给予废旧织物回收企业支持扶持的政策立场。

我将这个问题反映到上海税务部门，他们专项请示国家税务总局，去年12月总局专门批示：上海缘源提供给纺织企业的废旧纺织品，按照3%缴纳增值税，而不再按照17%缴纳。这是我偶然之间为行业争取到的"福利"，希望深圳政府回头制定相关优惠政策时参考。

温州天成纺织品董事长李成：

用负面清单监管市场

不仅是深圳，好多地方政府可能都对旧衣回收和旧衣二手市场监管感到头疼。这不奇怪，因为这一行的法规标准目前为止还是空白，没有正规市场，只有隐形黑市，想找也找不到它。有一种最简单的监管办法，就是列出负面清单，告诉企业什么能做、什么不能做。还有就是尽快制定行业标准和规章，有标准和规章不是万能的，但没有是万万不行的。

美国"零废弃"之父保罗·霍肯：

旧衣捐给回收公司也是搞公益

深圳发生的与废旧衣物相关的那些问题很有趣，因为似乎在美国、西欧都有发生过。比如，你们的民政局收了很多旧衣，送不出去，存放、清洗、消毒还要花钱。美国的非营利慈善组织"救世军"和"美好愿望"，很多年前就从事旧衣回收，你们的民政部门应该也是，关键是无论是"救世军"还是你们的民政部门，回收系统和处理方法都是多年前"低消费时代"的，无法适应如今的"高消费时代"。

现在美国人购买衣服的数量是1980年的5倍。1999—2009年，纺织品废品的数量增长了40%。尤其是在廉价的一次性服装出现后，慈善机构发现它们变成了大垃圾场，破烂衣服源源不断地汇集于此。

对于捐赠衣服的去处，很多美国人存在着误解，以为只要把衣服捐给"救世军"或是"'美好愿望"这些慈善组织，那么衣服就会穿在灾民或流浪者身上。实际上，一件衣服捐赠出去，仅有15%~20%的机会再次穿上身，因为慈善机构接收的衣服实在太多了；供大于求。

在慈善组织接收的旧衣服中，只有不到20%挂在零售店里售卖。之后他们会联系纺织品回收公司，将其余的衣服论斤收购走，做循环再利用或者出口非洲。

你们民政部门要解决库存旧衣的问题，也可以考虑与企业合作。有些盈利的回收公司以慈善的名义回收旧衣，这种现象中国有美国也有。

在纽约有一家叫维尔特克斯的营利纺织品回收公司，它放在社区的回收箱却披着慈善的外衣，周身经常印有鼓励人们慷慨大度的口号，美国人习惯性地认为旧衣服应该捐给慈善机构，这也就是为什么人们在得知这些捐赠箱其实属于营利公司后会非常愤怒的原因。

一些企业可能做过一件公益的事，然后就长期以公益名义搞经营，这显然有失真实，如果被媒体披露，对企业声誉将是毁灭性的。

我觉得无论在美国还是中国，人们都要树立一种观念，即旧衣捐给慈善组织或民政是搞公益，捐给回收公司也是。因为回收公司让这些旧衣走上再生利用渠道，节约了资源，保护了环境，对大家都有好处。不要看见回收公司盈利，就觉得有问题，如果它不盈利，就没法持续发展，那大量的旧衣只有进填埋场或焚烧厂，浪费资源还污染空气、土壤和水源。

还要引导民众不要过度消费，按美国人的生活方式，5个地球才能满足全人类的需要，中国现在正在走美国的老路，你们要反思。

5

"灰袍巫师甘道夫"与"吃螃蟹"

[**新闻背景**] 2015 年,深圳垃圾分类注定精彩不断——美国零废弃之父、有垃圾分类"灰袍巫师甘道夫"之称的保罗·霍肯教授,以美国经验为鉴,给深圳大件垃圾难题把脉献策;华为勇敢"吃螃蟹",回收旧手机主动履行生产者责任延伸义务;以"永不失业,天天赚钱"为口号的资源回收改革试点"回收哥"APP 正式上线……

PPP 模式:大件垃圾难题破解之道?

(《晶报》2015 年 6 月 18 日)

一只沙发丢在人行道边,一个光头、光上身的拾荒者,将沙发开膛破肚,抽出里边的海绵。他告诉记者,这沙发是周边小区居民的,一般花一二十元委托蹬三轮的拉走处理掉,但三轮车夫偷懒,一出小区就扔路边了。

这是记者在红荔路北、市政大院西南侧辅道边看到的一幕……这些被居民们随意丢弃的旧家具,属于生活垃圾中的大件垃圾。据垃圾基础数据分析结果表明,大件垃圾占到整个生活垃圾总量的 3% 左右,部分大件垃圾资源化价值较高。

但记者了解到,目前深圳大件垃圾处理面临着收集运输难、规模化效益难、补贴政策不到位等诸多问题,如何破解,成为大件垃圾处理能否顺利推进的关键。

物业苦恼:居民乱扔物业买单

南山区前海花园物管处垃圾分类专员欧阳淑蓉,带着记者来到小区西边一处偏僻的角落,一大堆大件垃圾映入眼帘——破床垫、柜子、沙发不一而足。

记者了解到,前海花园是南山区、也是全市垃圾分类最早的试点小区之一,居民已初步养成垃圾分类的习惯,特别是厨余垃圾分得不错。不过欧阳淑蓉告诉记者，可能是各方对大件垃圾关注不够，一直没有规范处理，小区居民在此问题上相对随意，破沙发、破家具不要了，就往楼下一丢。物业公司就得花人力用平板车进行收集，统一堆放。

"大约两个礼拜，就能积累一卡车（载重0.8吨），然后再请专业公司运走，每次费用300元。"欧阳淑蓉告诉记者，小区垃圾分类收集厨余垃圾政府有补贴，但大件垃圾目前没有任何政策，"300元都摊入物业公司成本中，无形中加重了物业公司的负担。"

据一位政府垃圾管理部门人员透露，有物业公司的小区花园，情况相对较好，一有大件垃圾出现，物业就会处理掉。但多数城中村情况不容乐观，时常出现大件垃圾乱丢乱扔无人管理的状况。

当然，并不是所有物业公司都如前海花园这样有责任心，愿意为大件垃圾处理买单。也有一些小区物业，选在夜深人静之时，将小区内的大件垃圾偷偷丢弃在外边的道路边。当然，也有如文章开头所述的情况。

那么这部分丢在路边的大件垃圾去向如何呢？

街道城管：往哪儿运，怎么处理？

南山区垃圾分类减量领导小组办公室主任肖伟波告诉记者，前些年大件垃圾一般都由城管环卫部门处理。近两年开始，环卫将垃圾收运业务权限下放到街道办。南山街道负责环卫事务的黄磊向记者证实，大件垃圾收运责任其实是根据清洁卫生区域权限来划分的。居民小区的清洁卫生由物业公司负责，那么相应的大件垃圾也由物业负责处理。去年起区城管局把市政道路清洁卫生职能下放到街道办，在这个区域出现的大件垃圾也相应由负责区域清洁卫生的公司清洁人员收集，并统一存放到临时收集点，之后再请专业公司运走。

据黄磊透露，大件垃圾处理起来很麻烦，比如，破旧的家具、沙发、床垫类的，体积大，运输极不方便，所以要专门请人将其拆卸，然后才能装车，通常每车运出去的费用在700元左右，耗费不少人力、物力和资金、时间，让街道城管工作"压力山大"。"更让人头疼的是，面对不断堆积的大件垃圾，我们根本不知道往哪儿运，更不知道最终怎么处理。"黄磊告诉记者，每次一车大件垃圾装车运出后，他的心就悬了起来，因为清水河填埋场和南山垃圾焚烧发电厂每天收纳的垃圾都是有限的，运气好，排上队放进去了，今天的问题就解决了；运气不好，填埋场、焚烧厂都不收，那车得在市里边转圈圈，司机一遍遍打电话问你怎么办，逼得你真如热锅上的蚂蚁。

据悉，全市大件垃圾处理模式大体如此，即小区内归物业，小区外归街道城管，但对双方来说都是件烫手的事。特别是街道城管，突然把一批大件垃圾集中起来，需要一块临时存放场地，可要找到这样一块场地谈何容易？就算有了临时存放点，运到哪儿去，最终怎么处理，其实心里都没底。一位街道城管工作人员透露，大件垃圾本市处理不易，相当一部分都拉到东莞、惠州去填埋了，可如果有一天这些地方不让去了怎么办？

洁亚清洁公司总经理朱晓芬也向记者证实，他们公司的清洁区域常发现乱丢的大件垃圾和装修垃圾，公司每年为此付出 10 多万元的清理费用不算，还常常因此被检查扣分。这些垃圾主要是由于填埋场和焚烧厂都不接收，最后变成无主垃圾，转嫁给路面清洁公司。

记者了解到，福田区城管局曾在 2014 年试行市场化手段解决大件垃圾，即将全区大件垃圾通过招标交由一家公司处理，城管局每月付其 4 万元处理费，但相关公司只做了 4 个月就因亏损严重难以为继而退出。

现实似乎有点残酷——物业头疼，街道城管束手无策，专业公司也做不下去，莫非大件垃圾成了一道无解难题？

试点企业：填埋焚烧都是资源浪费

"我们龙吉顺决定全力介入大件垃圾处理，有信心将产业链做起来。"深圳龙吉顺实业有限公司法人代表林政光告诉晶报记者，"大件垃圾与其他生活垃圾产生的不同之处在于，不是天天都有，没什么规律性，只要有人乔迁、搬家，就可能出现。有时节假日里，人们除旧迎新，也会多一些。"

问题主要在那部分无再次利用价值的破旧家具家私上，由于政府目前没有大件垃圾处理的专门规定，居民也不知该怎么处理，一般有点责任心的扔到楼下垃圾桶处，由物业或清洁人员处理。责任心欠缺的，拿到楼下随便找个空处就扔了。关外一些物业公司或清洁人员不愿意花成本将大件垃圾送到指定地点，于是就胡乱丢弃，无人注意的偏僻之处、水沟、土坑、河边时常都可见到。

"乱丢大件垃圾的恶果不少,比如,沙发上的皮革、海绵等会污染土壤和河流;再一个是造成脏乱差,你的城郊水沟、路边到处都是大件垃圾,肯定影响城市文明形象。"林政光告诉记者,大件垃圾随便丢弃或填埋焚烧,都是对资源的极大浪费。"去年经与市城管局及市分类中心协商,由龙吉顺从去年底开始进行大件垃圾处理试点。"林政光告诉记者,试点半年多,遇到不少问题。

试点半年:诸多问题要理顺

日前,记者来到龙吉顺位于龙华新区龙胜村的试点。当地政府对试点非常支持,专门批给了一片185平方米的用地,放着几台压缩机和粉碎机,龙华新区每天6~7吨的大件垃圾都被运送到这里,压缩或粉碎后再行处理。和堆积如山的大件垃圾对比,185平方米的空间显得太过狭小了些。但林政光表示,深圳土地资源缺乏,政府能给这块专门用地处理大件垃圾,已是感恩不尽了。

"现在全市大件垃圾每天的理论产值在700吨上下,如果能够有效收集处理,无论是对垃圾减量还是资源回收,都会有不少贡献。"林政光认为最关键的问题,一是如何收集,二是政府的补偿政策如何。

大件垃圾的特点有四:一是体积大,占地方,搬运不方便,这也是为什么一些环卫公司会偷偷乱扔的主因;二是不易降解,采用填埋处理,皮革、海绵等物皆不易腐烂,还成污染源;三是运输不易,普通生活垃圾,一卡车可能运1~2吨,可大件垃圾体积大,同样一吨,可能四五卡车也运不完。

"这就给我们的处理带来一些问题,最直接的就是场地问题,以龙华新区为例,如果全区大件垃圾都能得到有效回收,目前的场地肯定不够用。而且,未来我们肯定会逐步向全市推进,那么将会需要多大的处理场地,有关部门能否保证提供场地呢?"林政光说,"当然,具有决定意义的还是政府的补贴政策问题,这是生命线。"

林政光表示,政府目前给龙吉顺试点的补贴政策是250元/吨,基本与其他生活垃圾处理补贴相当。"以厨余垃圾每吨200元的补贴相比,一吨厨余可能一卡车就运走了,反过来一吨大件垃圾,起码需要四五卡车,光运费一项足以让大件处理公司无法持续。这方面还需要政府仔细调研,制定出妥善的补贴政策。"

"政府之所以补贴企业,就是希望扶持之下,有一天企业可以实现自我造血,走上可持续发展之路。"林政光告诉记者，但大件垃圾处理要实现自我造血及可持续发展，除了建立起科学的收运和处理体系，更重要的是实现规模化效益，但全市目前大件垃圾处理由各街道城管各自为战，如何实现规模化呢？"

他山之石："灰袍巫师甘道夫"这样说

"我在欧美及亚太一些国家及地区考察过垃圾处理问题，大件垃圾在有的国家和地区，是要由居民自己付费处理的，但有些国家地区则免费。"毕业于日本名古屋大学环境学专业，就职于广州中科院先进技术研究所的许嘉瑛博士告诉晶报记者，她去过的国家和地区中，日本、德国是要居民自己付费的，而法国和意大利则是免费处理。

欧洲国家（如法国和意大利）优先给流浪人员使用，实在无人需要则作为一般垃圾处理。在日本，可以打电话给回收专门店，让对方上门收取，须付搬运费和处理费用，总体费用较高。还有一种付费方式，即购买大型垃圾处理券，将其贴在大型垃圾上，再投放到指定场所。

在法国有专门申请免费处理大件垃圾的网址，可上网填大件垃圾投放的位置（可以选择自己家楼下）、指定处理日期、垃圾的个数和种类、确认垃圾处理的预约内容，并将处理号码贴于大件垃圾上，然后于指定日期放在自己指定的投放场所。

曾在美国芝加哥生活工作了20多年的中科院大学材料学与光电技术学院教授胡中波告诉记者，在美国好多城市，大件垃圾和其他生活垃圾都是分开处理的。各个城市政策各不相同，有的要居民付费，有的不用。"在芝加哥，政府与专业公司签订大件垃圾处理合同，规定每年可为居民免费处理4件，超出的就要付费。"胡教授透露，芝加哥处理一件沙发居民所付的费用在三四美元，一般可回收物是没有补贴的。

6月4日，美国零废弃之父、有垃圾分类"灰袍巫师甘道夫"之称的保罗·霍肯教授在华侨城湿地公园接受晶报记者专访时表示，在美国，大件垃圾大约占到生活垃圾总量的2%，处理大件垃圾对减量本身作用不明显，其价值主要体现在可回收资源上。

"大件垃圾中可回收资源比重大，所以政府没有补贴。"保罗介绍，大件垃圾处理，企业搞，NGO 组织也搞。"政府虽无补贴政策，但一般都会提供一定面积的场所。"

保罗说，印象中所见过的大件垃圾处理企业或社会组织都有盈利。加利福尼亚州的伯克莱市有家叫城市矿产的大件垃圾专业处理公司，有 30 个员工，每年盈利达 300 万美元。

有个叫福蒙特的公益组织，通过收集处理二手家具创造价值，然后对当地底层居民进行免费职业培训，创造就业机会。同时，把二手家具免费提供给新移民、难民、流浪者、刑满释放人员等困难人群。因其公益性质，政府会给予一定的补贴。

专家意见：PPP 模式是方向？

据深圳垃圾分类专家王政分析，垃圾处理类项目，一般都是有规模才可能有效益。全市大件垃圾要实现规模化效益，必须调整目前的政策，将大件垃圾处理权统一集中到市、区城管局，特许给有实力的企业专项经营，这样可以实现资源和资金的集中，不仅监管方便，企业也因为规模化经营而较易实现可持续发展。

胡中波教授认为，在大件垃圾处理上，政企合作的最佳模式就是 PPP 模式。PPP 模式意味着两者共同参与项目的建设，能起到彼此监督的作用。政府避免了繁重的事务，有更多的时间对项目的实施进行监管，不仅保障了项目的质量，还能减轻政府财政预算。政府与企业彼此取长补短，发挥各自的优势，互相弥补不足，从而形成一个互利共赢的局面。"如果确定了 PPP 合作模式，那么大件垃圾收集运输、补贴及企业规模化经营等问题都会找到答案。"

部门回应：特许经营暂不考虑向居民收费

"深圳大件垃圾约占生活垃圾总量的 3%，处理的重点不在减量，而在于资源化处理和消除环境二次污染。"6 月 3 日，市城管局垃圾分类办、市环卫处高级工程师、科长姜建生接受记者采访时，对大件垃圾收运和处理作了详细的介绍。"PPP 模式对深圳而言并不新鲜，早在 20 世纪 80 年代，深圳就采用此模式与企业合作过垃圾收运和卫生清洁项目，如果现在用 PPP 模式处理大件垃圾依然是可行的。"

姜建生介绍，按照《深圳市公用事业特许经营条例》规定，采取PPP模式的项目一般都要特许经营。"但并不意味着政府会撒手不管。"姜建生表示，政府要制定专项规划并组织实施，以招募或公开招标的方式确定特许经营者，并帮助企业办理有关报建手续，然后让企业来投资、建设和运营。

未来全市大件垃圾处理场地总体规划，拟按照东、中、西三大块来布局，即原特区外的宝安区在西，原特区内四个区为中，原龙岗区范围为东，大体会将处理场地放在规划的环境园中。由于深圳人口密度大，所以处理设施环境标准控制极严，要求企业具备较好的技术储备、资金保障和专业人员配备。

姜建生表示，规模化效益是大件垃圾处理的方向，现在以街道为范围处理肯定无法形成规模效益，未来到底是以区为单位还是怎样确定规模，需进一步调研。"至于企业担心的收集运输和补贴等问题，通过PPP模式特许经营，在特许协议中明确各种细节，这些问题都可迎刃而解。"

我制造，我担责
生产者责任延伸　华为勇敢"吃螃蟹"

（《晶报》2015年12月7日）

在日前市城管局一次新闻发布会上，市分类中心副主任王芙蓉表示，下一步将考虑推行生产者责任延伸，比如，利乐盒、矿泉水瓶子等消费品，谁生产制造了，就该为回收负责任。她举例说，华为制造的手机，他们自己愿意回收，这就很好地负起了制造企业的责任。但王芙蓉也担心，像华为这样有责任心的少数企业如果担起回收责任，在全国没有普遍推行的情况下，会不会因成本增加而影响其产品的市场竞争力？

自己回收，自担费用

"企业主动承担回收责任，只会给品牌增光添彩，使产品更具市场竞争力。"华为消费者BG全球服务部部长郭新心告诉记者，对此华为有充分的精神准备和营运方略。

随着近几年来手机产品的飞速发展，消费者的手机更换周期正在大幅缩短，国内消费者平均的换机周期目前在1至2年间。根据工信部2014年的统计，中国手机用户数量已接近13亿人。这意味着未来每年消费者都会产生至少十几亿部的废弃手机垃圾。如果这些废弃手机不能得到妥善的处理，对我们周边的环境将是非常大的威胁。

"作为一个有责任的公司，华为必须为自己产品可能造成的污染担责，承担起回收和无害化处理的责任。"郭新心告诉记者，华为公司已经深刻意识到了这个危机和责任，2014年初华为消费者BG（Business Group）已成立环保回收项目组，并已在部分国家和地区提供线下无偿环保回收服务，"目前在中国区我们已设立了200多个线下无偿的环保回收站点，和业内优秀的环保回收供应商合作对电子垃圾进行环保处理。相关处理费用由华为承担。"

以旧换新，循环利用

郭新心透露，考虑到目前用户换机频率变快，淘汰手机的价值也越来越高，华为消费者BG环保回收项目也在今年面向广大消费者推出了线上以旧换新业务，加大对废弃手机的环保回收力度，让更多的消费者主动参与到环保活动中来。同时也体现了华为公司面向消费者的企业社会责任。

"目前智能手机厂家都在加速推出各自革新技术的新产品，在这个大环境下，行业内以旧换新业务的推行对消费者、手机厂家以及整个社会来说是一个三赢的结果。"郭新心表示，一方面，用户可以通过以旧换新业务处理掉手头上的废旧手机，活动折算的费用或折扣可以用于购买新手机上，不用再等降价就能更早地体验到新产品、新技术。厂家也可以通过以旧换新业务吸引更多新/老消费者来购买自己的新产品，增强用户黏性并扩充新技术用户人群（像4G手机用户）以拓展后续的增值业务。

另一方面，被回收的废旧手机将用于环保回收循环再利用，如高价值的手机可以做二手机进行再销售（严格杜绝翻新机作为新机出售的欺骗消费者行为，规范二手手机市场），低价值的手机部分将做金属、塑料、玻璃等可再生资源提炼后的再循环利用，大大减少了废弃物的遗弃和填埋给环境带来的污染。

所以以旧换新业务还能促进循环经济发展，提高资源利用效率，保护和改善周边环境，杜绝废旧电子污染，为整个社会的可持续发展作出贡献。

回收从法国开始

郭新心说，事实上，"华为绿色回收行动"早在2013年就已启动运行，当时华为法国团队与欧洲知名的废旧设备回收再利用机构［Recommerce solutions 及 Ateliers du Bocage（ADB）］合作试点推出了以旧换新的回收活动，在当地取得了不错的效果。

2014年下半年（中国区是2014年12月1日正式上线），华为消费者BG的华为绿色回收行动（即线下环保回收项目）开始陆续在中国、印度、菲律宾、泰国等8个国家推出。今年8月17日，华为消费者BG在华为vmall商城再次推出了中国区"华为绿色回收行动2.0以旧换新·回收有你"项目，这是对持续两年的线下回收活动的一个延续和演进，是华为不断提升绿色环保理念的新措施。

在全球21国设400多个回收点

目前华为消费者BG一共推出了两项面向消费者的环保回收服务。一个是线下环保回收服务（即华为绿色回收行动），消费者只需到附近的华为服务门店就能参与手机回收活动，截至目前华为已在全球21个国家400多个（国内200多个）售后服务门店安置了环保回收箱供消费者投入废弃电子终端产品。

这项服务是公益性质的，主要是针对消费者家中无价值的（不可继续使用的）电子终端废弃物的回收。华为通过现有的售后服务平台，为消费者提供一个绿色通道来正确地处理家中废弃的旧手机和其他电子终端产品（不限品牌），防止用户随意丢弃或简单处置废旧手机。对于服务门店收到的电子废弃物，华为将出资将电子废弃物交给公司认证的业内知名环保回收商进行专业的环保处理，杜绝这些电子废弃物回流到市场。

另一个是手机以旧换新服务（即华为绿色回收行动2.0），这个项目是通过线上华为vmall电商平台去回收消费者手中有价值的旧手机。华为通过和国内知名的O2O环保回收商合作，对用户的旧手机做实时线上估价、邮寄回收，以及以返还等值代金券的方式对消费者的旧手机进行有偿回收。后续会逐步将这个模式向海外推广。

成本虽高义无反顾

郭新心透露，今年仅中国区就已回收了上万部手机。

对回收的旧手机，华为将其分为"可继续使用"和"不可继续使用"两大类，再分别进行环保无公害处理。

针对可以继续使用的手机，华为将交由通过严格资质审查的业内知名第三方环保回收商，在由回收商进行手机数据清理和相关处理措施后，通过正规的二手手机零售渠道进行销售，相关二手手机零售渠道将为消费者提供售后和保修服务。

针对不可继续使用的手机，华为将这些废旧手机交由环保回收商后，回收商会通过毁形、扫码、分拣、强磁、解焊、剥锡、粉碎、重金属提取等多道工艺流程，彻底完成对废旧手机的环保无公害处理。

"在这些回收项目上华为投入很大，成本很高。"郭新心表示，但只要是有利于改善周边环境，杜绝废旧电子污染，促进循环经济发展，提高资源利用效率的项目，华为都非常愿意增加投入并参与其中。

回收哥：永不失业，天天赚钱

（《晶报》2015年12月7日）

10月12日上午，福田区福强路美晨苑小区居民江先生点击手机上的"回收哥"APP。10多分钟后，一个身穿"回收哥"工衣的小伙子上门，将江先生家中的一台旧电视机和一捆报纸收走。江先生的"回收哥"APP与银行卡捆绑，当天卖旧电视所得的50元钱将由回收公司转入他的银行卡。

当天，市城管局副局长、新闻发言人杨雷，在市民中心多功能厅宣布，国内首个"互联网+分类回收"O2O电商平台——"回收哥"在深圳闪亮登场。

"回收哥"由格林美公司开发。"互联网+分类回收"项目通过互联网线上服务平台和线下回收服务体系两线建设，形成线上投废、线下交投的模式，网络平台整合上下游资源，形成人人参与垃圾分类，"回收哥"队伍承接回收与付费，所有废物都分类、所有废物变成钱的新型商业模式，有效解决前端分类回收的问题。

据"回收哥"网络公司总经理张宇平博士介绍，居民可通过手机应用商城、关注微信公众号、400电话等多种渠道了解下载"回收哥"APP，进行废品交投。居民将享受"回收哥"免费配送的专用垃圾分类袋，在家里进行分类后，通过APP预约"回收哥"上门承揽回收，或者预约回收上门帮助分类装袋。一个普通三口家庭一年回收垃圾约增加收入1 000元。

"在生活垃圾中，除了电池、灯管等有害垃圾，可回收资源中无论附加值高低，格林美全部回收。"张宇平告诉记者，据说全国有不下1 800万拾荒者，但"回收哥"与他们的传统方式完全不同，"虽然还是收废品，但不用每天去吆喝，在家里轻轻松松就可以随时抢单。在我们已运行的城市里，有的'回收哥'在一个小区每天可以做88单，因为他把原来浪费的时间全部利用了。"

据介绍，自10月12日"回收哥"在深圳启动以来，"互联网+分类回收"已在罗湖区、宝安区、南山区、福田区、龙华新区、龙岗区6个行政区开展。截至11月10日24点，回收哥加盟人数为642人（其中已接受公司培训人数为493人，有意向加盟、近期准备参加培训的人数为149人）；居民参与"回收哥"人数为31 078人（其中居民微信关注人数为13 891人，400电话下单人次为507人次，APP下载注册人数为16 680人）。收集到的废旧电池约5.5吨，根据各小区建议，准备在深圳市部分小区试点免费安装新式电池回收箱。

"'回收哥'就是一个网络平台，一个用互联网+解决垃圾问题的创新模式。"张宇平说，"在这个平台上人人都可以当'回收哥'，大众创业，不要本钱，不要场地，没有风险，永不失业，天天赚钱。"

6
立法及解读

［新闻背景］2015年8月1日，深圳首部有关垃圾分类的地方性法规《深圳市生活垃圾分类和减量管理办法》（以下简称《办法》）颁布实施。但在此前，深圳官方、法律界及来自其他省市的专家学者，从各自不同的维度切入，对《办法》进行的精彩解读和点评，却令业界惊叹脑洞大开。

市城管局副局长杨雷解读《办法》

（《晶报》2015年7月30日）

8月1日，《深圳市生活垃圾分类和减量管理办法》将正式颁布实施。7月29日上午，市城管局副局长、新闻发言人杨雷接受记者专访，详细解读了《办法》的出台背景及相关条款。强调垃圾分类能否成功的关键是广大市民群众主动参与进来，从自己身边小事做起，从点滴做起，如果每个人是一滴水，汇聚到一起就是海洋。

《办法》出台背景

谈到《办法》出台的背景时杨雷说，8月1日，《办法》就要正式实施了，很多市民群众都非常关注这个规章的实施，因为它跟我们每个人日常生活息息相关。为什么出台这么一部规章，有几个方面原因。第一，垃圾围城在各个城市都有不同程度发生，深圳面临的问题更为突出，因为深圳地少人多，垃圾产生量巨大。2014年全年垃圾产生量540万吨，平均每天1.5万吨左右，按照每年6%的递增速度增长下去，垃圾围城离我们并不遥远。所以要通过源头减量、分类来减少末端处理场的压力。第二，现在都倡导低碳节约生活方式，地球上资源非常有限，如果我们能把废弃物资源类垃圾做到应收尽收，进入循环系统，这样我们持续发展的能力就会增强。

培养居民分类习惯

杨雷透露,今年深圳市将借鉴日本等发达国家制定家庭分类手册、在不同时段分类回收不同种类生活垃圾的做法,在全市范围内逐步开展"资源回收日"活动。将每个星期六确定为深圳市的"资源回收日",住宅小区(城中村)在每个星期六的固定时段开展"资源回收日"活动,统一集中回收废金属、废纸、废塑料、废玻璃、废织物等可回收物和废电池、废荧光灯管等有害垃圾。通过持续、规律、便民的"资源回收日"活动,引导居民养成在家中暂时存放可回收物和有害垃圾,并在"资源回收日"集中分类投放的良好习惯。

大件垃圾如何处理?

杨雷表示,大件垃圾的产生不同于其他生活垃圾,不是每天都有,产生时间和产生量无规律性。据初步测算,深圳市大件垃圾约占生活垃圾的3%。大件垃圾体积大,未经拆解处理不能直接进入垃圾焚烧厂或填埋场等末端处理设施进行处理,存在收集运输难、处理场地少、规模化程度低、资源利用水平低、二次环境污染大、补贴政策不到位等问题。《办法》第十四条、第十五条规定,单位和个人应当按照生活垃圾分类投放管理责任人公示的时间、地点、方式等要求投放生活垃圾,不得随意丢弃、抛撒。体积大、整体性强或者需要拆分再处理的大件垃圾,应当妥善处理。

下一步工作计划是探索建立废旧家具等大件垃圾收运处理体系。2015年年底前建立辖区废旧家具收运系统,采取市政清扫或清运服务企业收运、委托废旧家具处理企业预约上门回收等方式,将分类收集的废旧家具等大件垃圾,经适当拆解破碎后进入生活垃圾收运渠道转运处理。未来全市大件垃圾处理场地总体规划拟按照东、中、西三大块来布局,即东部为原特区外的龙岗区(含坪山新区、大鹏新区),中部为原特区内四个区,西部为原特区外的宝安区(含光明新区、龙华新区)。原特区内的大件垃圾破碎后由市城管局协调进入盐田和南山焚烧处理设施处理,原特区外的大件垃圾按就近原则分别进入宝安区、龙岗区焚烧处理设施处理。同时,还将积极探索推进废旧家具等大件垃圾的资源化利用,市城管局负责制订大件垃圾回收再利用标准规范,对收运、处理流程进行监管。

有害垃圾的处理思路

杨雷介绍,有害垃圾是指对人体健康或者自然环境造成直接或者潜在危害,且应当专门处置的废电池、废荧光灯管、废药品、废杀虫剂、废油漆、废日用化学品、废水银产品等。家庭有害垃圾品种多、数量少、处理成本高、缺乏补贴政策,暂无专业处理企业回收处理,目前大多随其他生活垃圾进行处理。据测算,深圳市一年产生 2 200 多吨废电池、1 200 多万支废荧光灯管。

立法前,有害垃圾分类收集主要存在以下几个问题:一是家庭生活中的有害垃圾具有产生源分散,产生时间不规律,单个家庭产生量不大,收运、处理成本高的特点,若没有补贴机制,处理企业不愿意上门免费收运以及处理,缺乏参与家庭有害垃圾分类收集处理工作的动力;二是对各种有害垃圾的危害、分类投放的注意事项等的宣传有待加强,居民对家庭有害垃圾的认识、分类投放的意识有待提高。

有害垃圾的处理在无害化的同时,也实现了资源化。如利用大量报废的各种电池(铅酸电池除外)生产动力电池用高性能镍、钴、锰多元前驱体产品,打通废电池到可充电动力电池的循环再造产业链;在处理废荧光灯管的同时,回收了玻璃和汞粉等。

杨雷强调垃圾分类能否成功的关键是广大市民群众主动参与进来,从自己身边小事做起,从点滴做起,他说:"如果每个人是一滴水,汇聚到一起就是海洋。"

垃圾四分类何以变为三分?

(《晶报》2015 年 7 月 30 日)

日前,记者就《深圳市生活垃圾分类和减量管理办法》(以下简称《办法》)立法中各界最为关注的一些问题,专访了市分类中心副主任王芙蓉。

记者(以下简称记): 整个立法过程中哪件事让你最头疼?哪件事让你最难忘?哪件事让你最高兴?

王芙蓉（以下简称王）：最让我头疼的事儿，是在目前深圳市生活垃圾处理设施建设和运行管理状况下，居民家庭产生的厨余垃圾分类到底要不要立即在全市大范围推行，也就是厨余垃圾分不分的问题。

最难忘的事情是在2014年立法听证会上，结合深圳实际厨余垃圾暂不分类，得到了政协委员、人大代表的赞同和支持。

最让我高兴的事儿，当然是管理办法历时近两年，经过反复修改，最终能够在市政府常务会上顺利通过，并颁布实施。

记：《办法》最引人关注的就是将垃圾分类由过去的四分法改为三分法，没有将厨余垃圾单列出来，请问是出于什么考虑？为何厨余垃圾不再强制分类，目前有多少住宅区等场所有处理厨余垃圾的条件？

王：《办法》未将厨余垃圾单列为一类，主要理由如下：一是我市2012年出台的《深圳市餐厨垃圾管理办法》（市政府令第243号）中规定，对餐饮企业、食堂等食品生产经营单位产生的餐厨垃圾实施"分类收集、分类运输、分类处理"的特别管理，超市和小型食品生产经营单位产生的厨余垃圾处理可适用该管理办法。

《办法》还鼓励有条件的果蔬集贸市场经营者对果蔬菜皮垃圾实行就近就地处理（第十三条）。鉴于此，仅居民产生的厨余垃圾未纳入分类管理范围，但可以通过生活垃圾焚烧的方式予以妥善处理。

二是厨余垃圾处理主要有厌氧发酵堆肥、制成生物饲料或者生物柴油、小型处理机处理等方式。上述技术均处于探索中，存在选址难、处理成本高昂、产品销路不畅等问题。

三是我市生活垃圾分类试点工作中推行"可回收物、厨余垃圾、有害垃圾和其他垃圾"的四分法，但实施效果并不理想，厨余垃圾收集、处理存在源头分散、收集困难、末端处理设施缺乏等问题。

但考虑到厨余垃圾处理技术发展前景，《办法》虽然采用生活垃圾三分法，但鼓励有条件的场所将厨余垃圾细分出来，并可以纳入餐厨垃圾的收运、处理系统进行收运和处理（第十条）。

2012年以来，我市以厨余垃圾分类为重点，开展了垃圾分类减量工作。到2014年年底，共创建了1 116个垃圾分类示范单位（小区），其中示范小区约300

个，这些示范单位（小区）具备了厨余垃圾处理条件。此外，盐田区、坪山新区、大鹏新区采取餐厨厨余一体化模式，确定了餐厨垃圾特许经营企业，具备了厨余垃圾处理条件，可以继续开展厨余垃圾分类工作，为我市厨余垃圾处理工作积累经验。

记：《办法》提出实行生活垃圾定时定点相对集中分类投放，为什么？目前，在试点小区中，这一举措实施的效果如何？存在哪些问题亟须解决？新规实施后，这一举措将如何具体实施？

王：在前期以厨余垃圾分类为重点的试点工作中，我们学习借鉴了台湾地区的垃圾分类管理经验，在试点小区推行定时定点相对集中分类投放，一方面，有利于在投放点宣传垃圾分类知识，便于开展垃圾分类的指导工作，提高垃圾分类的参与率和准确率；另一方面，小区的环境卫生状况有了较大改善，也减轻了清洁人员的工作强度。

不少试点小区居民非常支持和配合定时定点相对集中分类投放模式，这一做法也得到了人大代表、政协委员的肯定。但这一做法没有得到部分试点小区业主委员会的支持，也有一些居民参与垃圾分类的积极性不高，物业服务企业存在畏难情绪，未能实施定时定点相对集中投放模式。

记：法规是相对原则性的东西，为了加强其可操作性，下一步是否考虑出《办法》的实施细则或司法解释？比如，是不是对诸如"联席会议制度"进行具体的解释和细化？

王：为了配合《办法》的实施，我局已经牵头编制了《深圳市生活垃圾分类和减量设施设备配置标准》《深圳市住宅小区生活垃圾分类操作规程》以及关于落实管理办法的实施方案，以上文件待专家评审和征求相关部门意见后报批出台。

记：联席会议制度感觉是以政府各职能部门为主，但垃圾分类强调的是全民参与，光靠政府部门无法解决所有问题。那么是不是可以考虑在未来联席会议中，给企业、公益组织等社会力量也赋予参会权？

王：生活垃圾分类减量工作需要政府、社会和企业持之以恒地合力推进，相关行政管理部门更应形成合力，充分发挥各部门优势共同推动。因此，《办法》确立了条块结合、以块为主的推进模式。同时对借助工青妇团体、社会组织、行业协会和志愿者的力量，带动全社会参与，共同推动生活垃圾分类减量工作也做了相应规定,比如,施行社会监督员制度等。

记:市民很关心对个人的罚款问题能否落到实处,即处罚措施有无可操作性。那么未来处罚执法怎样操作?由谁监管,又由谁来罚?被罚者要是抗法怎么办?

王:《办法》实施后,将由市城管监察支队指导协调、检查督促全市垃圾分类执法工作;由各区城管执法监察大队、各街道综合执法队落实执法工作。

《办法》实施后,重点对单位、小区物业服务企业等垃圾分类投放管理责任人进行执法检查,根据《办法》的规定,对未按相关标准设置生活垃圾分类收集容器,未按规定对生活垃圾分类投放工作进行指导,未将分类投放的生活垃圾交由符合规定的单位分类收集、运输等行为进行处罚。通过对分类管理责任人的执法检查,使各分类管理责任人切实履行义务,提高其管理范围内的垃圾分类水平。

在对个人垃圾分类投放行为进行执法检查时,可采取街道综合执法队流动执法、视频监控等多种方式锁定证据,按规定作出处罚。

对单位和个人拒不履行生活垃圾分类和减量义务并被行政处罚的,还将作为不良行为记录,纳入征信系统。

此外,还将通过新闻媒体、社会监督员、志愿者、督导员等对单位和个人履行生活垃圾分类和减量义务的行为进行监督。在加强宣传教育、引导市民积极参与垃圾分类和减量工作的同时,还将加强对违法行为的曝光力度,让违法当事人体会到:乱丢垃圾,不仅罚款,还很丢人。

法学专家解读《办法》

(《晶报》2015 年 7 月 31 日)

《深圳市生活垃圾分类和减量管理办法》(以下简称《办法》)在广泛吸纳各方面意见,反复论证、修改的基础上,将于 2015 年 8 月 1 日正式颁布实施。

为确保《办法》正确、全面、有效地贯彻落实,记者专访了法学专家——深圳市现代法商研究院地方立法研究所研究员曹叠云博士及其法学科研团队,请他们就《办法》制定的背景与目的、重要意义、特色制度、实施中可能面临的问题、进一步立法完善建议及工作安排等进行了详细解读。

立法的背景与目的

据统计，2014 年深圳市生活垃圾处理量达每日 15 100 吨。近年来，深圳市的生活垃圾产生量年均增幅约为 6.1%。按此计算，预计 2020 年深圳市的生活垃圾产生量将达到每日 21 000 吨。

深圳市委、市政府高度重视生活垃圾分类减量工作。2002 年，深圳市政府与清华大学环境科学与工程系专家共同制订了《深圳市城市垃圾分类收集总体规划（2002—2010）》。根据此规划，市政府颁发了《关于印发深圳市城市生活垃圾分类收集运输处理实施方案的通知》，通知中明确指出了深圳市垃圾分类的标准。2006 年 3 月 14 日，深圳市第四届人民代表大会常务委员会第五次会议通过的《深圳经济特区循环经济促进条例》提出了生活垃圾回收利用的具体要求。2012 年，市政府五届五十五次常务会议审议通过的《深圳市餐厨垃圾管理办法》，对餐饮企业、食堂等食品生产经营单位产生的餐厨垃圾实施"分类收集、分类运输、分类处理"进行了专门规定。

本《办法》主要解决以下几个方面问题：一是固化和优化本市促进生活垃圾分类减量的工作架构，确立全市统筹、部门联动、属地管理的推进机制，明晰各行政管理部门、各区政府以及街道办的管理职责。二是根据场所差异、物业管理实施情况、经营情况等因素，区分了办公和生产场所、住宅区、道路等公共场所和机场、客运站等公共场所四类，确定了不同管理责任人。三是在前期试点基础上，确定本市垃圾基本分类标准和分类收集容器的设置要求，形成具有可操作性和可行性的制度规范。四是建立奖励与约束相结合的促进措施，引导全社会尽快形成良好的垃圾分类投放行为习惯和氛围。五是加强对垃圾分类减量工作的监督，追究相关人的法律责任。

《办法》中的亮点

亮点一　政府统筹，部门联动，属地管辖

生活垃圾减量分类管理环节众多，牵涉面广，过程复杂，单靠一个部门进行管理，难以取得理想效果。为此，《办法》按照部门职责分工建立统筹协作机制，强调了城管部门负责对生活垃圾减量分类统筹归口管理，明确了经贸信息部门、环境保护、住建等其他部门的职责。

为有效推进生活垃圾减量分类工作,《办法》对建立监督考核和奖励机制进行了规定,将对相关部门、区政府的考核结果纳入政府绩效考核体系。实行辖区生活垃圾限量排放制度,并实行生活垃圾跨区域处理环境补偿制度等。

亮点二 从源头控制垃圾产生量

《办法》的一大特色在于专门规定了垃圾源头减量措施。源头控制主要从三个方面入手:一是商品包装控制。该办法主要通过鼓励企业简化商品包装、提高可循环材料包装比重,提高包装过剩及部分一次性商品进入深圳市场的门槛,实现从源头上减少生活垃圾(塑料、纸类等包装材料)产生量的目的。通过采用先进的包装控制措施,预计可以实现提高可循环材料的使用比重 20%~40%,减少包装过剩 10%~15%,最大可实现减少 5%的生活垃圾排放量。二是低碳办公,优先采购列入循环经济产品政府采购名录的产品,推行无纸化办公。三是餐饮消费控制。根据相关的统计,深圳市餐厨垃圾每天的产量为 1 800 吨左右,若实施餐饮消费控制,既节约了粮食,又利于减少餐厨垃圾的处理量。

亮点三 奖励与约束相结合

《办法》能否有效实施取决于全体市民的自觉性。市民行为习惯的改变是一个长期的过程,在起步阶段设置合理有效的奖励与约束措施,有利于引导市民加快改变传统的混投生活垃圾习惯、缩短习惯养成过程。《办法》第三十八条规定,单位和个人拒不履行生活垃圾分类减量义务并被行政处罚的,主管部门、经贸信息部门,及环境保护、市场监管、住房和建设等部门应当作为不良记录纳入征信系统。对生活垃圾分类减量工作中成绩突出的单位、社区、家庭和个人,主管部门可以给予表扬和奖励。

实施中可能面临的问题

问题一:其他部门职责

《办法》第七条,从法条的字面意思来看,经贸信息部门只负责可回收物处理阶段的监督管理,环境保护部门只负责有害垃圾处理阶段的监督管理。而垃圾分类涉及的环节包括分类投放、分类收集、分类运输、分类处理,四个环节是环环相扣,缺一不可的。所以,第七条的规定存在歧义,关于可回收物和有害垃圾的投放、收集、运输阶段，经贸信息部门和环境保护部门有无权力监督执法呢？如果没有，那由谁来监督执法呢？《办法》的第六条规定了主管部门的职责，是否可以当然地推定，条文没有明确规定的，就都由主管部门来监督执法呢？所以，建议主管部门会同经贸信息部门、环境保护部门在制定关于可回收物、有害垃圾相关技术规范时，进一步明确。

问题二：管理责任人

《办法》第十一条确定了不同类型的管理责任人。其中第（一）项规定，党政机关、驻深单位、企事业单位、社会团体以及其他组织的办公和生产场所，本单位为责任人。实行物业管理的，物业服务企业为责任人；单位自管的，本单位为责任人。

"其他组织"的范围是什么，《办法》并没有具体界定，在实施过程中，可能会出现的问题是，分支机构、境外机构的办事处等没有独立主体资格组织的办公和生产场所，责任人是谁？是分支机构和境外机构的办事处吗？但其没有独立主体资格，不能独立承担责任。是分支机构和境外机构办事处所在的总部和境外机构吗？如果是的话，明显不利于垃圾分类投放工作的监督与管理，因为这项工作是需要现场的、即时的。

问题三：生活垃圾车辆的持证制度

《办法》第二十一条规定，生活垃圾运输车辆应当持证上路，主管部门、交通运输、公安等部门应当加强对车辆的执法检查。

此条规定了生活垃圾运输车辆的持证制度，但《办法》并没有做一个具体的说明，比如，持什么证？需满足什么资质？该证由哪个部门制发？由哪个部门管理等，应进一步立法加以细化。

问题四：垃圾焚烧厂的选址问题

《办法》第二十四条规定，除可回收物、有害垃圾以外的其他垃圾，应当优先采用焚烧方式处理，由此可知，焚烧是优于填埋的。可想而知，该《办法》实施后，大大小小的焚烧厂将会建立起来。虽然随着技术的日益成熟，垃圾焚烧厂产生的二次污染越来越小，但市民仍然是闻"垃圾焚烧"色变。

这里涉及一个邻避效应，就是垃圾焚烧厂对大多数人是有利的，是造福于大部分市民的，但没人希望它建在自己家门口。所以，如何平衡附近一小部分市民与大部分市民的利益,需要政府、主管部门在推进工作的同时兼顾小部分人的利益,切勿好心办了坏事。

立法完善与工作安排

《办法》的出台完全基于现行的立法、环境保护法和相关法律法规。但《办法》进一步实施时,应考虑:通过修改《深圳经济特区环境保护条例》,扩大环境影响评价制度实施范围。

《办法》第二十二条第3款规定:"市主管部门应当委托专业的环境影响评价机构,对生活垃圾处理企业的运行情况进行环境影响评价。"据此,"运行情况"是环境影响评价的对象,显然是事后现状,对此加以环境影响评价和"批复",改变了现行立法制度。

如果认为对生活垃圾处理企业的运行情况确有必要实施环境影响评价,建议对《深圳经济特区建设项目环境保护条例》或者《深圳经济特区环境保护条例》进行修改,扩大环境影响评价之适用范围,并对其内容、程序、法律机制加以适当改造,使之适用于"企业运行情况"。

各界热议《办法》

(《晶报》2015年8月3日)

5月28日,市长许勤主持召开市政府五届一百三十六次常务会议,审议并原则通过了《深圳市生活垃圾分类和减量管理办法》(以下简称《办法》)。许勤市长在两会政府工作报告中谈到深圳发展中存在的突出问题与挑战时,特别提到目前我市垃圾分类和减量进展较慢的问题。连日来,《办法》的即将出台及两会热议,不仅引起本市市民也引起了外省市的关注,上海、广州有关专家也对深圳《办法》进行了点评。

上海爱芬环保郝利琼:厨余问题应在立法上留个口子

深圳本次立法有不少亮点,比如,定时定点投放以法律形式规定,将垃圾分类和减量按规定纳入政府绩效考核中，对收集、运输和处理企业的职责有很细致的规定等。但跟其他地区相比，有一个很大的调整：厨余垃圾不用分了。

厨余垃圾处理厂的确普遍存在"选址难、处理成本高昂、产品销路不畅"等问题，但不出现在立法中，并不表示它不存在，或者它不重要。如果真是因为"后端决定前端"的考虑，在当下做不到厨余垃圾的分类和处理，那也应该在立法上留下一个口子，比如，专门加上一条："本市将尽快推动厨余垃圾后端设施建设，在3～5年内开启厨余垃圾的分类"，为政府尽快地解决这个问题创造机会，反过来也倒逼政府有意识地去解决厨余垃圾的问题。

宜居广州总干事巴索风云：联席会议制度应有细则

深圳市将要出台《深圳市生活垃圾分类和减量管理办法》，总体而言，该管理办法与2011年《广州市城市生活垃圾分类管理暂行规定》内容上差不多，均对生活垃圾的定义、分类标准（标识、容器、投放、运输、处置等）、责任部门以及处罚准则进行了描述，但前者比后者更加的细致。毕竟，2011年《广州市城市生活垃圾分类管理暂行规定》属于全国第一部关于垃圾分类的规定，缺乏经验，较为粗糙，第二稿，现在已经进入了修订并通过了广州市政府审批待公布。

在我看来，深圳《办法》主要有以下亮点：

（1）深圳市出台管理办法的立法目的上升到实现城市可持续发展的高度，值得肯定；

（2）立法基本原则从工作主体和操作流程进行了总结；

（3）提出联席会议制度解决重大事项的设想，探索从顶层设计层面解决多头管理问题，应该支持和推广；

（4）对物业管理合同进行了规定，从立法层面上保障了垃圾分类工作与物业管理工作的结合，这是非常重要的条文；

（5）第五章从绩效考核、分类计量（信息收集）、补偿机制等各方面立法，有助于垃圾分类工作的推动；

（6）在法律责任中，对收集企业、运输企业及处理企业的处罚进行了细化。

但我觉得，亮点中也有缺憾之处。比如，虽然建立了联席会议制度，但缺乏相关的细化条文，对其能否起作用有所担忧；联席会议制度的确有可能解决重大事项的决定,但由于垃圾分类需要全社会动员,所以建议能把联席会议制度扩大,增加社会力量进入,共同推进工作。

市政协委员李毅:要把资源回收体系建起来

"用句老话说,《办法》的即将出台,只是深圳垃圾分类和减量万里长征的第一步,如何实施才是关键。"市政协委员李毅表示,以可回收物为例,目前全市有2 000多个回收点,700多家有证,其余1 000多家都无牌无证。"结果是小区外、道路旁,到处都是回收垃圾的'游击队',一是影响市容市貌,二是造成二次污染,三是带来消防隐患。"

为什么可回收环节秩序如此混乱无序?李毅认为,"这是完全用市场机制调节可回收物的回收市场造成的。政府不能完全放弃对市场秩序的监管。比如,小贩们对低附加值可回收物不闻不问,造成资源浪费,这方面需要政府引导和鼓励。"李毅告诉记者,他曾多次在小区外见到,小贩将收来的电视机或冰箱当场砸碎,将可回收的金属类等值钱东西取走。"这种情况反映出两个问题,一是造成现场污染,二是砸碎了的电视和冰箱小贩会送到哪里去?三是电视冰箱有专业处理公司,小贩如此处理该由谁来管?"

"要解决这个问题,应建立起可回收物收运处理体系。这是《办法》能否落到实处的关键点之一。"

英尔科技李海涛:怎样才能让居民参与垃圾分类和减量?

即将颁布的《办法》使深圳垃圾分类和减量真正步入法治快车道,令人鼓舞。有朋友问我,新的《办法》中要求垃圾由四分类转为三分类,是不是政策上的倒退,我说不是。三分法实际上是降低了垃圾分类和减量难度,有利于垃圾分类和减量的开展。我们理解这也是目前产业未形成配套的阶段性做法,如果从源头分类收集到后端处理,产业链逐渐形成配套后,垃圾分类和减量才可能真正畅顺。只是对于2015年以前已经按照四分法开展的社区要有一个相对安全的过渡或者持续开展四分类。

居民最终参不参与,更多取决于对政府行为的认可度,不管是物业还是专业公司在社区运营垃圾分类和减量,居民都会把这个工作认为是政府的行为,运营主体是在社区精耕细作还是作秀走场,将直接影响居民最终是否愿意参加。

7

公益联盟和高峰论坛

【新闻背景】不知不觉间,我已从垃圾分类的新闻报道者成了深度参与者。2016年,我策划并主持了多场分类减量宝安大讲堂。并协助市城管局分类中心成立了深圳垃圾分类公益服务联盟,为政府扶持公益机构参与垃圾分类构建了一个平台。尤其是同年11月4日,由我策划组织的垃圾分类减量深圳高峰论坛成功举行,我把中国垃圾分类行业的牛人几乎都请来了。

破解大件垃圾难题的三种武器

(《晶报》2016年6月22日)

6月3日下午,由深圳报业集团与宝安区城管局联合举办的"分类减量,全城行动"宝安大讲堂,推出了破解大件垃圾难题的"四种武器"。本次大讲堂由深圳市垃圾分类推广大使、晶报记者吴建升与九鹿鸣传媒的曾芳婷共同主持,晶报与九鹿鸣传媒承办,西乡街道和绿宝宝公益协办,来自全国各地的多家企业参加了会议。

广州源度:街道、城管、企业三方合作

广州源度公司董事长翁卓元介绍,大件家具大概有60%是废木头,20%是铁和一些弹簧之类的,还有10%是海绵,其他的是碎布、碎皮革。源度公司与广州白云区城管局开展合作,与街道、城管签署三方合作协议,规定每一个街道要空出一定的空间堆放大件垃圾,由公司派车运送到处理中心。

整个回收流程:居民把大件家具搬到各个收集点,然后公司派车拉运。只能用小货车,由城管局特别发牌。每车可以装八件沙发,大概0.5吨,运到处理中心人工拆解,海绵、金属类可以回收,废木可以做成燃料棒卖给生物质发电厂。

广州在去年出台了低值废弃物的补贴政策。对废木头、玻璃、纸，每吨补贴90元。这部分其实是把原来的垃圾处理费转移支付了，过去广州的垃圾处理费是93元，处理的大件垃圾其实就是实现了减量，政府就把过去的处理费转移过来作为奖励，确定为90元，今年增涨到130元。

白云区第一年给了企业处理费350万元，大概处理5000车，覆盖整个白云区18个街道4个镇。今年也把园林绿化垃圾拉运到处理中心，每车给200块钱处理费。而假如拉运到填埋场，运费要超过600元。

现场互动1：

广州城管为企业提供场地

嘉宾：广州大件垃圾这130元处理费，包含运费吗？

翁卓元：130元是废木头回收的补贴，不包含运费。广州叫低值废弃物回收补贴。以前家里的酱油瓶、醋瓶都有人收，啤酒瓶更是抢手货，可现在都没人收了。因为不挣钱，谁收谁赔。包括装牛奶的利乐包。为了促进回收，广州市政府就把这个垃圾处理费130元给到企业。

我们企业可以促进这个事情，只要环卫工人帮我们把废木、玻璃瓶类的从垃圾堆里分拣出来，我们愿意与他们分享这些补贴，但130元太少了，不足以让企业和环卫工都动起来，政府要鼓励这个事情，比如至少再多加90元上去，变成220元的回收价，才可以真正把整个低附加值回收物的回收链条盘活。

嘉宾：您在白云区这边日运输量是多少吨？您公司厂区面积多大？

翁卓元：我们现在一天回收30~40车，在整个白云区。基本上一个街道每天会产生一车的大件家具，厂区是4000平方米。大件家具的回收场是由广州市城管局免费提供的。为什么我讲大件家具总是讲车，因为用吨数很难去衡量处理费用。比如，用压缩车拉过来，有时一车只能拉三张沙发，有时候四张沙发，只有0.1吨，运费跟处理费非常高。如果用大货车拉大概一车拉0.5吨，可以拉八张沙发，这个运费跟处理费用就降下来了。所以我们大件家具一直跟城管局结算都是按车没有按吨。

美兆能源：我们的设备可以移动

美兆能源技术总监吕雄军介绍，对于大件低值废弃物怎么处理，除了刚才翁总提到的把它弄碎压缩制成燃料，但还是有一部分没有解决，像沙发里面有海绵，如果拿去焚烧，会产生有害的氟化物。怎么解决呢？我们套用了最古老最原始的方式，就是干馏无氧裂解制生物炭技术，干馏初中化学讲过，在空间上进行一些还原反应，在还原过程中把源头切断了，后面就不会产生有害物质。

这个工艺体积不大，一台货车那么大，一个街道处理20~30吨，把东西粉碎之后出来的就是生物炭。如果再加上活化的一套设备，出来就是活性炭。整个链条从分类收集、分类运输到分类处理，极大地节约成本。

目前宝安有几个粉碎点，粉碎完了之后又拉到松岗去焚烧。没有真正的实现分类处理，增加了处理成本。

这个方向上我们达到了分类收集、分类运输和分类处理。租一个厂房大概500平方米，经过粉碎，出来的东西就是有价值的炭或者是活性炭。占地非常小也非常灵活，而且我们这个设备可以移动，放在车上拉着走，哪个地方多了我们拉过去一天或者几个小时就处理完了，大概8个小时处理将近10吨左右。

现场互动2：

目标就是不依靠政府补贴

嘉宾：美兆能源公司这套技术在国内比较领先。它是利用了中国3 000年以前的烧炭技术。烧炭技术的核心，在无氧条件下热到一定程度把炭里面的水燃烧了，是氢，氢燃烧到一定程度把木头里面的水拿出来，就是一氧化碳。他介绍得很好，第一，没有二氧化碳排放；第二，没有污染；第三，它实现了整个地球的炭循环。

但是我这里面要请教两个问题。

第一，垃圾无氧车体积很小，一般它的造价应该是多少？

吕雄军：在造价方面，目前除了关键设备里面的推送轴是从德国进口的，其他设备都是在国内生产。现在出口到美国大概90万美元一台，国内就没那么高的价格。

嘉宾：第二个问题，在这样一个废旧家具处理运行过程中，国家得多少，自己应该拿多少？多久回本不赔，这个炭能卖多少钱？

吕雄军：目前垃圾处理，大家都说是靠政府补贴。我们真正想达到的最终目的就是不依靠政府的补贴。我们这款产品如果转为做活性炭，卖到国内大概是5 000~6 000元一吨。大件垃圾后端产品的价值还有很大开掘空间，未来三到五年，在大件垃圾处理方面，我们有信心彻底摆脱政府补贴。

东部大件垃圾处理中心：终端产品卖到以色列

绿果果公益会长刘金利介绍，东部大件垃圾处理中心是绿果果公益办的社会非营利企业。从2015年6月开始与政府合作，到今天整整一年，目前与龙岗区的8个街道签订了大件垃圾处理工作协议。今年5月份的报表已经出来，当月处理了600吨。

整个处理过程中没有出现"三废"。我们的处理流程是，第一，统一投放，就是清洁工把大件垃圾统一堆放到堆放点；第二，收集运输，由我们的工作人员开始收集运输；第三，专门人员进行拆解；第四，分类处理，木材打成标准的夹板，纺织料，就是沙发背面的布，做成再生棉，金属料拆解以后卖到回收站，海绵料可做成防撞垫，塑料类的产品我们自己开发了新型环保农业"嫁接套"，卖到了以色列。

现在说说运作费用。我的厂房目前是1 500平方米，25万元一年。第二块费用，运输的费用，是最大的成本。人工费用就是员工工资。我们在系统处理当中是进去多少吨原材料出来多少吨产品，没有任何废品产生，符合环保要求。我们企业在归属类别上属于社会企业，跟在座的各位老板可能不太一样。不是追求利益最大化，不以盈利为目的，当然也不要有亏损。这个项目做了一年下来没有亏损，很多人要问赚到钱了吗，从整个综合效益上来讲还是赚到了，而且赚得很大。

现场互动3：

做社会型企业需满足三个条件

绿宝宝公益汪萍：请问绿果果的机构经费是怎么解决的？又是怎么用的？

刘金利：我在龙岗区是这样解决问题的。第一，我自己认为将来垃圾分类的发展方向是国家不应该给补贴的,而且我已经朝这个方向去努力了。第二,我是8年前开始做垃圾分类。没钱怎么办,我自己出150万元干了起来,在一个小区里面实现试分类的垃圾处理模式。慢慢政府就意识到这个问题,开始购买我机构的服务,最初是整个区20万元,今年有四五百万元,购买我机构的服务。政府给了我资金之后,我一部分是付给广大义工(4个小时25元左右,还有10元交通补贴)。这里面还富余一部分钱,用来奖励优秀的小区和物业。

绿宝宝公益汪萍:您从公益组织转到社会企业,原因是什么?您成立社会企业的原因是不是因为许多事公益组织做不了?

刘金利:做社会型的企业需要满足三个条件。第一个条件,实体;第二个条件NGO;第三个就是基金会。有了这三个要件以后,这个社会型的企业才能有雏形。这个企业不追求利益最大化,要以解决社会问题为目标,这是社会型企业所肩负的使命,也是它跟其他企业的区别。

打个比方,公益组织运作垃圾分类宣传项目时可以游刃有余,但如果让你运作大件垃圾产业链条,肯定会力不从心。因为一个产业链条,是必须以企业化手段去运营的,但这个企业又不能完全以盈利为目的,得保持一定的公益性,那它就必须也只能是社会型企业了。再如,绿果果机构有四五十名专职工作人员,在一线工作的人员都是4 500元一个月,还有五险一金包餐包住宿,如果没有企业,没有盈利,怎么给大家发工资,怎么让机构运转下去呢?

嘉宾点评

深圳信息职业技术学院教授聂磊:需把垃圾高附加值化

为什么我们要聚在这里讲大件垃圾处理,原因就三个字,不赚钱。如果赚了钱就不需要我们坐在这里。今天的沙龙给我两个启示。第一个,不赚钱怎么办?需要找到一种办法将垃圾高附加值化,让企业有钱可赚,告别政府补贴的老路,走向良性运转的机制。

市政协委员张学虎:宝安大讲堂就是一种创新

"深圳是一个创新之城,我认为宝安城管局推出的'分类减量,全城行动'宝安大讲堂,就是一个很好的创新举措。"市政协委员、市媒体研究会会长张学虎在沙龙结束前对整个活动进行了点评,"作为大讲堂,这是一个推广和宣传垃圾分类的很新颖的方式,同时,形式上又具有研讨会和论证会的特色,对政府实际工作中碰到的问题,通过研讨和论证寻求解决方案,广泛汲取民间智慧,避免拍脑袋式决策,值得称道,也值得在全市推广。"

新安模式:改造转运站 厨余减量八成

(《晶报》2016 年 8 月 1 日)

2016 年 6 月 25 日下午 3 时,烈日炎炎,深圳都快被烤熟了。

在宝安区新安街道宝安新村广场,却是人头攒动,香气缭绕,摆满了一桌桌美味佳肴。原来,这里正在举行第一届社区邻里美食节,邻里街坊争相将自家的鸡鸭鱼虾精美食材奉献并烹调成美味,供大家品尝享用。

而在广场的另一边,悬挂着资源回收日的横幅,居民们在此将自家的可回收垃圾交给工作人员。

一边是美食节,一边是资源回收日。

两道截然不同的风景,在 6 月的骄阳下交相辉映。

"这不是垃圾与美食的一次偶然相遇,而是垃圾分类带来的邻里情义的一次情不自禁的汇聚。"深圳市英尔科技有限公司总经理李海涛告诉笔者,"好多人对垃圾分类信心不足,我想告诉大家,这次,我们新安街道有望杀出一条垃圾分类可复制之路。"

试水垃圾分类可复制模式

时间回溯到 2015 年 11 月 7 日。

由宝安城管局与晶报联合主办的 2015 中国垃圾减量分类(宝安)高峰论坛,在宝安区宝立方酒店举行,论坛的主题为"垃圾减量分类与宝安模式创新"。论坛结束不久,宝安城管局就召集英尔科技、回收哥、公益组织绿宝宝及新安街道等举行联席会议,决定由英尔科技公司在调研基础上,在新安街道宝安新村和恒安花园两个住宅小区启动"互联网+"资源化利用垃圾分类新模式试点创建工作,力求经过一年时间的试点探索,打造出一整套辖区推广复制可行、分类处理渠道畅通、分类减量效果明显、企业运作可持续的垃圾分类模式。

2016年3月初,在一场由新安街道办副主任闫虎主持的垃圾分类推进座谈会上,与会各行业代表几乎异口同声地认为,以往垃圾分类失败的关键问题,就是居民分类之后遭遇混收混运,严重挫伤分类积极性。之所以会出现混收混运,就是因为垃圾分类系统工程没有建立起来,只有前端分类,没有中端分类收集和运输,更无终端分类处理。

新安垃圾分类能否取得实效,其核心问题就是解决"居民分了之后又怎样"的问题,即建立分类系统工程和打通上下游产业链条。

问题找到,方向明确,新安街道出手了。

转运站分类减量截流法

当新安街道承担起宝安区垃圾分类最新试点任务的时候,垃圾分类宝安模式已具体化为新安模式。

4月26日下午,宝安区在新安街道宝安新村小区举行宝安区生活垃圾源头分类减量资源化利用试点暨新安街道垃圾分类减量示范小区创建启动仪式,意味着酝酿半年多的垃圾分类新安模式,即"互联网+"垃圾分类全产业链条新模式已从设想步入实施阶段。

试点运营公司英尔科技引进了一套韩国垃圾分类最新技术,利用物联网、互联网、人机互动技术,实现了社区居民实名制垃圾投放管理,投入数字称重智能厨余垃圾桶,实现了数字化台账管理,在居民参与投放厨余垃圾时,系统可自动记录统计住宅小区居民的参与行为,实现分类过程可溯源、可监管。并根据实时的数据分析,配套矫正机制,对未参与的、不积极参与的、积极参与的居民采用针对性回访、针对性宣传、针对性督导等手段,从而大大提高参与率和投放准确率。

据英尔科技总经理李海涛介绍,未来居民只要将厨余垃圾投到桶里,相关信息数据马上通过阿里云传入你的手机。同时,政府也可通过该系统对相关运输车辆进行监控。

智能厨余垃圾桶的运行确保了社区生活垃圾首先做到干湿分类，干垃圾部分在社区环保站进行二次分拣，将可回收物和有毒有害物分出后交给专业公司收运和处理，剩下的其他垃圾运到老虎坑环境园进行焚烧处理。

分出来的厨余部分，则运到附近大宝路垃圾转运站。英尔科技公司在这里安装了两台生物质垃圾减水减量设备，将宝安新村和附近机关单位食堂产生的厨余垃圾，全部集中到这里进行脱水脱盐处理。实验证明，用这套工艺可使厨余垃圾实现80%左右的减量效果。

但最初遇到的问题是，经过处理的厨余渣子如何处置呢？在宝安城管局的协调下，这些渣子最后被运到大树环保农场用作堆肥。

于是，一个厨余垃圾处理工艺的上下游产业链条形成了，打通了。

"联合舰队"的拼图

如果说新安模式是一支小型垃圾分类"联合舰队"，那么不仅有英尔科技这种生力军，新安街道城管把各种力量都整合进来了——

与宝安新村管理处签订协议，给予财政补贴，由管理处负责小区内宣传配合、分类容器投放点及服务站的硬底化建设及水电引接，做好小区内垃圾分类的宣传督导和考核验收配合工作；

在住宅小区招募垃圾分类宣传推广公益小天使，组织有环保公益爱心的业主成立绿色家园委员会，配合管理处和企业进行分类减量宣传推广和投放监督指导；

与深圳市绿宝宝垃圾分类指导中心（以下简称绿宝宝）、新安街道义工联、深圳市绿洲环保公益促进中心三家公益组织合作，分片区指导组织物业管理处开展垃圾分类资源回收日活动；

向22个社区工作站核拨专项垃圾分类资源回收日工作经费，明确具体宣传推广场次任务和标准，由社区工作站组织并督导辖区物业管理处开展垃圾分类资源回收日活动；

与绿宝宝合作，组织覆盖街道辖区中小学和工业园区的垃圾分类知识巡回宣讲，提高垃圾分类知识水平和操作技能。

在区城管局的协调指导下，新安街道与深圳大树生物有限公司合作，在上川市场建立果蔬垃圾处理试点，对市场内进入生活垃圾渠道的果蔬垃圾进行分类收运处理，由大树公司将处理产物进行酵素生产、堆肥处理等，并不断扩大覆盖面。

这时，再看看"联合舰队"的拼图：旗舰（新安街道）+企业+物业+居民先锋队+公益组织+社区工作站+学校。

一个全民知晓、全民参与、全民监督的开放式的垃圾分类运行平台初步成形。

分类这样改变生活

从4月26日到6月26日，"新安模式"这支联合舰队，已经在垃圾分类的大海上航行了整整两个月。

作为试点的宝安新村居民发现自己的生活有了不小的变化：

成立了垃圾分类居民自治组织业主绿色家园委员会，成员30余人，主要协调和解决社区垃圾分类中碰到的各种问题；

在新安城管的督导下，成立了垃圾分类社区运营团队，由英尔科技团队和义工团队组成，英尔科技团队负责招募、培训义工团队，并带领义工团队组织活动。英尔在宝安新村组织了两个义工团队，一是由小学生组成的小义工，共65人，负责入户宣传、协助开展活动和督导；一个是由家庭主妇组成的妈妈义工队，共25人，负责引导居民正确进行垃圾分类。英尔构建的"自我督导模式"，即由该小区义工监督和引导小区居民进行垃圾分类投放，可以有效提高居民分类投放意识，提高投放准确率，真正做到源头有效分类。

宝安新村1 015户居民中，注册垃圾分类会员945户，占97%；实际参与垃圾分类者约占60%；分类达标者约占45%。

厨余单独收集，小区不臭了。过去，厨余垃圾与其他各种垃圾混合投进小区转运站，臭气对居民生活影响很大。现在，厨余垃圾投进密闭的智能回收箱里，且能很快运走，过去那种路过垃圾箱掩鼻走的情景消失了。

减量效果明显。就垃圾分类而言，减量才是硬道理。没有减量的分类，肯定不是成功的分类。宝安新村每天约产生1吨厨余垃圾，经过英尔科技大宝路转运站减水设施处理后，可实现减量80%。运到这里的机关食堂厨余垃圾，基本也可实现相同程度减量效果。新安街道每天产生约500吨生活垃圾，其中厨余约200吨，如果都按照此种处理方式，保守减量效果在100多吨。

让镜头切换到 6 月 25 日 15：00，宝安新村第一届美食节现场。妈妈义工队长许宏莉告诉笔者，垃圾分类让过去陌生的邻里之间变成了熟人、朋友和家人。"我做义工这两个月，经常到邻居家里去做动员和沟通，认识的人比过去 10 多年认识的都多。"她说，大家相熟了，有感情了，都想找个机会聚聚，有人说等到春节聚吧，有人说等不及了，于是物业公司和英尔科技一合计，就有了这个与资源回收日同步的美食节。

在 6 月 25 日现场笔者看到，当天的气温在 35℃以上，但参与的居民人数超过 500 人。邻里们把各家最好的东西拿出来，同时拿出各自的看家厨艺，现场做出一道道美味佳肴，让左邻右舍共同品尝，其乐融融。

规模化推进遇到的几大瓶颈

宝安新村试点分类处理渠道畅通、减量效果也挺明显，但新安不可能永远只搞试点，需要的是在此基础上的规模化推进，为全区乃至全市整体推进提供科学的数据。而规模化推进的前提是运作模式的可复制性和企业运作的可持续性。"垃圾分类推进的原则是'政府搭台，企业唱戏，市场化运作，全民参与'，政府搭台就是制定配套政策和法律法规等游戏规则，企业唱戏及市场化运作，就是最终要靠市场手段实现自我造血功能和持续发展功能。"新安街道办副主任闫虎说，"可以说，垃圾分类可复制模式就是政府制定的游戏规则+企业的自我造血可持续发展功能。"

目前的新安模式具备可复制性和持续性吗？

新安城管科长温陈锦和副科长刘铭在经过长达半月的调查研究后发现，目前新安模式规模化推进遇到几大瓶颈：

1. 政府大规模采取市场化运作模式，推广实施商业住宅小区分类和减量，缺乏明确的政策法律依据，依靠试点的模式不能突破政府采购相关规定，给基层具体实施工作人员带来风险；

2. 在大规模推广住宅小区垃圾分类和减量过程中，需对现有的垃圾房、垃圾转运站进行改建、扩建，以容纳垃圾处理设备，牵涉用地、邻避效应等，并非说干就可以干的；

3. 对不参与不支持的物业管理处和居民，执法管制措施不健全，执法主体不明确，不能完全做到奖优罚劣，现有法规缺乏强制性和约束力。

"政策法规就是顶层设计和上层建筑，不解决这些问题，基层工作寸步难行。"新安街道副主任闫虎说，"希望市政府就此尽快出台或制定相关配套政策或法规，让基层工作有章可循，方向明确。"

深圳垃圾分类公益服务联盟成立
13家公益机构参加签署仪式

（《晶报》2016年9月30日）

9月29日上午，市分类中心携手晶报，组织深圳垃圾分类公益服务联盟举行"垃圾不落地，深圳更美丽"倡议签署仪式，来自全市的13家公益机构、市城管局及分类中心领导、各大媒体近百人参加了仪式。

13家公益机构发宣言

仪式上，13家公益机构分别上台发表了各自的誓词宣言和环保理念。主持人带领现场与会人员齐声宣读"垃圾不落地，深圳更美丽"联合倡议书。与会人员一起在倡议书巨型签名版上签下姓名。

市城管局副局长杨雷表示，两天前，在市分类中心、晶报社的共同推动下，深圳市13家公益组织联合表决成立了深圳垃圾分类公益服务联盟。今天，我们就欣喜地看到，服务联盟将面向公众，共同发出"垃圾不落地，深圳更美丽"的倡议。市区两级城管部门将最大限度地为服务联盟成员单位提供支持，希望服务联盟广泛积极开展"垃圾不落地，深圳更美丽"和以"垃圾分类"为核心的专项服务，并寄望深圳垃圾分类公益服务联盟越做越好，越做越强，队伍不断壮大。

"很多城市都去台湾地区求取垃圾分类'真经'，但回来却大多遭遇'水土不服'，收效甚微，原因何在？"广州著名环保组织宜居广州总干事巴索风云告诉记者，原因之一就是大家取经时忽略了一个重要环节，即台湾地区的垃圾分类是由NGO组织先行先试，引导民众形成了垃圾分类共识，为政府推进垃圾分类打下了民意基础。

深圳 NGO 现状

深圳公益机构一直是垃圾分类的先锋队。有公益机构负责人称，几年来虽然通过招标得到过一些政府垃圾分类宣传项目，但对于整个团队运作而言，那点钱只是杯水车薪。无奈，他只好从公司股份里抽出几十万元填补亏空，而更头疼的是场地，现在租金不断水涨船高，加上水电费，一般公益团队很难承受。

也有公益机构负责人坦言，搞公益活动虽然是无偿的，但志愿者搞活动总得吃饭喝水吧，协会没有钱开支，他只好经常自己垫付，但这样能支撑多久呢？

另一家公益机构负责人也表示，机构在开发的一套幼儿垃圾分类教学课件，因为经费不足而举步维艰。

台湾 NGO 的镜子

宜居广州总干事巴索风云，曾长期考察过世界各地垃圾分类和 NGO 发展情况。他表示，深圳 NGO 发展中的困难，若以台湾地区 NGO 为镜，就不难找到问题根源。

巴索风云介绍，台湾地区的 NGO 主要有以下几个特征：①发展历史较长；②主动介入垃圾分类；③管理部门支持，经费充足；④有丰富的垃圾分类实际操作经验。

较之台湾地区，其一，深圳 NGO 组织发展历史较短，志愿者人数少。其二，会费收入有限，加上政府缺少相应支持，经费紧张。其三，多从事垃圾分类宣传活动，缺少垃圾分类实际操作经验及技能。

期盼联盟形成合力

早在 2014 年，市分类中心就组织过公益机构进行垃圾分类活动的尝试。市分类中心负责人在接受记者采访时表示，让 NGO 参与垃圾分类，是深圳垃圾分类推进中的一件大事。今后将充分发挥民间组织及 NGO 的宣传、普及作用，潜移默化地引导市民养成生活垃圾分类习惯。7 月推出的"红、黄、绿"大行动，是一次有益尝试。

就在那次发布会前后，数家 NGO 向记者表达了成立"联盟"的愿望：

"我们的力量太弱小了,靠单打独斗很难成事儿。"有公益机构负责人表示,期盼一个公益联盟能把大家团结起来。

"目前各 NGO 力量都相对薄弱,但各有所长,如各自为战,力量分散,很难取得成效。"另一家公益机构负责人说。

"现在市分类中心把大家组织到一起,希望能真正开辟一条进入垃圾分类事务的通道。"又一位公益机构负责人说,"对于垃圾分类,我们 NGO 有激情投入,有信心搞好,就看政府给不给我们机会。"

巴索风云认为,正因为深圳 NGO 组织力理相对弱小,才需要政府的大力扶持。一是在经费上予以支持,可考虑参照台湾地区的做法;二是在专业上对 NGO 人员加强培训,让他们既能搞宣传,又能去小区进行垃圾分类实际操作。

"因为 NGO 的公益性质,未来让他们推进垃圾分类会大大降低运作成本,同时提高工作效率。"巴索风云建议,"对于有能力的 NGO 组织,也可以用购买服务的方式让他们实际操作小区垃圾分类。当然,前提是政府要搞好中端收集运输和末端环节处理的设施配套。"

顶层设计和基层创新两手都要硬
垃圾分类减量深圳高峰论坛,大咖专家为深圳献计献策

(《晶报》2016 年 11 月 10 日)

2000 年,国家推出了北京、上海、广州、深圳等 8 个垃圾分类试点城市。同年,台湾地区台北也在全市开始推进垃圾分类。16 年后的今天,台北垃圾分类已风生水起,而大陆却仍步履蹒跚。在 11 月 5 日举行的 2016 年度"垃圾分类减量深圳高峰论坛"上,与会专家一致认为,主要原因是缺少自上而下的顶层设计,导致垃圾分类的方向、目标不够清晰,方法可操作性不强。要改变这种局面,就必须在抓好顶层设计的同时,搞好基层创新,未来垃圾分类才会实现跨越式发展。

在论坛前的 11 月 4 日下午,与会专家先就深圳市及宝安区垃圾分类进展情况,与宝安区政府、市分类中心、宝安区城管局及深圳市相关专家进行了专题座谈,

把脉存在问题并献计献策。在 11 月 5 日的论坛上，与会专家则就垃圾分类顶层设计问题进行了全方位探讨。

国务院发展研究中心资环所研究员
国家两网融合专家委员会主任程会强：

率先实施谁污染谁付费

这次论坛虽然是在深圳召开，但它的意义是面向全国的，必将在我国垃圾分类减量和处理的历史上留下浓重的一笔。

垃圾分类不是从垃圾箱开始，而是从我们的头脑开始。我来深圳看到小手拉大手，分类从娃娃抓起，很多义工朋友投身其中，他们的行为对社会具有深远影响和意义。

垃圾治理的顶层设计应从以下几方面入手：完善生活垃圾分类与减量的立法和制度建设；率先实行生产者责任延伸制，落实谁污染谁付费；多种措施促进公众广泛参与；惩戒处罚机制约束企业公众参与；创新垃圾管理机制形成合力；完善垃圾基础设施产业链条；引入市场机制和第三方治理。

希望深圳为我国垃圾治理作出表率，形成试点和新的经验。

同济大学循环经济研究院院长
住建部垃圾分类试点城市评审专家杜欢政：

垃圾分类的顶层设计和基层创新

2014 年新华社记者采访我，问为什么从 2000 年开始试点到 2014 年的 10 多年间，我国垃圾分类仍在原地踏步。我说一个是我们的顶层设计不到位，另一个是我们的基层创新不够。

顶层设计最关键的是理念的转变。在生态文明理念下，新的生产方式和生活方式应该是合理生产、适度消费和循环利用。

从顶层设计角度来讲，分为中央和地方两个层面。

中央层面首先要从组织机构角度解决九龙治水和多头管理的问题，很高兴地看到围绕城市废弃物问题的解决，部级之间有 20 个联席会议。

地方政府也需要顶层设计，第一，从垃圾的前端分类到分类运输、分类处置，在环节上要匹配；第二，地方部门管理职能上要统一；第三，政策灵活；第四，垃圾处理关键要空间上能够保障，比如，垃圾终端处理，没有场地只能是一句空话。

垃圾分类当然也需要基层创新，基层创新的主体就是城市、企业、NGO。昨天我们参观的宝安区垃圾分类试点（宝安新村和大宝路垃圾转运站减水设施），让我们看到深圳在基层创新上的进展和成功案例。但是点上的东西，说明不了问题，下一步我们努力的方向就是，如何把这一个个的点变成一个体制的东西，在整个城市取得成功的基础上，上升成为国家的法律法规政策标准。

清华大学环境学院教授刘建国：

垃圾的首要属性是污染源

垃圾首要的属性就是污染源，如果说它是资源肯定是有前提条件的。正因为它是污染源，才要减量，要分类，才要生产者责任延伸，谁污染谁付费。如果非说它是放错位置的资源，那么又何必要减量要分类，是不是还要给制造者付费，是不是应该多产生？

这些认识有必要从逻辑上先理顺了，才能明确各利益主体间的责权利关系。比如，定义在污染源，对政府来讲，无害化是第一个目标，资金投入一定要够，不然就要污染环境。对企业来讲，控制污染是基本要求，处理费是主要收入。

努力的方向就是两网融合，补贴前移，进一步提高废品的量和质。所以精准分类很重要，它决定了资源回收及处理的质量效率与二次污染控制的水平，是垃圾分类核心的目的，在这个基础上可以构建未来我们国家垃圾处理比较优化的系统。

北京市政府参事、国家环境监察员王维平：

顶层设计的六大原则

古往今来，每个人都是垃圾的制造者，也是垃圾生产的责任人。

北京的垃圾分类是从1995年开始的，到现在20年了。

一开始垃圾分类官员们认为很简单，摆几个桶，宣传一下就成。后来垃圾车一来，扔一块儿拉走了。居民不干了，说我们辛辛苦苦分开，你怎么一车拉走又混一块儿了。司机说我们就一处填埋场,我能跑一趟干嘛跑三趟?这个教训很沉重。人大代表、政协委员猛烈批评,后来我们才知道这是因为顶层设计欠缺。

现在要搞顶层设计需要秉持一些原则:

第一,要有法律和政策的依据,特别是政府要依法行政。对于政府而论,法无规定就干则违法,对于老百姓而论,法无禁止则可行。

第二,系统性原则。就是后端决定前端,如果后端的产业链和设施条件不具备,前头就别分,分了就失信于民,失信于社会。

第三,由简入繁的原则。有条件的先行,无条件的暂缓,防止烦劳群众。

第四,鼓励和强制相结合的原则。日本就是环保志愿者在垃圾站旁边坐着,今天该倒餐厨垃圾,一看不是,给你三次口头警告,五次就影响你办签证、就业等。这也是强制措施,值得借鉴。

第五,持续和长期原则。垃圾分类不可能一蹴而就,是一个复杂的长期的社会行为,不能急功近利。

第六,便于执行原则。政策措施太复杂,人们很难执行,最终肯定坚持不下去。一定要便于执行,简单易行,便于考核和评价。

北京前些日子把市容委更名为城市管理委员会,把发展改革委员会、商务、水务等部门的废品回收、燃气、排水、供电、道路桥梁等职能都集中在城市管理委员会,权力集中后就避免了多头管理、九龙治水带来的拖拉扯皮、踢皮球等问题,将有利于垃圾分类的整体推进。

中国尾矿协会副秘书长、废纺联盟专家委员会副主任王书文:

两网融合,凝聚力量

目前,包括深圳在内的我国废旧纺织品再生利用存在如下问题:其一,企业规模小,分布分散,无序竞争;产品档次低,附加值低。其二,无骨干企业加入,无龙头企业从事规模化、高值化、资源化再生利用。其三,上、下游产业链没有打通,无法形成良性循环,如深圳恒锋纺织公司,有领先行业的技术设备和规模化再生利用的生产能力,但却没有上游回收渠道为其提供充足的原料,常处于吃不饱的状态。其四,缺少配套法规政策,无法可依,无章可循。

要解决上述问题，首先要坚持"两网融合"，将再生资源回收与互联网+融合，把各种力量凝聚在一起，让企业有利润，让政府有业绩，让居民方便有实惠，最终才能形成良性循环。最后形成一种产品，才能够打开市场，能销掉的东西，就有人去干，去收了。还有一个重要因素就是顶层设计，建立相关法律法规及配套政策，使整个产业有法可依，方向明确。

中国循环经济协会科技成果转化中心总工程师曲睿晶：

精准分类是资源化的前提

日前调研山东，感觉小家电现在是一个突出的问题。因为这个东西资源量很大，但里头也是五毒俱全，如果丢进焚烧炉，二噁英排放肯定超标。要避免这种情况就得精准分类，绝不能让这些东西进焚烧炉。

资源化要靠回收体系。深圳要借助"两网融合"把后端再生资源体系建立起来。深圳的城管系统各个方面特别是分类中心搞得都非常好，在资源回收体系建设这块应主动扶持一些骨干企业，如果把恒锋纺织这些企业采取PPP购买第三方服务的模式做起来，将会成为全国废纺处理行业资源回收与再生利用的一个标杆。

住建部环境卫生工程技术中心副主任刘晶昊：

顶层设计的九级模型

内地垃圾分类搞了这多年没有明显的受益者。政府没受益，老百姓没受益，企业也没受益，都在瞎折腾，折腾到后来很累，就干不下去了。

垃圾中有资源，资源中有垃圾，有点阴阳互根互用的意思。

再生资源的过程就是一个品质提升的过程。垃圾分得越精细，价值越高。精细化的本质是去除杂质，也是垃圾分类的本质。

垃圾分类一定要考虑经济性。有一家企业，从2008年到现在做了8年，服务了372个社区，40万人口，从上述数据看应是全国规模最大的分类试点。但其投了2 000万元收了1 800吨的可回收资源，每吨合1万元，这个肯定不能持久。

从顶层设计角度来看，从中央到地方可分为九个层级模型：

比如，中央（各部委、各协会）制定垃圾分类名录、每个品种专题研究、统计指标体系，也就是制定标准。

各省（省厅、省协会）的任务是统筹全省再生资源物流和处理园区合理布局。

再如，地级市是组织统筹全市总体工作的。区、县的任务是设置再生资源回收站点，保障用地及发展空间。

往下一直延伸到街道、社区、物业直到自然村，最后落实到每个居民或村民身上，每个层级都明确自己的目标任务，知道自己要干什么。最终，自上而下的顶层设计就清晰了。

CG 资本董事长张鹏：

垃圾分类的商业模式

分类减量这块投资规模大，但由于配套政策不明晰，看不到盈利前景，风险也大，所以尚无大的资本进入。目前最需要的是政府出台相关行业标准，有了标准，资本就敢冒这个险，以资本的洪荒之力去推进分类减量规模化进程。PPP 的宗旨是社会资本和政府合作，谁使用谁买单，不够了财政补。其实按道理应该是居民来支付，现在无论是污水收费还是垃圾收费，都相对偏低。现在居民动不动就闹邻避，堵路不让烧，又不愿搞分类，可不可以考虑提高污水和垃圾处理收费的标准呢？其实就是你不愿分类就掏钱让别人替你分，你去购买服务。也许就是多收一碗面钱，我们垃圾分类和减量就有了充足的资金，商业模式就有望形成。

贵州高远收废网董事长兰亚军：

组建垃圾分类联合舰队

过去 16 年垃圾分类不成功的关键因素，是没有形成完整的产业链条，无法盈利，不可持续。

经过几年摸索，可以说已找到了垃圾分类的商业模式。分类减量是个庞大的系统工程，靠任何一个企业都无法单独完成，必须组建一个"联合舰队"。就是由一个有实力的央企、国企或上市公司牵头，将小区分类专业公司、清扫清运公司、资源回收公司和终端处理公司整合起来，打包成一个项目公司，政府与其签订垃圾分类特许经营合同，优先进行采购。

同时实行费用包干，就是你减量一吨，少一吨进焚烧场、填埋场，我就将原来的处理费奖励给你。

财政吃紧，钱从哪儿来呢？贯彻实施生产者责任延伸和谁污染谁付费，资金问题必然得到解决。

英尔科技公司总经理李海涛：

有信心将宝安模式推向全国

我们在宝安的实践有几个特色，一个是干湿分类，一个是源头减量，一个是互联网+的平台，最后一个是居民自治。

宝安新村 1 000 户居民，按每 100 户到 150 户的标准，设立一个干湿分类投放点，湿桶是在韩国定制的全封闭智能垃圾桶，与后台管理系统无线链接，居民通过微信客户端就可查询到自己的分类积分情况，孩子们还可以在上边进行垃圾分类趣味游戏。

我们和宝安的 NGO 组织绿宝宝、新安街道办还有宝安义工联一起合作，在小区一个月发展了 86 名小义工、36 名大义工，居民的接受度非常高，形成良好氛围。经过一段时间运营，注册率达到 95%，实名制注册。这里有一个家园卡，实名制注册，分得怎么样都清楚显示，参与率现在是 82%。

每天收到的厨余垃圾，我们引进了一套源头减量设备，原理是把现在的厨余垃圾进行粉碎、脱水，就地水处理，形成干物质垃圾，减量效果能把厨余垃圾减量 77%，整体垃圾源头减量 40%。

我们有信心向全国推广。

楼层撤桶秘笈

——绿果果公益在 10 个社区的撤桶实验

（《晶报》2016 年 12 月 30 日）

自从 2012 年深圳开展垃圾分类以来，各区城管部门都相继尝试过推进小区楼层撤桶，但多以失败告终。不少地方由城管分类主管部门亲自主导小区撤桶，不是在小区遭到居民围攻，就是因居民上访而不得不作罢，楼层撤桶成为垃圾分类工作者的畏途。

但在深圳龙岗区，2015年4—8月，相继有8个社区推进楼层撤桶，虽小经风波，但最终都取得成功。

原来，这一系列撤桶，是在一个公益机构策划、政府主导和物业公司配合下进行的。

下面我们来看看他们的撤桶"秘笈"是什么。

一个社区的撤桶实战剖析

龙岗区龙城街道，有个叫阅山华府的小区，以一种近乎强硬的方式，在一个月之内排除万难，让楼层撤桶变为现实。

主导这场楼层撤桶的，是小区物业公司。

1. 宣传力度一定要大

"我们阅山华府小区是在2015年六七月份开始计划楼层撤桶的。"嘉旺城物业公司副总经理杨邦宏说，撤桶的理由很简单，垃圾分类是大趋势，不可阻挡，而楼层撤桶是垃圾分类的前提基础。"从物业公司自身利益考虑，楼层撤桶可以大大降低管理成本，提高公司效益。"

楼层撤桶不能悄无声息地干，得让居民知道。物业公司先后在楼道、电梯间、大堂，张贴公告、通知，同时也利用周六的资源回收日活动进行了宣传。

"回过头来看，当时我们的宣传规模还是小了些，声势不够大，相当一部分居民可能没注意到。"杨邦宏说，类似这种可能引起反弹或群体抗议的事情，一定要搞得声势浩大，铺天盖地，让居民想不知道都不行。"我们在9月份进行了为期一个月的宣传告知，然后就在10月1日这天起，把楼层的桶全撤掉了。"

2. 管理处门内外垃圾如山

"国庆节当天撤了桶，第二天好多楼道间都被居民丢满了垃圾，居民微信群里一片抗议声，也有一些居民明目张胆鼓动大家去闹事。"杨邦宏说，到了3日上午，好多居民提着垃圾袋来管理处抗议，斥责楼层撤桶破坏了他们的生活习惯，让他们突然变得非常不方便，说到气头上干脆将垃圾袋往管理处一扔。"有人一带头，其他人也就接着扔，一时间管理处门内外垃圾堆积如山。"

杨邦宏说，在群情激动之际，任何劝告说理都没有用，只能让居民们先发泄。居民前边扔，后边让清洁工再清到转运站去。到了4日，更多的居民拥到管理处来抗议，有的奶奶带着孙子，妈妈带着女儿，边叫骂边扔垃圾。"我对这几个带孩子扔垃圾的女士没有客气，斥责她们在孩子面前做破坏城市文明的事，带了不好的头，为长为老不尊，教坏子孙。"杨邦宏说，几位奶奶和女士都被他说得红了脸，带着孩子离去，再也没来闹事。同时他叮嘱监控室的人，把这些闹事和乱扔垃圾人的视频专门收集起来，留作证据。"但还有更多的人在管理处闹事，场面很乱，我们只好报警，但面对这种情况，只要没有触犯治安处罚或破坏公私财物行为，公安民警也不好处理。"

4日之后，杨邦宏一方面叫清洁工守在管理处门口，有人来扔垃圾，清洁工立即警告制止，在清洁工的目光下，扔垃圾的居民越来越少。同时，杨邦宏也在居民微信群里发出警告，垃圾分类是利国利民，有利环境的事，关系着大家的共同利益，如果再有人不顾劝阻，以乱扔垃圾的偏激方式发泄不满，他不排除将这些人的视频在网上公开，让社会和公众来评价这件事。

"好多居民一听说我要把乱丢垃圾的视频在网上发布，从9日起就再无人到管理处丢垃圾了。"杨邦宏说，但事情终归还要解决，许多居民也要求要与他对话，于是，就有了后来16日的辩论商讨会。"当然，为了辩论会我也下了一番功夫，发动了许多正能量的居民，让他们去给大伙做工作。"

3. 楼层撤桶占据道德制高点

10月16日那天，辩论会在物管处大会议室举行。居民来了四五十人，物管处除了杨邦宏及一位工作人员，还专门请来了龙岗城管一位领导和绿果果公益负责人刘金利。

"我很清楚，人多嘴杂，如果跟这么多人一起谈，那只能以混吵混闹收场。"杨邦宏要求居民们选出三个代表来谈，"对话开始后，我就让居民代表们先讲，给他们充足的时间表达和发泄。"

居民们反映的中心议题是，垃圾分类是好事，不反对，但楼层撤桶让居民生活突然变得极为不便，所以要反对，希望采取折中的方法，即居民支持分类，但可将分四类的垃圾桶放在原来楼层垃圾桶的位置。当然，居民们借用反对楼层撤桶的机会，还就其他事情提出不少要求，都被杨邦宏坚决驳回。

杨邦宏申明：本次对话只谈垃圾分类和楼层撤桶，其他不相干的一律不涉及。

居民代表一个个发言完毕，杨邦宏反复问讲完了没有，还有没有要补充的？龙岗区城管局领导代表政府发表了意见，倡导居民理解支持物管处的撤桶行动，绿果果公益负责人刘金利会长就垃圾分类及乱扔垃圾涉及的法律问题发表演讲，明确指出乱扔垃圾涉嫌违法，轻则罚款，重则还有可能坐牢。

"临到我发言的时候，我毫不客气地把那些给管理处乱丢垃圾的居民斥责了一顿。"杨邦宏说，他同时不点名批评了那个煽动居民闹事的业主代表，说他只不过是因为自己搞违建被拆，发泄不满才出来带头挑事，目的不纯，说得那人面红耳赤，低头不语。"区城管领导和绿果果刘会长各自讲了半小时不到，剩下的时间我一口气讲了两个多小时，从深圳垃圾围城讲到必须通过分类来实现源头减量，缓解垃圾围城压力，讲到为什么分类必须以楼层撤桶为前提，让大家慢慢理解和接受……"

"我们推进垃圾分类，占据着道德制高点，就是要理直气壮，义正辞严。"杨邦宏说，"那天我演讲的结束语是：垃圾分类大势所趋，楼层撤桶不可逆转，桶撤定了，任何人想重新把桶放回去，或者想在楼层间摆放四个分类垃圾桶，都统统蚂蚁坐沙发——免弹（谈）！"

4．养成习惯就好了

"现在，我们撤桶已经两个多月了，没人再出来反对了，更没人闹事或乱扔垃圾了，因为大家习惯了，习惯就没事了嘛。"杨邦宏说，仔细想来，虽然撤桶后经历了一番风波，但最终实现了目标，说明居民们觉悟还是有的，闹事只不过是因为一时不习惯。"现在，我对小区垃圾分类推进充满信心。"

揭秘：楼层撤桶的四大预先和四大善后措施

2015年，绿果果公益承担了龙岗区75个小区的垃圾分类工作，8个社区楼层撤桶自然成了他们分内的事。绿果果公益会长刘金利表示，楼层撤桶必须由政府主导，公益机构和物业默契配合。阅山华府社区撤桶是个特例，得益于有一个强势且专注于垃圾分类的物业。而大多数社区，主要依赖于楼层撤桶的四大预先和四大善后措施。

龙岗区8个楼层撤桶试点自2015年4月开始，8月告一段落。

四大预先措施

在撤桶前一个月，先推出四项举措：

1. 政府出台文件。刘金利介绍，中国人办事讲究名正言顺，楼层撤桶这件事没有政府主导办不成。绿果果通过区城管局协调各街道市政中心，出台专门正式文件（加盖公章），下发到各社区物业公司，要求必须配合垃圾分类和楼层撤桶。8个楼层撤桶试点社区中，大多数物业接到文件就把桶撤了。

2. 与信访部门沟通。根据经验，反对撤桶的居民一般采取的办法是起哄上访，迫使政府部门在维稳的压力下放弃撤桶。刘金利事先到信访部门通报情况，将垃圾分类相关文件及情况进行通报，信访部门工作人员会在事先有准备的情况下，通过摆事实讲道理，将上访者堵回去。

3. 与媒体事先沟通。反对撤桶居民的另一招就是找媒体反映，一些媒体由于不懂垃圾分类常识，对居民投诉偏听偏信，片面报道，造成楼层撤桶有理说不清的局面。刘金利事先与媒体通报情况，讲清楼层撤桶的道理，就避免了前述尴尬情况的出现。

4. 大力宣传。要相信大多数居民还是通情达理的，只要通知到位，让他们知情，都会配合支持楼层撤桶，铺天盖地的宣传必不可少。

刘金利说，8个楼层撤桶试点社区中，大多数物业接到街道市政中心的文件通知，就把桶撤了。这说明政府主导作用非常重要。当然也有少数社区，居民闹得比较厉害，乱丢垃圾，大闹物业，绿果果公益则与街道城管执法队和物业一起，采取了四项善后措施。

四大善后措施

刘金利介绍，通过前文四大预先措施精心准备一个月后，正式撤桶时采取了四项措施：

1. 接受实名投诉。正式撤桶当天，绿果果公益在小区内摆下摊位，接受居民实名投诉，一条一条记下来。

2. 义工调查取证。撤桶后的楼层有人乱丢垃圾三次以上的，就派义工蹲守，用摄像机对乱丢垃圾者进行取证，然后上门交涉，做说服工作。

3. 街道上门执法。义工上门说服劝解仍不奏效的，由义工会同街道城管执法队和物业登门，依据《深圳市生活垃圾分类和减量管理办法》第十四条和四十一条的规定，处以 50~100 元的罚款。

4. 公益诉讼治"老赖"。对义工、执法队、物业联合上门执法，态度蛮横，拒不接受处罚，依然乱丢垃圾者，由绿果果公益将其起诉到法院，展开公益诉讼，通过法律渠道来解决。

刘金利透露，四大善后举措，前两条解决大部分问题，少部分由第三条解决，第四条公益诉讼至今还未用过。

8

垃圾分类业主论坛

[新闻背景] 2017年，我策划了多场大型垃圾分类活动，首创深圳垃圾分类业主论坛，并组织义工进社区进行垃圾分类督导。继2016年协助市城管局组织成立深圳垃圾分类公益服务联盟后，又在2017年组织成立了宝安区垃圾不落地公益同盟。

宝安区"垃圾不落地"公益同盟成立

（《晶报》2017年4月26日）

宝安区垃圾不落地公益同盟（以下简称同盟）发起仪式，于25日上午在宝安区新安街道新安公园大家乐大舞台隆重举行。仪式上，各同盟成员一致推选深圳市垃圾分类推广大使、晶报记者吴建升为盟主，并明确了同盟的宗旨：带领全社会营造全面参与垃圾分类和减量新风尚，积极宣传"垃圾不落地、宝安更美丽"，为打造最干净的城市和创建全国文明城市尽一份力。同盟的成立开启了宝安公共文明提升行动的新篇章。宝安城管局相关领导、科室负责人和21家公益机构及热心市民共200余人参加了发起仪式。

200人朗诵倡议书

25日清早，阵雨洗涤新安公园，空气清新而凉爽，预示着当天同盟发起仪式的顺利和成功。

仪式上，到场的200多位政府工作人员、公益人士和热心市民，齐声宣读了《宝安区垃圾不落地公益同盟"垃圾不落地，宝安更美丽"联合倡议书》。

发挥公益机构示范作用

宝安区城管局相关负责人在致辞中表示,今年是习近平总书记号召全面推进垃圾分类制度后的第一年,垃圾分类成为我国政治、经济、文化和社会生活中的一件大事;今年也是深圳打造全国最干净城市真抓实干的一年,宝安区倾全区之力,狠抓环境综合治理,继续大力宣传"垃圾不落地、宝安更美丽"文明理念,特别是要充分发挥社会公益志愿者的倡导和示范作用。

首批20多家公益组织,在这里共同发起成立"宝安区垃圾不落地公益同盟",就是要将有志于城市文明建设、生态环境保护的公益组织和市民群众拧成一股绳,团结在一起,更好地发挥公益组织的社会力量,共同创建美丽宝安。

宝安区城管局相关负责人向同盟及各公益机构表达了几点期望:

一是自觉践行"垃圾不落地"、垃圾分类减量、绿色低碳生活等公共文明行为,从我做起、从点滴做起,脚踏实地地改善我们身边的生活环境。

二是切实发挥社会公益组织的创新和引领作用,深入开展"垃圾分类"和"垃圾不落地"进社区、进家庭、进学校、进公园等宣传推广活动,努力提高市民知晓率和参与率。

三是欢迎和吸纳更多的公益组织加入"垃圾不落地"公益同盟,让文明的朋友圈和正能量更加强大,将宝安区营造成为人人参与、共建共享的文明示范区!

推选盟主

会议一致推选深圳市垃圾分类推广大使、晶报记者吴建升为同盟盟主。吴建升在盟主宣誓中表示,同盟的成立,为政府和公益机构之间搭建了一个联动沟通管道和优势互补的平台,使同盟自成立之日起就有了"娘家",从而得到多方面的支持。同盟的使命就是配合政府推进垃圾分类,为打造最干净的城市贡献力量。

同盟目标

吴建升在接受记者采访时表示,同盟发起仪式后,将会召开一次工作动员会,将由同盟成员与区和街道两级城管工作人员一起,共同启动下一步进入社区、公园、景区等场所进行"垃圾不落地"以及垃圾分类和减量的宣传活动。

同盟成员代表在启动仪式上作出共同宣言,同时也向宝安区市民朋友发出号召:

> **宝安区垃圾不落地公益同盟"垃圾不落地,宝安更美丽"联合倡议书**
>
> 宝安的城市文明需要每一位市民的支持、参与和维护。
>
> 让我们每一位宝安人用实际行动守护城市的文明。
>
> 大家行动起来吧!我们共同倡议:从现在做起,从自己做起,坚持"垃圾不落地"、垃圾分类放,践行低碳生活理念,共同维护公共文明,共同呵护美丽家园!
>
> 让我们努力做到:
>
> 一、不乱抛撒垃圾,保城乡山川净美;
>
> 二、垃圾分类投放,修身修心养性;
>
> 三、适量用餐不浪费,光盘行动你文明;
>
> 四、绿色出行,低碳减排;
>
> 五、自带水杯手巾,少用一次性生活用品。
>
> 美丽宝安,你我贡献一份力量!

深圳首推垃圾分类业主论坛

(《晶报》2017年9月18日)

由市分类中心和晶报社联合主办,市义工联环保生态组和绿典环保承办的深圳首届社区垃圾分类业主论坛,于9月16日下午在福田区水榭花都社区和田面村同时举行。社区工作站、物业、业委会、居民、保姆、家政公司,几乎所有可能与垃圾分类有关的人员都出动了,甚至连90岁的老奶奶都坐着轮椅来参加论坛,声援垃圾分类。承轩浩业环保和九鹿鸣传媒两家公司,为这次活动公益赞助环保垃圾袋数千个，作为活动礼品。

业委会表态欲楼层撤桶，三个月见成效

水榭花都垃圾分类业主论坛举办前，承办方深圳市绿典环保促进中心先举行了一个简单的"深圳垃圾分类公益服务联盟进社区督导垃圾分类"启动仪式。随后社区工作站、业委会、物业、居民、小朋友、保姆、家政公司等所有与垃圾分类相关的人员代表，都出现在论坛上，就社区垃圾分类问题发表意见。当天论坛的最大收获是，水榭花都业委会主任林埥生当场表态：为了更好地推进社区垃圾分类，水榭花都要在3个月内实现楼层撤桶。

林埥生表示，水榭花都是高端小区，对垃圾处理也应该有更高要求。此前，我们的楼道中常能闻到臭味儿，仔细查纠发现来自我们楼层间的垃圾桶。深圳天气湿热，厨余垃圾投进楼道垃圾桶，清运不及时，很快就发酵变臭，对我们的生活影响很大。

"从根本上解决这一问题的办法就是楼层撤桶。"他说，借助这次公益组织进社区活动，他想立下一个目标，水榭花都垃圾分类推进首先从楼层撤桶开始，"确实，楼层撤桶可能会给大家的生活短期带来不便，这点业委会必须与广大业主充分沟通，取得大家的理解后才能采取行动。"他表示希望国庆节后就行动起来，争取在业主的支持下，年底之前完成撤桶目标，让整个小区做到没有任何异味。

工作站、物管处全力支持

香蜜湖社区工作站党委副书记田野表示，社区工作站会为垃圾分类推进提供全方位支持。

水榭花都管理处代表冯琳表示，垃圾分类是对垃圾收集处置传统方式的改革，是对垃圾进行有效处置的一种科学管理方法。物管处作为小区管理者，会把垃圾分类当作日常工作的重中之重。

社区垃圾分类先锋队呼之欲出

当天的论坛得到小区居民和民间社团的热烈响应，老、中、青、少四代人齐

聚会场。一位90岁的老奶奶听说论坛召开，特地让保姆将她用轮椅推到会场，表态支持垃圾分类，还说要督促家里的孩子们参加分类。

水榭花都社区老年协会会长于广学说，垃圾分类的管理注定是个苦差事，要搞好管理首先要建章立制，其次要建立一支过硬的队伍，再次是要敢于实施奖罚；我们打算带着会员做一次大规模的巡回式垃圾分类推介活动。

与会居民代表同绿典环保达成共识，下一步将依托老年协会，将小区内的垃圾分类积极分子组织起来，组成社区义工队，也会将社区内的小朋友发动起来，组成垃圾分类社区少年义工队，如果将来有一天绿典环保的义工离开了，社区内的两支义工队就可以将垃圾分类督导继续下去。

家政公司、保姆在行动

小马家政公司总经理雷欣表示，她之前是一名月嫂，后来自己创立公司。其实当时在做月嫂的时候，就对湿垃圾的危害深有体会，由于餐厨垃圾极易腐烂变质，味道难闻，且汤汤水水极易在收集、运输途中泄漏，造成二次污染，影响城市环境。

她说，今天参加垃圾分类社区论坛，学了很多，懂了很多垃圾分类知识，我们的家政人员无论保姆还是月嫂等，其工作常常跟垃圾打交道，她们其实是生活垃圾源头分类不可忽视的力量，所以下一步我有个想法，我可以让自己公司在对旗下的这些阿姨们进行培训时，增加垃圾分类课程，这样每一个经过培训的阿姨，进入家庭服务时，都首先是一个合格的生活垃圾源头分类操作员和督导员。

保姆代表邹四平认为，我们保姆都是每天要跟垃圾打交道的人，以前不懂垃圾分类，也没这方面要求。今天参加了这个会，才知道原来扔垃圾也有这么大学问，对垃圾进行分类有这么多好处。今天回去，我先把这个分类指导好好看一下，学一下，今后慢慢学着做垃圾分类，希望能为环保做点贡献。

家政与垃圾分类水乳交融

在当天的论坛上，特邀了三位专家对居民进行了垃圾分类知识专题辅导和培训。三位专家分别是全国首座垃圾焚烧厂设计师之一、夏日环保董事长俞伟敏，盐田区垃圾分类运营商、德立信环保总经理夏三省和众智环保总经理周道岳。

业委会和在场业主一致同意,下一步要成立水榭花都居民推进垃圾分类领导小组,由业委会林主任任领导小组组长,对于下一步楼层撤桶推进问题,业委会与绿典环保达成共识,分四步走:第一步入户宣传,做业主的思想工作,同时对一些家庭主妇和保姆阿姨进行垃圾分类专项培训,助其了解并参与垃圾分类;第二步,业委会与每家每户业主签垃圾分类(包括楼层撤桶)承诺书,倡导大家做垃圾分类的践行者,从日常生活做起,从身边小事做起,不乱丢垃圾,节约资源等;第三步,由业委会主持召开业主大会,作出楼层撤桶决议;第四步,根据业主大会决议撤桶。

绿典环保理事长李东得在论坛结束时表示,今天活动最大的亮点,就是家政与垃圾分类结合起来了,这是垃圾分类推进中的新发现,也是一种创新。希望今后逐步能够在每个小区对家政服务人员进行培训,办一个家政服务人员培训班,可以设定为今后工作的一个目标。

宝安区垃圾分类研讨沙龙:玻、金、塑、纸投放要有仪式感

(《晶报》2017 年 9 月 22 日)

玻、金、塑、纸回收是市城管局今年推进社区垃圾分类减量和资源回收的主要形式,目的在于使社区分类具体化简单化。但玻、金、塑、纸回收面临着临时存放的场地难觅,居民参与率、积极性不高,配套政策、补贴标准难制定,处理场地难解决等一系列困难和问题。为了寻找对策和解决方案,9 月 20 日下午,由深圳报业集团和宝安区城管局主办,晶报和航城街道办承办的"宝安区玻、金、塑、纸回收研讨沙龙"在航城街道举行,就上述系列问题进行了深入研讨。还有来自宝安区各街道办市政中心、城管科及垃圾分类行业的 100 多人参加了会议。

专家观点一

众智环保总经理周道岳：希望国家能采用税收调节杠杆

玻、金、塑、纸这块我想重点谈下玻璃，第一，玻璃的来源通道；第二，玻璃最终的去向，什么是它的最佳途径。

来源有两大通道，第一，平时的生活，生活垃圾分类出来的玻璃，比如，醋瓶、酱油瓶、各类酒瓶；第二，外边进驻的玻璃、家装玻璃、大件垃圾上拆解下来的玻璃。根据我们国家不同城市玻璃在生活垃圾里所占的不同比例，其平均值大概是3%～6%。像深圳这种一线城市，占比达到6%。深圳2016年日均生活垃圾量约18 000吨，玻璃每天可以达到1 000吨左右，一年36万吨。

玻璃市场价值低，无利可图，因此需要政府的扶持，提四点建议：

第一，减量费，这块需要政府尽快出台相应政策标准，减量支付有法可依，可以参照生活垃圾的运输和处置费用。

第二，国家2012年出台了一个强制性要求，关于包装材料的生产设计和质量检测，里面第五章节讲到关于玻璃容器回收与再生利用的政策指导。政府相关部门可以参考。

第三，成立基金。可以接纳社会的捐助和赞助，这点可以参考国家林业局对于相应项目的扶持，里面有比较详细的政策，可以对企业进行专项资金支持，或者对某一些特定的企业进行对口支持。

第四，运营玻璃回收赚不到钱，希望国家给体系内的企业进行免税。

专家观点二

绿果果公益刘金利：设法提高玻璃的附加值

龙岗区的玻璃由我们机构来收运，玻璃本身分完类以后，处理的均价应该是200多元一吨，运营企业亏损是肯定的，但如果我们能设法提高玻璃的附加值，亏损问题可能就解决了。

比如，这种玻璃瓶哪儿都有，捡来可做成工艺品。这个卖多少钱？比一吨的玻璃价钱都贵，240～260元。卖一个瓶，就可以补贴一吨玻璃的运输、收储等。我们机构到现在也没有找国家要过一分钱的补贴，全部是靠这个瓶子补贴来的。

我每月处理龙岗区的玻璃，基本上很平稳，每个月在 400 吨左右，最多的一个月是 600 多吨，卖了将近 800 个这样的瓶子。

专家观点三

源创环保邓友龙：对政府信任度决定居民参与度

我查阅数据发现在生活垃圾中，玻璃占 2.25%，金属占 1.5%，塑料占 7.4%，纸类占 6.22%，合计 17.37%。现在玻、金、塑、纸回收就是在做这 17% 多的事情。

如何解决小区存放难问题？关键在物业，但你要让物业动起来，光靠城管这条线不够，没有住建局的配合不行。有一种说法是，我们在小区搞分类增加了物业的负担成本。但我们有没有看到，也有很多东西是帮物业省钱的，比如，年花年桔、大件垃圾，过去物业要出钱运走，现在都由政府包办了，那么物业是否该为玻、金、塑、纸存放场地出点力呢？

居民参与度、积极性方面，主要取决于对政府的信任度。垃圾分类做了这么多年，之前一直被诟病，觉得前面居民分了后面又混到一起了。这次我们借着玻、金、塑、纸投放，把收运和处理完全打通，形成几大系统化的东西，也能让居民对整个城管系统、垃圾分类有越来越多的信任感。

对玻、金、塑、纸的投放，我觉得本身是一个有仪式感的东西。今天在座的很多人都去过日本或者中国台湾台北，在日本每天收的东西都不一样，但分得非常清楚，一三五收什么，二四六收什么。这就是他们的仪式感。包括台北，早上和晚上就是两首歌，《致艾丽斯》《少女的祈祷》，到了这个点就知道拿什么下来。现在玻、金、塑、纸桶已经摆在这里，本身就是一个变化和仪式感。

专家观点四

中兴环熙林泽瀚：低附加值物回收补贴应参照餐厨

现阶段很难制定补贴标准，因为目前后端处理的技术和场地也没有解决，不好制定补贴标准。但有一个基础的东西，收运是定好的。收运不管是去收玻璃还是纸皮，出一台车、两个人是最基本的支出。每天如果跑四趟，一台车的成本加上人员，一吨成本不低于 250 元。这是必要的成本。如果一天跑四趟，要高达 1 000

元了。比如，大件垃圾，各街道和各区都提出按照 500 元甚至 600 元一吨的补贴。还有很多人觉得这个低了。你用 10 个人去拆一架破沙发，和把它丢进一台粉碎机，效率和用工成本肯定是不一样的。

我觉得有必要参考下餐厨垃圾补贴标准是怎么制定的。原来按照 90 元的收运费加 110 元的处理费，政府制定的 200 元一吨处置费。企业都喊亏，政府就派人调研，你要出数据。十个区七个餐厨垃圾企业。我们有一个数据，收运数据摆在这里，每天收多少吨，出多少车辆和人员、油费是多少，这点可以调研。他们实地跟我们的车辆去查，看到这个收运摆在这里，至少 180、190 元的补贴成本。政府一看到，就根据各个区实际情况，宝安区大一点，给 190 元补贴，龙岗区增加 100 元，福田区对半，增加 90 元，盐田区 170 元，龙华区 190 元。

总结点评

市人大代表吴宾：垃圾分类是与生俱来的一种责任

分类减量推行要讲法治，要由政府主导，但也要用市场机制去运作。如果全部由政府大包大揽也不行。要有竞争和博弈。市场博弈的机制使纳税人、市场、企业间形成很好的平衡。记得有个口号：政府搭台，企业唱戏，市场化运作，全民参与。这很好地概括了在垃圾分类运行中，政府、企业等相关各方的角色定位。这里最怕的是政府的角色定位不清，容易造成既当裁判员又当运动员的情况。

在座的所有人要相信，我们对这个社会，对这个自然，对我们赖以生存的环境，都无一例外地承担着一份责任。不是谁强加给你，而是与生俱来的。

每个人都是垃圾制造者，所以你有责任和义务对此负责。

如果制造垃圾是你与生俱来的本能，那么垃圾分类也应该是你与生俱来的责任。

4.2 吨过期药品在龙岗红花岭销毁
深圳率先在全国建起过期药品回收处理体系

(《晶报》2017 年 10 月 26 日)

10 月 26 日下午,在龙岗区红花岭医疗废弃物处理中心,举行了一场特殊的交接仪式:深圳市食品药品监督管理局(以下简称市食药监局)工作人员从绿果果公益负责人刘金利手中接过 4.2 吨过期药品,由专业公司进行销毁(无害化)处理。记者从现场了解到,在市食药监局的直接牵头指导和市社工协会、绿果果公益等多家社会机构的协助下,深圳市在我国已率先建成完整的过期药品回收处理体系,覆盖全市 642 个社区共 668 个服务点(社区党群服务中心),为全市居民提供药品安全服务。

4.2 吨过期药品现场销毁

26 日 13:00 许,在位于龙岗区宝龙街道的东部大件垃圾处理中心,绿果果公益工作人员将过期药品专用仓库的共计 4.2 吨多的过期药品,搬上红色的有害垃圾专用运输车辆,经过半个多小时的行程,来到红花岭医疗弃物处理中心,然后由绿果果公益负责人刘金利和市食药监局工作人员进行了交接仪式。

这些药品装在规格相同的近百个纸箱中,每个都用二维码封存着,市食药监局工作人员对每个纸箱上的二维码进行扫描后,确认无误,交接仪式才算完成。

随即,由专业公司深圳市益盛环保对这些过期药品进行了销毁处理。

记者了解到,这是深圳有史以来第二次过期药品销毁处理行动。第一次发生在 2016 年 12 月 6 日,处理了 1.4 吨,量不大,但那是具有历史意义的一次,深圳过期药品处理从无到有,这次,是从有到强。

食药监局承办的民生工程

记者在 16 日交接现场与市食药监局工作人员的交流中了解到,社区药品安全服务网建设工程,是由市食药监局承办的深圳市 12 项重大民生工程之一的食品药品安全重大民生工程的子工程，于 2015 年 7 月开始实施。项目由深圳市社会工作者协会负责协调统筹，组织了绿果果等 32 家社会机构以及药学会、药师协会等多家医药学专业机构投入服务，在全市数百个社区先行开展药品安全服务活动。

据食药监局工作人员介绍，家庭过期药品回收的目的，是为了防止过期药品被不法分子获取，重新流入市场，危害人民身体健康，也是为了防止药品随意丢弃污染环境。为保证家庭过期药品的安全回收，项目通过运用信息化手段，引入二维码对回收的过期药品进行流程跟踪，保证了过期药品在回收发起、交接、运输、仓储、销毁各环节的衔接、监督和监控，初步实现了过期药品回收全流程可追溯，提高了药品回收效率，保障了药品回收安全。

政府+社工组织+公益机构模式

记者了解到，深圳能够在全国率先建成并有效运营过期药品收运处理体系，是因为建成了一种政府+社工组织+公益机构的高效运作机制。

2015 年，市社工协会承接并统筹运行市民政局和食药监局发起的废旧药品回收项目，并很快在全市多家社区建起了回收点，但令人头疼的是，回收点有了，运输却无法落实，而且就算有得运，也不知该运往何处，更不知最终如何处理。当时正在承接民政局垃圾分类项目的绿果果公益负责人刘金利听说后，主动找到社工协会，把收集运输的事承接下来。

"如果不解决收集运输问题，那过期药品回收项目很可能会搁浅，我敢接手，是因为我有解决方案。"刘金利说，他首先在绿果果建立的东部大件垃圾处理中心厂房内，专门开辟一间空房作为过期药品存储仓库，在去年 4 个月的时间里，收集存储了 1.4 吨过期药品。

收集运输的办法是，所有布点小区，都把收集的过期药品放在纸箱中，绿果果到场收集运输时，由市社工协会、药监、民政、绿果果四方共同用二维码将箱子封存，并扫描保存信息，然后，药品从上车、入库、出库到最终移交，都要扫描二维码。"这样做的目的，就是为了保证药品在任何环节都不会被调包或流失。"刘金利说，当药品收集达到 1.4 吨，可规模化处理时，他才开始找出路，费尽周折，最终才联系到红花岭医疗废弃物处理中心。

于是有了 2016 年 12 月 6 日的第一次过期药品无害化处理和 2017 年 10 月 26 日的第二次。

市食药监局一位专家表示，过期药品回收处理项目虽然只是一项药品安全公共服务活动，但是，其公共服务本质决定了它有着与所有公共服务相同的外延，是社会治理理念的一次具体实践，具有探索构建社会治理体系的重要意义。市食药监局充分认识项目建设的丰富内涵，从既满足药品安全服务供给又探索社会治理体系建构双重目标出发，系统谋划项目建设并渐次展开，取得阶段性成效。

9

督导实弹演习

[新闻背景] 2018—2019年,"集中分类投放,定时定点督导"成为深圳垃圾分类推进主弦律。期间,我组织举办了多场垃圾分类社区论坛,就工业区垃圾困局、楼层撤桶、垃圾分类督导等问题进行了深入探讨。我带队在宝安区创业一村进行了为期三个月的垃圾分类督导实验,取得了上佳效果,不但体验了如何拔掉"钉子户",还根据实践经验为宝安区设计出了《垃圾分类督导手册》,已刊印并指导全区督导活动。

宝安启动工业区"垃圾革命"

社区论坛探讨如何将工业区垃圾纳入分类轨道

(《晶报》2018年6月25日)

深圳星罗棋布的工业园区每天产生大量生活垃圾和工业废弃物,但由于所属地政府都面临着生活垃圾减量的压力,因而拒绝其进入生活垃圾处理渠道,成了各工业园区头疼的问题。那么这部分工业园区垃圾到底该去往何处呢?

6月22日,宝安区垃圾分类社区论坛之二——如何将工业区垃圾纳入分类轨道讨论会,在燕罗街道劲嘉集团工业园区举行。与会的近百名专家学者及宝安区城管系统工作人员,就工业区垃圾分类可能遇到的问题及解决办法,进行了深入广泛的讨论,并宣布启动宝安工业区"垃圾革命"。

西谷制冷董事长赵立峰:

企业应负起厂区垃圾分类的责任

西谷制冷设备有限公司位于宝安区福永街道白石厦社区龙王庙工业区,几年前就开始着手对厂区垃圾进行分类。首先严格将生活垃圾与工业废品分开,然后再进行分类：一是将餐厨类湿垃圾与固体废物和塑料类垃圾分开；二是用专门塑料桶将塑料和泡沫类装在一起，送给回收人员；三是将纸皮类专门收集，卖给回收公司；四是将木质包装类大件垃圾专门收集，免费给回收公司或用来进行包装再利用；五是将金属类废品卖给回收公司，废机油等污染有害废品则交给专业公司进行无害化处理。

根据商业 CBD 和居民小区湿垃圾存放易发酵变质引发邻避问题的情况，西谷制冷开发并在深圳推广其干湿垃圾分类冷库，主要是通过低温降低湿垃圾分解，通过空气净化系统对垃圾房消毒，通过压缩机产生的余热清洗垃圾桶，把清洗后的油污通过刮油机进行回收，这已成为诸多深圳新建小区、大型商业场所的标配，也适合工业区湿垃圾存储收运。

绿果果公益刘金利会长：

用资源化手段破解工业垃圾难题

我们用资源化手段解决了一些工业垃圾问题，在东北大庆油田附近的安达建了一个厂，将深圳甚至珠三角的布碎用集装箱海运过去，做成保温材料、农用大棚材料、空调内饰等，很适合东北寒冷的自然条件，市场情况很不错。还有皮鞋厂和大件垃圾拆下的皮革碎片，我们打包运到焚烧厂高温烧掉，皮革烧掉后的灰里含重金属，刚好是炼钢需要的不锈钢板材原材料。目前这个工艺，我们机构正在和深圳大学共同申请专利。我们也不需要政府补贴，只要按正常处理一吨生活垃圾所需的费用，转移支付给我们即可。

宝安区市容中心高级工程师杨国栋：

建议深圳率先落实生产者责任延伸制度

据不完全统计，宝安区有大小 3 000 多家工业企业；另有调查发现，宝安区生活垃圾转运站接收的垃圾中有 10% 以上来自工业垃圾或工业园区，部分转运站的工业垃圾比重甚至达到了 50%～90%，在老虎坑环境园也可以清晰地看到工业废料或者工业垃圾。

如果广泛实行生产者责任延伸制度，每一个生产者和销售者都负起责任，很多工业垃圾乃至产品消费后的生活垃圾，从设计、生产和流通环节就可以避免产生或实现减量、循环利用。但我国目前生产者责任延伸制度并不完善，范围也只涵盖了电器电子、汽车、铅酸蓄电池和纸基复合包装4类，环保税所规定的计税固废种类也很少。此外，深圳市现行垃圾处理费标准没有针对工业企业的工业垃圾按量计费，不能充分体现工业企业应该承担的垃圾处理责任。因此，从固废管理的角度，呼吁深圳市率先落实、完善生产者责任延伸制度。

杨国栋指出，政府应对再生资源行业加大扶持、规范引导。目前我市再生资源回收行业的生存空间也越来越窄，属于较低端或者中下层次的产业，不管是规划或者用地，都很难落地，这需要与周边城市开展合作，同时加强统筹监管，确保规范、环保。

宝安打响第一炮

逐步推行工业垃圾分类

据介绍，工业区垃圾已纳入宝安区垃圾大分流处理体系考量，今年上半年宝安区对各个街道的生活垃圾排放量实行限量或者限排政策，在此基础上，率先在燕罗街道开展了工业垃圾限排和分类试点，要求辖区工业企业将工业垃圾跟生活垃圾分开，同时要做到应收尽收，资源回收利用；下半年将在各街道分别选取1~2个工业园区开展工业垃圾分类分流试点，除了限制企业排放工业垃圾，城管部门也要疏堵结合，委托一些低附加值资源回收企业，对工业园（包括生活区）进行玻、金、塑、纸类的回收利用，积极探索垃圾减量分类和资源回收利用两网融合新路径。

国家提出2020年生活垃圾资源回收率达到35%的目标，如果单单从生活垃圾着手，可能这个目标比较难实现。从管理上来讲，有必要把再生资源回收的数据和管理纳入垃圾分类体系里来，下一步宝安区将就此开展创新性的尝试。

劲嘉集团：

工业区垃圾革命的先行者

在筹备本期论坛期间，记者到劲嘉集团调研时，被一个无意中发现的事实惊讶到了：这里有一个上千平方米的再生资源处理站，园区内生活垃圾和工业垃圾中的可回收资源都在这里进行分类，并进入不同资源回收系统再生利用。这里的办公区域和车间,都有系统的垃圾分类配套设施……当天的论坛上,劲嘉集团人事行政部经理姜斌详细介绍了劲嘉集团开展垃圾分类及环保活动的"五种武器"。

● 环保"胎教"

劲嘉集团在工业园规划时,对于节能环保生态这块,请专业公司做了特别设计,相当于进行了"胎教"。从前期的分类来看,做了三种分类:可回收垃圾、其他垃圾、工业垃圾。

● 垃圾源头管控

第一,主要开发一些环保材料,减少工业垃圾;第二,针对设备改造,减少污染排放;第三,针对工艺改进,减少产品边料。

● 过程分类

对于可回收的废物进行分类回收,如纸类、膜类、卡板类、金属废料、包装废料,可以找固定的供应商进行回收处理。

一般性的垃圾由清洁工检查之后拉到废物中转站,由清洁清运公司处理。

危险废物这块,车间都有专门的柜子,里面分了很多类,统一拉到再生资源处理站,进行分类分流。

● 末端治理

企业投资将近 3 000 万元购置设备,所有废气集中到楼顶收集处理,可以达标排放,还可循环使用。另一块是废水处理,投资将近 300 万元,所有车间的废水处理之后能够达标排放。

● 制度管控

除了宣导垃圾分类意识,让大家自觉做分类,还是要靠制度管,例如,规定哪一类垃圾怎么分,不分可能被处罚。实行定时定点投放,有专人检查,检查合格拉运进去,不合格退回去重新分类好再出厂。

权威声音

清华大学环境学院刘建国教授:低附加值可回收物可考虑跨区域再生利用

就工业区垃圾分类可能遇到的几个突出问题,记者专访了国内固体废物(以下简称固废)处理权威专家、清华大学环境学院刘建国教授。

《晶报》:未被列入《国家危险废物名录》的工业垃圾,相当一部分混入生活垃圾中，但由于所属地政府都面临着生活垃圾减量的压力，因而拒绝其进入生活垃圾处理轨道，使此部分工业垃圾无处可去，从长远角度来看，应该怎么办好呢？

刘建国：长远来看，应多措并举加以解决。首先企业及区域应该通过清洁生产和循环经济措施，减少工业固废产生量，提高工业固废回收利用水平；工业固废产生集中、产生量大的企业或区域，应该单独或联合建设专门的工业固废处理设施，或者寻求在大型的、规范的工业窑炉协同处置；工业固废产生分散、产生量不大的企业或区域，在符合相关标准要求的前提下，宜进入生活垃圾处理设施，如焚烧厂、填埋场合并处理，但仍然应该将工业固废与一般生活垃圾区分开来，通过市场化运作模式，由产废企业与垃圾处理企业协商，支付合理的处理价格，光明正大，而不是浑水摸鱼，接受严格的环保监管。

《晶报》：工业园区垃圾分类也面临着低附加值可回收物困局——原有回收公司只回收高附加值物，拒绝回收低附加值物，有新的回收公司愿意高、低全收，却无法进入已有回收渠道，而政府也不好干预市场，通过行政手段去协调相关问题，使得工业园区低附加值物这块无法发挥分类减量作用。这个问题该如何入手解决？

刘建国：企业固废的分类回收，与居民垃圾的分类回收，前者为市场属性，后者属于公益民生属性，不可混为一谈。在一个区域，政府对二者统筹考虑有必要，但责任主体和利益分配机制还是要分清楚。企业固废，不管是高附加值还是低附加值，主要还是要通过市场调节来解决问题，政府主要是制定政策，做好规划，提供条件，加强监管。

《晶报》：低附加值物回收是分类减量的重要手段，必须建立分类回收和处理体系，但深圳的产业政策是将低端产业外迁，且土地资源短缺，不可能批准建立低端产业处理基地，而要外运处理，光物流费用都可以使之无法持续运行。从顶层设计角度，这个问题该如何解决？

刘建国：这是经济发达的特大城市面临的共性问题和挑战。在一定程度上，低附加值可回收物的回收再生与高质量发展之间是存在矛盾的，否则就难以解释为何发达国家会将分类良好的废物出口到我国，而我国为何会在提出经济向高质量发展转型的阶段出台洋垃圾禁令。解决起来不容易，但必须面对。低附加值可回收物种类也较多，应该区别对待，还是要"选择性回收"。一部分回收利用成本过高、市场空间有限、监管难度较大的可回收物，进入垃圾处理系统可能是最优选择；对大部分低附加值可回收物，政府可以扶持一些规范的、产业化链条较为完整的企业，在全过程监管和综合成本衡算的基础上，为其分类回收提供补贴，并为其跨区域再生利用提供生态补偿费用。

深圳垃圾分类 2.0 版向 123 个小区推广

楼层无桶和专业义工督导是亮点

（《晶报》2018 年 7 月 4 日）

不知不觉中，深圳小区垃圾分类模式已完成了从 1.0 版向 2.0 版的升级。所谓 2.0 版指的是小区楼层不设垃圾桶，垃圾投放点有专业义工对居民分类及投放情况进行督导，侨香村就是 2.0 版的典型。7 月 3 日下午，市城管局副巡视员、新闻发言人杨雷在侨香村现场接受采访时表示，7 月份起，2.0 版的侨香村模式将向全市 123 个小区推广。

2.0 版分类模式的优势

据杨雷介绍，去年深圳在 3 478 个小区投放了 5 913 组标准化的分类垃圾桶，其中在侨香村共投入 20 组，同时也在这些小区持续开展了周六资源回收日活动。今年 4 月份起，市城管局开始在福田区侨香村小区开展垃圾分类督导活动。经过为期近三个月的试点，侨香村小区居民参与率和投放准确率达到 50%以上，取得了良好的成效。

"我们发现，侨香村之所以短期内就取得较好的分类效果，一是因为楼层没有设垃圾桶，二是因为有专业义工天天在投放点进行督导。"杨雷说，如果说以前的标准分类垃圾桶进小区和周六资源回收日活动是小区垃圾分类 1.0 版，那么侨香村模式就是 2.0 版，"既然 2.0 版证明分类效果显著，那就应该向全市推广。"

杨雷表示，截至目前，全市共有 123 个楼层没有设置垃圾桶的生活垃圾分类优秀小区，那么下一步就先向这些小区推广 2.0 版。目前全市大约 70%的居民小区楼层都设置有垃圾桶,这会给分类工作推进带来一定的阻碍,也存在消防安全隐患和环境卫生问题。正在审议和征求意见的"深圳垃圾分类条例"草案已明确规定楼层不允许设置垃圾桶。在占比70%的小区进行楼层撤桶是下一步深圳垃圾分类推进工作的重点。肯定会给居民生活带来一定的不便,但楼层撤桶是垃圾分类不可或缺的前提条件,必然会带来居民生活习惯的改变,希望广大居民能够理解支持。

2.0版是怎样炼成的

"侨香村小区在房地产开发设计时就没设楼层垃圾桶。"侨香村物业管理处环境主管郑先军告诉记者,2012年入伙时,许多居民对此意见很大,说原来住的地方楼层都有桶,你现在不设桶很不方便,更不习惯,要求物业公司必须给各个楼层设置垃圾桶,当时有部分居民还来找物业交涉甚至吵闹。"但物业顶住了,道理很简单,楼层设桶有消防安全隐患,且如果将剩饭剩菜投进去,很快变臭,滋生苍蝇、蚊子、老鼠、蟑螂,破坏楼道环境卫生,还会传播疾病。"

郑先军也承认,给楼层设桶客观上也会增加物业管理成本。一方面,如果给每个楼层设2个垃圾桶,侨香村22个单元至少需购置1540个桶,是一笔不小的开支;另一方面,每层楼都有桶,清洁人员的工作量会凭空增加很多。

后来,全市开展垃圾分类,侨香村成了试点,物业以此为由做居民的思想工作,大家觉悟高,很快想通了,不再强求楼层设桶。当然,楼层无桶的直接效果就是分类成效显著。以玻金塑纸中的玻璃为例,过去半个月到20天才能投满一桶,现在一周就可投满。玻金塑纸回收率高了,送到填埋场和焚烧厂的垃圾肯定就相应减少了。

督导出来的大数据

在侨香村进行分类督导工作的,是深圳垃圾分类公益服务联盟成员深圳市绿果果低碳环保志愿服务协会的义工。据绿果果负责人刘金利介绍,他们于4月20日正式进入侨香村督导。每天出动22名义工,20人分布到全村20个投放点,时间是早上7—9时和晚上7—9时。另2人则专事巡查工作,以保证督导的质量。

督导的前10天,居民参与率在25%左右,进入5月逐步上升到50%,进入6月以后，有 7 个投放点居民参与率达到 80%，其余的点多在 60%，平均参与率在 70%。

当然，最关键的是，居民的投放准确率到底怎样呢？

刘金利表示投放准确率在 80%以上，因为玻金塑纸+有毒有害分类桶让分类简单化、标准化，加上义工督导，准确率自然不差。

本次督导前，市分类中心对绿果果义工进行了两次垃圾分类专项培训，为大家打下了坚实的垃圾分类基础知识，在督导过程中经常与居民进行互动，回答居民提问，由于义工服务点相对固定，所以与许多居民慢慢变成熟人，得到居民的认可。

"前 10 天督导中，居民对义工、对督导活动都几乎没什么反应，很冷淡。"刘金利说，一个月后，大家的态度慢慢变了，不少居民开始主动与义工说话，询问情况，"现在不少居民说，2 个多月了你们义工还在坚持督导，看来这次政府是真的下决心搞分类了。"

推进 2.0 版的组合拳

据介绍，除了组织义工进行督导，市城管局结合小区实际，也将从社区党员、志愿者、老年人、物业管理等四种人员中组织发展最佳力量担任督导员，安排在小区内集中投放点，每天晚上 7—9 时，督导员会在集中投放点进行现场督导，指导、督促居民做好生活垃圾分类。同时，搭建了四种督导模式：一是依托基层党组织，发动社区党员参与，建立党员先锋示范督导模式；二是通过政府购买服务，建立"社工+义工"的"双工"联动督导模式；三是发动社区老年人和热心居民共同参与，建立社区自治的督导模式；四是落实物业管理责任，建立以物业为主导的督导模式。

记者了解到，小区内集中投放点的设置也有统一的规范和要求：集中投放点统一设置有害垃圾、废弃玻璃、废弃金属、废弃塑料、废弃纸类、其他垃圾 6 种收集容器，并配备照明设施，收集容器颜色和分类标志应规范、统一和清晰。同时，鼓励有条件的小区实行厨余垃圾分类，增设厨余垃圾收集容器和洗手设施等。

为做好生活垃圾分类督导活动的宣传工作，市城管局在每栋楼大堂、电梯或楼梯口都张贴有《家庭生活垃圾分类投放指引》；大堂、电梯或楼梯口已设有电子显示屏或视频播放设备，定期播放生活垃圾分类宣传信息。

下一步，市、区城管部门将通过"行走一线"工作法，加强检查和指导小区开展生活垃圾分类工作。市分类中心将成立督导组以及委托第三方机构开展常态化巡查，重点检查123个优秀小区分类设施设置和定时定点督导工作，每周将检查情况纳入绩效考核；每周组织志愿者进小区开展1次宣传活动；每月组织周边学校、幼儿园进小区开展1次宣传活动；每月组织街道执法队到小区开展2次生活垃圾分类执法检查等。

养成习惯需要一定时间

对于楼层撤桶，不少持反对意见的人表示，最讨厌的是提着厨余垃圾进电梯，滴滴答答，气味难闻，所以撤桶是故意找麻烦。

对此，侨香村居民张先生说，这都是懒人借口。厨余入袋前，先把它的汤汤水水在洗菜盆滤干，然后再下去投放，怎么会滴滴答答呢？张先生认为，政府在推进垃圾分类时应放开手脚，别畏首畏尾，绝大多数的人经过一定的时间都能养成分类习惯。对于极少数拒绝分类的，以后法律出台，依法处理即可。

我怎样拔掉阻挠督导的"钉子户"
——那场3.0版试点小区打造实验

2018年8月，我受宝安区城管局委托，代表晶报与绿宝宝公益联手打造宝安区新安街道创业一村垃圾分类3.0版（注：3.0版后来被规范称为"集中分类投放，定时定点督导"，为了行文方便，此文沿用此称）试点小区。项目由我牵头策划指挥，由绿宝宝公益负责具体执行，服务期限为2019年9—12月底。

作为媒体人，虽然搞了多年垃圾分类宣传推介，但运作实体项目还是头一遭，且做的还是区级试点，蛮刺激的感觉。

3.0版到底是怎么回事

深圳垃圾分类3.0版，是相对于1.0和2.0版更高阶的一种垃圾分类模式。凡每周举办资源回收日活动，且配备了政府规定的标准化（玻金塑纸+其他+

有毒有害）分类垃圾桶的物业小区，被称为深圳垃圾分类1.0版小区。

在1.0版基础上，将小区楼层间的垃圾桶撤掉，在每一个合理设置的投放点上，由义工对居民投放情况进行督导的，就升级为垃圾分类2.0版。

3.0版就是在2.0版基础上，重点开展厨余垃圾分类投放，一是在投放点设置厨余垃圾桶，二是考虑到居民投放厨余时破袋需要洗手，要在投放点设置洗手盆。

按照规范，小区要达到垃圾分类3.0版标准，需具备以下几大要件：一是楼层间不设垃圾桶；二是垃圾投放点必须进行地面硬化和环境美化（投放点要用竹子等风景类花木围起来）处理；三是投放点上需配备其他垃圾+玻、金、塑、纸+有毒有害+厨余分类桶；四是需配备厨余投放破袋后洗手用的洗手盆；五是需有义工晚上7—9点在投放点进行督导；六是小区内设有专门的大件垃圾和玻、金、塑、纸+有毒有害回收物临时存放场地。

我们的工作目标有四：①完成3.0版六大要件建设；②对未来参与督导的义工进行专业培训；③调动相关各方制定问题处理联席会议制度；④动员居民配合支持督导和参与生活圾分类投放。

规范培训督导动员

作为在投放点上对居民进督导的义工，如果不懂垃圾分类基本知识，就无法对居民进行指导；如果在督导中没有相关的行为规范，就可能难免与居民发生冲突，影响督导正常进行。

在进入创业一村前的8月，我联合绿宝宝对即将参加督导的义工，进行了两场垃圾分类及督导行为规范的培训，并制定了明确的督导行为规范和操作流程：

（1）微笑问候：对每一个投垃圾居民说声您好。

（2）查看：对居民投放的垃圾袋要打开查看。

（3）对分类不好的：要指出您没分类，能现场分一下吗？如居民拒绝，则督导人员要对垃圾进行分类。

（4）突发情况：对态度不好、甚至有不文明言语的居民，必须保持冷静，态度平和，骂不还口，耐心劝导。

（5）注意事项：督导期间不可玩手机，不可坐着，不可四处走动。

（6）收集问题，及时反应。先在两处具备条件的投放点进行督导，随着投放点地面硬化、美化和分类桶配置到位，督导点逐步增加。

（7）督导在晚上7—9时，不可四处走动。

联席会议明确各方责任

9月5日，我组织宝安区城管分类部、新安街道分类专干、晶报、绿宝宝、创业一村物管处等家相关单位，在创业一村举行了一次联席会议，就下一步开展督导作出如下动议：

（1）新安街道和物管处须尽快完成投放点地面硬化、美化、分类桶配置；

（2）街道和物业还须尽快建成大件垃圾和玻、金、塑、纸+有毒有害回收物临时存放点；

（3）由绿宝宝组织专业义工进驻参与督导；

（4）设计专门的督导调查表，对督导数据进行记录，为政府职能部门决策提供依据；

（5）将协同物业，与小区业委会、业主义工代表、党员干部及居民中的分类先进分子，共同组成小区督导义工队，建立督导长效机制；

（6）制定《宝安区垃圾分类督导指引手册》，所有督导活动严格依照规范流程进行操作。

大家一致同意联席会议制度化，只要出现问题就召开联席会议解决。

在小区搞督导，不仅要让居民知晓，还得取得其理解支持，动员会是必不可少的。

9月8日上午10时，我们在创业一村小区中心大榕树下，举行垃圾分类督导动员会，包括居民代表、业委会领导班子、物业及区、街两级城管共60多人参加了会议。

由宝安区城管局分类部介绍了垃圾分类督导的背景情况，我给大家解读了《创业一村垃圾分类督导操作指引》。新安街道城管分类专干表态将最迟于9月底前，全部解决投放点地面硬化、美化、分类桶配置以及大件垃圾和玻、金、塑、纸+有毒有害回收物临时存放点等问题。利用这次动员会，我与物业经理、业委会主任和居民代表等都进行了深入沟通和交流，他们都郑重表态，坚决支持配合3.0版小区打造工作。

督导活动于当晚正式开始。

发现和解决问题

9月8—24日，督导工作已进行了半个月，多数居民对督导表示支持和肯定，但工作人员也发现了系列亟待解决的问题：

（1）大件垃圾和玻、金、塑、纸+有毒有害临时存放场虽然选了址，但目前仍未完工；

（2）有一处投放点目前仍未规范，只放着厨余和其他垃圾桶，未配置玻、金、塑、纸+有毒有害分类桶，场地没有按市里要求进行地面硬化、美化处理。据说是因为有周边业主不许在此处设投放点，要求撤掉，物业左右为难，无法定夺；

（3）混收混运是目前业主反应最强烈的问题，他们表示全力支持配合政府的分类和督导工作，但他们发现分类后第二天又被混在一起运走，自己的分类成果得不到尊重，所以意见较大。如果不解决这个问题，未来分类督导不可持续；

（4）厨余垃圾桶臭气熏天，影响他们的生活质量，亟须解决；

（5）分类桶不实用，如稍大点的纸箱就放不进去，有的标识不清楚，如厨余桶字太小，看不太清楚；

（6）没有灯光，晚上看不清楚标识，无法精准投放。

针对上述问题，我提请宝安区城管局市容中心（主管分类工作）领导，于9月底组织新安街道城管垃圾分类负责人举行专题会议，落实上述问题解决办法。

联手绿宝宝拔除"钉子户"

整个督导工作进展得很顺利，截至10月中旬，发现的5大问题逐一解决，6个投放点中5个标准配套工程完工，设施到位。

但1~4栋间的垃圾投放点，却因被3栋1楼靠近投放点的一户业主阻拦，改造工程一直无法进行。

据绿宝宝公益秘书长杨君透露，该户业主阻挠改造工程的主要原因，是由于此投放点长期存在垃圾清运不及时、臭味严重等问题。

我曾于夜间到该投放点暗访过两次，发现业主所言非虚。这个投放点属四通八达之所，周边居民在此投垃圾最方便，你也投，我也投，于是很快垃圾桶满了，后来垃圾袋就把桶都掩埋了。清运公司是第二天才运走，所以气温稍高就臭气熏天。那户业主的窗户正对着这个垃圾投放点，长久遭受垃圾臭味折磨，能不怨气冲天么？

因为一直无法约到政府工作人员一起上门与业主沟通，我对绿宝宝公益秘书长杨君说，《晶报》与绿宝宝是这个项目的直接责任单位，这个"钉子户"不拔除，改造工程完不了，我们就要承担 3.0 版无法按时完成的违约责任，既然政府的人去不了，那我们就自己去。

10 月 22 日晚上，我与杨君一起来到 3 栋一楼那户居民家中，这户业主夫妻，都在宝安区政府某局工作，解释说阻挠投放点改造工程，是因为这个投放点长期垃圾清运不及时，造成他们与物业之间矛盾重重。

沟通进行了一个多小时，我给这户业主谈了七点意见：①这个 3.0 版试点是区级试点，是政府行为；②反映的垃圾清运不及时情况属实，项目组会协调街道城管和物业公司予以解决，但希望从此不要再阻挠投放点改造工程的进行；③业主与物业的矛盾积怨，应本着互谅互让、相互理解、求同存异的原则解决，不应成为阻挠投放点改造工程的理由；④业主夫妇作为国家公职人员，有义务支持配合小区垃圾分类推进，不应成为"钉子户"；⑤如果在解决了清运不及时问题后依然阻挠改造工程，将提请其所在单位领导出面解决；⑥如所属单位领导无力解决，将由绿宝宝公益向法院提起公益诉讼，由法院依法裁决；⑦我作为新闻从业者，将把此事作为反面典型予以曝光。

从该户居民家中出来，我将清运公司人员约到现场，明确告诉：因为其不及时清运垃圾的行为，导致此处改造工程无法进行，3.0 版区级试点进展缓慢，后果严重。希望其从现在起，每天及时观察小区各垃圾投放点，满溢的垃圾桶必须随时清运，解决臭味问题。否则，也不排除提请有关部门进行严厉处罚。

从 23 日开始，小区清运公司不仅每天及时对垃圾进行清运，而且每次都对垃圾桶及投放点地面进行清洗，问题都解决了，"钉子户"也消失了。

一周之内，创业一村所有的垃圾投放点完成地面硬化、环境美化、标准化分类桶配备和洗手盆配套，3.0 版试点配套工程全面竣工。

这件事给我的最大体会是，垃圾分类在小区遇到的问题，往往是因为沟通不及时，只要沟通到位，不少问题其实都能找到解决办法。

805个小区推行"集中分类投放+定时定点督导"

九大分流体系确保垃圾分类路径清晰

(《晶报》2019年6月18日)

深圳每天要产生24 600吨的生活垃圾!这是垃圾围城的真实写照,怎么办?市城管局副局长、新闻发言人杨雷在日前的新闻发布会上表示,深圳将大力推行"集中分类投放+定时定点督导"的住宅区垃圾分类模式。即楼层不设垃圾桶,在楼下集中设置分类投放点。目前,全市805个住宅小区已率先实现这一垃圾分类模式。

不断完善顶层设计,标准法规纷纷出台

顶层设计是前进的目标方向和路径。任何事如果没有好的规划设计,就容易迷失方向,错失目标。

深圳自推进垃圾分类之初,就注重顶层设计搭建:

2013年7月1日,全国首个垃圾分类管理专职机构——深圳市垃圾分类管理事务中心挂牌成立,各区也相继成立垃圾分类管理机构。

2015年8月1日,《深圳市生活垃圾分类和减量管理办法》正式施行,深圳开始全面推行垃圾分类。随后相继出台分类设施设备配置等3个地方标准和7个规范性文件,形成了较为完备的规范标准体系。

2017年6月3日,发布全国首份《家庭垃圾分类投放指引》,央视《新闻周刊》评价"这是垃圾分类的破局之举"。

目前《深圳经济特区生活垃圾分类管理条例》立法工作,正在紧锣密鼓进行中。

通过设立机构、健全机制、树立标准、完善立法,深圳垃圾分类顶层设计逐步完善,方向目标明确,路径清晰。

九大分流体系 日实现减量 2 700 吨

对产生量大、产生源相对集中、处理技术工艺相对成熟的绿化垃圾、果蔬垃圾、餐厨垃圾实行大类别专项分流处理。根据家庭生活垃圾的性质和回收利用情况,要求居民对废弃玻璃、金属、塑料、纸类和有害垃圾、厨余垃圾、废旧家具、废旧织物、年花年桔进行分类。从而形成九大分类分流体系,实现每日减量2 700 吨。

具体为:①废旧家具:每天收运处理 710 吨;②废旧织物:收运处理 10 吨/日;③玻金塑纸:回收 46 吨/日;④年花年桔:今年元宵前后累计收运处理年花年桔 167 万盆;⑤绿化垃圾:约 630 吨/日;⑥果蔬垃圾:目前收运处理量约 240 吨/日;⑦餐厨垃圾:约 1 100 吨/日;⑧有害垃圾:2018 年全市累计回收废电池 72 吨,废灯管 135 吨;⑨厨余垃圾:目前收运处理量 45 吨/日。

"集中分类投放+定时定点督导" 确保提高回收利用率

小区居民分类参与率低,精准率不够,是困扰垃圾分类推进的头号难题。为此,从 2018 年开始,深圳通过在住宅区建立垃圾分类集中投放点,安排志愿者定时定点督导,小区居民的参与率和准确投放率持续提升,形成了"集中分类投放+定时督导"模式。

市城管局副局长、新闻发言人杨雷表示,深圳将大力推行"集中分类投放+定时定点督导"的住宅区垃圾分类模式。即楼层不设垃圾桶,在楼下集中设置分类投放点。安排督导员每晚 7—9 时在小区垃圾分类集中投放点进行现场督导,引导居民参与分类、准确分类。目前,全市 805 个住宅小区已率先实现这一垃圾分类模式,设置了 2 348 个集中分类投放点,涉及 48 万户大约 167 万居民。

在住建部 2018 年第二、三、四季度对全国 46 个重点城市生活垃圾分类工作检查考核中,深圳连续排名第二。

凭啥让督导既有效又长效？

党建引领　处处绿灯

（《晶报》2019年6月19日）

6月16日晚7时许，南山区南头街道南联社区豪放天际小区。

义工朱大叔来到垃圾投放点，拿出手机在一个叫作"E嘟在线"的小程序上完成打卡，然后开始分类督导工作。而他的所有督导情况，都将置于"E嘟在线"的监督之下，如擅离岗位，没有对居民分类情况进行记录，都将被"E嘟在线"记录在案……

朱大叔与"E嘟在线"将我们带进了南头街道的垃圾分类世界——

在全市74个街道中，南头第一个完成16个3.0小区创建；使用首创的垃圾分类智慧督导系统平台"E嘟在线"，确保督导情况得到有效监督；16个3.0小区，厨余收运进度达到100%。

深圳74个街道的垃圾分类，南头一骑绝尘成为领头羊，凭什么？

党建引领　处处绿灯

记者在采访中了解到，南头街道党委把垃圾分类列入街道工作的重要议事日程和党建工作的重要内容。街道党工委潘学郭书记多次在街道党工委会上，亲自部署垃圾分类工作，并将工作压实压紧到各社区工作站和业务科室，定期听取垃圾分类工作专项汇报。

每个社区都有街道班子成员驻点，对垃圾分类工作进行督办。各社区工作站和居委会，则通过各种方式，发动社区居民特别是党员干部积极投身垃圾分类。

党委重视使得垃圾分类工作处处绿灯，在调配街道各项工作经费时，优先考虑垃圾分类经费调剂，从人、财、物给予充分保障，仅2018年，就从其他业务口调剂数十万经费到垃圾分类工作。

建立督导"有效+长效"机制

南头街道的督导，从一开始就将建立"有效+长效"机制作为目标。

从事督导工作的第三方公司与南山城管局一起，联合开发了垃圾分类智慧督导系统平台"E嘟在线"小程序。每个从事督导的义工或居民，都要在手机下载"E嘟在线"。以义工朱大叔为例，他每次上岗时须先在小程序打卡报到，然后，他的整个督导活动就置于小程序的监督之下，如果中途离岗，小程序就会向平台报告你的行踪。另外，督导员有没有对居民分类情况进行检查，有没有把居民分类情况记录下来，小程序都会有记录，并且根据记录情况，对该督导人员的督导工作进行评价并做出鉴定。

在所有的督导形式中，只有发动小区居民参与督导，才是真正的长效机制。

记者在豪放天际小区见到的义工朱大叔，是南头街道第一个被发动参与督导的小区居民，在他的示范作用下，现在南头街道16个3.0小区，每天有数十名居民义工参加督导。朱大叔告诉记者，小区居民做督导，和左邻右舍抬头不见低头见，大家一般不好意思对其不敬，督导是有威力的。他起初确实碰到一些邻居态度不好，但一两次后，也就不好意思发火了。

三级联动确保责任落实

为确保落实垃圾分类责任，南头建立了三级联动机制，即针对每项垃圾分类服务项目，都召开街道、社区工作站和物业小区的三级协调会，确保该项目做到层层无缝对接，落实责任，减少因沟通协调不到位而导致工作进度缓慢情况。

在推进马家龙社区汇金家园并桶工作时，街道执法队和马家龙社区工作站工作人员连续一个月周末加班，同该小区的业主委员会和管理处进行沟通，通过公示并桶方案，上户宣传有关文件资料，逐渐分配并桶的工作方式，历经两个多月，召开8次协调会，上户次数达700余人次，实现了该小区并桶工作零投诉的佳绩。

就这样，在全市74个街道中，南头第一个完成（16个）3.0小区创建；使用全国首创的垃圾分类智慧督导系统平台"E嘟在线"，确保督导情况得到有效监督；16个3.0小区，厨余收运进度达到100%。

10

垃圾处理"黑科技"

[**新闻背景**]近两年,深圳不仅在垃圾分类顶层设计、体制、机制建设方面创新不断,在产业技术革命方面也不断取得突破。"废旧混凝土再生利用关键技术及工程应用"正在改变建筑垃圾处理旧有格局;以"潲水油转化洗涤剂+脱盐+低耗能+气味控制"为核心竞争力的餐厨垃圾一体化集约处理模式,让地沟油无法回流餐桌,餐厨垃圾再生利用前景看好……

建筑垃圾"终结者"引领科技建材革命
五大杀手锏欲铸减碳利器

巨大的山体滑坡泥石流如凶猛残暴的恶龙,瞬间吞噬77条鲜活生命,掩埋了33栋楼房,造成8.8亿元经济损失。

2015年12月20日,发生在深圳光明新区红坳余泥渣土受纳场的滑坡事件,震惊全国,拉响了建筑垃圾围城的警报。

77条鲜活生命的凋谢,以青铜般的声音告诉世界:建筑垃圾围城,比生活垃圾围城更加恐怖凶猛,已成为不少大型城市难以承受之重。

深圳每年产生建筑垃圾7 000万吨,全国每年产生35亿吨。这些建筑垃圾挤占着我们的空间,污染着我们的环境,消耗着我们的资源,吞噬着我们的生命……我们却几近束手无策。

2020年,一项"废旧混凝土再生利用

刘明谦

关键技术及其工程应用"的科技，有望将建筑垃圾吞光吃净，改变建筑垃圾围城局面。

暗黑江湖与新纪元
建筑垃圾"黑科技"现身

光明滑坡事件，以77条鲜活生命的代价，向我们显现了建筑垃圾江湖的暗黑与恐怖。

2000年以前，深圳建筑垃圾不仅无"围城"之害，且还是城市建设的宝贵资源。修建盐田港、大铲湾和滨海大道的填海工程，还有城市建设中的许多洼地、池塘平整，建筑垃圾有多少消化多少。

那时的江湖风平浪静，一派祥和。

可进入21世纪，因环保因素，建筑垃圾消耗量最大的填海工程被限被禁，大量房地产项目上马，特别是多条地铁线开工后，深圳建筑垃圾围城的压力越来越大。有统计数据显示，2016年深圳每天同时有6 000个各类工地在施工。同年，有151座建筑垃圾受纳场因库容告罄而关闭，深圳最大的部九窝余泥渣土受纳场二期工程，3 800万方总库容只剩下1 000万方。

于是建筑垃圾江湖开始暗流涌动。

余泥渣土受纳场库容告急，纳土如金。

拥有受纳场就等于拥有了源源不绝的现金流和丰厚利润。

受纳场成了名利场。

为了赚取更多利润，受纳场层层转包，违规违章经营。

首先是超期限经营。光明红坳余泥渣土受纳场使用期限是2014年2月到2015年2月。到2015年12月20日出事，整整超期限经营10个月。

其次是不顾安全规范超高超量堆积。堆放的高度超过100米，若以一层楼的高度为3米计，100米大约相当于30多层楼的高度，体积相当于10万方。

第三是忽视排水等安全措施。渗下去的积水把堆土的根基冲刷坏了，于是事故发生了。

光明红坳受纳场终于在渣土堆积高度超过百米，排水措施形同虚设的情况下，发生了震惊全国的滑坡事件。

数十人进了大牢，有不少还是政府官员。

资源化处理，本来是消化建筑垃圾的最好途径，但由于技术落后，资源化的产品附加值过低，加上缺少相关配套政策支持，深圳的建筑垃圾处理企业大多经营惨淡，在破解建筑垃圾围城中只能扮演微不足道的小角色。

我国建筑垃圾资源化利用率只有 5%，而深圳地区也不会超过 10%。据有关专家测算，2018 年度深圳产生建筑垃圾约 7 000 万吨，资源化利用不到 700 万吨。

自光明滑坡事件以来，深圳建筑垃圾围城的局面并未得到根本扭转，依然危机重重。

"但这种情况将会从 2020 年起得到根本扭转，因为我们有了'废旧混凝土再生利用关键技术及工程应用'这一建筑垃圾处理的高新科技。"深圳市建筑设计研究总院（以下简称深总院）科技建材有限公司总经理刘明谦说，"形象地说，这项科研成果就是建筑垃圾的终结者，只要得以推广普及，建筑垃圾治理必将迎来新纪元。"

在 2019 年 1 月 8 日举行的国家科学技术奖励大会上，"废旧混凝土再生利用关键技术及工程应用"荣获科技进步二等奖。由我国土木工程界泰斗、工程院周绪红院士和陈政清院士等组成的鉴定委员会，对这项科研成果做出的鉴定结论是："总体达到国际先进水平，其中废旧混凝土大尺度块体循环利用及其强化策略居国际领先水平"。

"黑科技"的五大杀手锏——
三零、一全和一高

"这项科技的功能特征可概括为'三零、一全和一高'，即零外运、零排放、零废弃、全资源化和高附加值化，可以说是'终结者'的五大杀手锏"。刘明谦表示，这种"黑科技"产生效益是建立在规模化前提基础上的，例如，你拆几栋农民房，就不足以验证其价值。以一个一定规模城中村的拆迁为例，按照过去传统做法，是先将所有建筑物推倒粉碎，再外运到某个建筑垃圾受纳场填埋堆放。"废旧混凝土再生利用关键技术及工程应用，则是对这种传统建筑垃圾治理理念及技术特点的全方位颠覆和超越。"

零外运——就是不用将建筑垃圾运到别处，而是在拆迁处就地处理，就地消化。

零排放——是以不外运为前提的，不用外运，那么首先不会出现在运输中途撒落造成扬尘污染；二是运输车辆不会造成道路拥堵；三是不用排放尾气，节省大量油气消耗，实现节能减排。

这一点只要算算经济账，就不难明白这其中巨大的环保和经济价值。以某城中村拆迁为例，其总共产生约100万吨建筑垃圾，将其运输到30公里外的受纳场。用每车运载11方来算，外运一趟耗油50升，回来时空载耗油40升。全部共需90 000多车次，耗费柴油约2 000吨，按每吨7 000元计，光油费就得支出1 400多万元。另外，二氧化碳排放也将超过6 000吨。

也就是说，如果我们不外运建筑垃圾，不仅减少了大量污染物排放，光油费就可以节省1 400多万元，这是非常惊人的数据。

零废弃——按传统处理办法，运到受纳场堆放或填埋，就等于这些建筑垃圾全部作为废物处理掉了。而不外运，就地处置，就是要对其分类处理后，全部再生利用，从而实现零废弃。

全资源化——就是通过分类将其中的有机物排除掉，把钢筋等捡出去，将混凝土块和砖瓦块破碎后进行清洗、分拣、震动筛等工序后，将合格的骨料和筛下来的细粉通过制砂机制成机制砂，再添加原生料、水泥等。

上述传统处理工艺流程进行完之后，就开始进入了"废旧混凝土再生利用关键技术及工程应用"处理程序，即通过一种力学和物理学相结合的强化处理配方工艺，把所有的建筑垃圾无机废料全部转化成为"建筑材料"，总体可分为两大类：一类是具备与原生沙石、水泥相同质量的再生建筑材料，可以作为大型建筑的支撑承重墙建筑材料使用；另一类是质量相对原生材料稍低的，如筛洗下来的泥巴粉料，通过专有配方和高压成型设备制成强度完全合格的"再生成型墙板"或"再生免烧砖"，可以作为房间隔墙、道路铺垫、小区公园围墙等建筑物使用。

高附加值——上述零外运+零排放+零废弃+全资源化+环保效益所产生价值的总和。以100万吨建筑垃圾为例，在实现"零外运+零排放+零废弃+全资源化"后，我们将少挖多少河沙，少开多少山石，少用多少水泥？算清这笔账，就能知道其所带来的环保价值和经济效益不可估量。

同样，过去我们的建筑垃圾再生产品，只能用于道路铺垫、公园花墙、围墙建设等低附加值用途。现在，经过这项独门工艺技术的应用，可以将建筑垃圾、余泥渣土吞光吃净，实现全部资源化，其再生材料质量等同原生材料，可用于高楼大厦主体承重部位的建设，附加值大大提升。

未雨绸缪风雨兼程
"黑科技"百炼成钢

早在21世纪的头一个10年间，深总院就未雨绸缪，成立建筑垃圾科技创新攻关团队，经过持续10多年的努力，终于获得了这项重大科研成果——废旧混凝土再生利用关键技术及工程应用技术，为彻底扭转建筑垃圾围城的局面奠定了坚实基础。

"可以说，这是深总院攻关团队十年磨一剑，经历成百上千次的试错实验，百炼成钢的结果。"刘明谦说，"从进入本世纪最初几年，深圳建筑垃圾围城之势初现端倪时，深总院科研创新团队的技术攻关就开始了。"

当填海、城市洼地平整等工程无法作为建筑垃圾消纳的主要渠道时，资源化利用就成为主要解决手段。但由于受技术手段限制，配套政策及社会理念的滞后，建筑垃圾再生产品不仅量少得可怜，而且只能用于道路铺垫、公园花墙、围墙建设等低附加值市场端口，在化解建筑垃圾围城中能发挥的作用几乎可以忽略不计。

深总院攻关团队的理想和目标，就是以颠覆和超越前人的技术创新，将建筑垃圾吞光吃净，彻底消灭，实现全部资源化，提高再生产品的附加值，让其广泛应用于国家各项建设工程，成为建筑垃圾的终结者。

在反复实验中他们发现，废旧混凝土再生利用主要可以分为再生块体混凝土、再生骨料混凝土、再生砌块、再生砖等。

其中再生块体混凝土因为使用了较大尺寸的块体，只需要在施工过程中保证块体的尺寸相对规则，且在浇筑前对表面充分润湿，冲洗掉表面的泥土，再与常规商品混凝土混合使用，即可保证再生块体混凝土的质量。

而对于再生骨料混凝土，因其多裂纹和多空隙的结构特征对整体性能具有较大的影响，因此需要采用物理和化学两种方法进行强化处理。物理方法主要是通过精细挤压和碰撞，将再生骨料表面附着的砂浆磨掉，最终得到接近天然骨料性能的再生骨料；化学方法可以采用水泥浆、矿粉、硅藻土、硅粉等材料，事先对再生骨料进行浸泡处理，改善再生骨料的性能。

石破天惊的发现让团队欣喜若狂，但实验技术离产业化之间还差一个试错过程。

2009年，紫金县文化活动中心重建工程，深总院科技攻关团队出手了。

这个项目是在拆除旧影剧院的基础上重建，是典型的原址重建项目。刘琼祥团队参与此项目时，对建筑固体废弃物的再利用方式有两个选择，一个选择是采用再生骨料混凝土，这是一种比较成熟的技术；另一个选择是采用再生块体混凝土，这是项目组提出的最新材料概念，具有节能、减排、减少水化热等优点。

经过调查研究，并考虑到再生骨料混凝土的处理工艺要求和当地的施工条件，难以在施工现场完成废旧混凝土的处理，故敲定了再生块体混凝土的方案。鉴于这种混凝土再利用材料是项目组提出的一个崭新概念，虽然已经经过初步的性能试验研究，但在实际工程项目中属于首次应用，项目实施过程中相关设计都偏于保守。

为了验证这种材料的性能，团队在建设的过程中，采用原址的建筑废弃物浇筑了1∶1的再生块体混凝土构件模型，并在实验室进行了力学实验，同时进行了理论分析和计算，证明此类材料的力学性能完全能够满足使用要求。

最终项目顺利完成，紫金县文化活动中心成为再生块体混凝土的第一个应用项目。

此后，深总院科技攻关团队还多次在建设项目中应用该技术：

再生混凝土应用项目

深圳湾创新科技中心	再生混合混凝土楼板	深圳市
三唛科技厂区	再生混合混凝土梁、板、柱	深圳市
中外运长航物流中心	再生混合混凝土楼板	深圳市
泉州市千亿商帆项目	再生混合混凝土柱	福建省泉州市
常州市尚枫澜湾项目	再生骨料混凝土及其制品	江苏省常州市
郑州林溪湾社区	再生骨料混凝土及其制品	河南省郑州市
广州恒运热电厂	再生骨料混凝土及其制品	广东省广州市

丰富的工程经验履历，千锤百炼的试错过程，验证了该项技术的可行性、稳定性和安全性。

10多年风风雨雨，四五千个日日夜夜，攻关团队终于完成了废旧混凝土再生利用关键技术及工程应用从实验室到产业化的华丽转身。

改良沙漠治理污泥
让部九窝重回绿水青山

"在不断实验的过程中，我们发现了这项技术越来越多的功能。"刘明谦说。

攻关团队实验发现，这项技术中的相关配方，可以将沙漠中的沙粒凝结处理成大型花坛，不仅坚固结实，且能防止水分渗漏。

实验还证明，相关技术对去除污泥中的重金属具有特殊效用，可以与污水处理厂的设备配套使用，污泥经过处理后会转化成优质有机肥原料。而对河道中的污泥，则可以在去除掉其中的重金属之后，将之制作成建材就地使用。

"阿基米德说过给他一个支点就可以撬动地球。"刘明谦说，"我想说只要给我们机会，我们不仅可以让新产生的建筑垃圾就地全部资源化利用，就是类似部九窝等诸多建筑垃圾余泥渣土受纳场，也可以让其重回绿水青山！"

刘明谦透露，对部九窝的余泥渣土，经过分类后可处理成多种不同品质的建筑材料。在将这些余泥渣土处理完后，会利用土壤修复技术对区域内的土壤进行全面修复，目标就是让其达到可以重回国家18亿亩耕地红线内的水准。"未来目标，就是将部九窝打造成生态环境农业教育示范基地。"刘明谦表示，"当然，也可以留出部分空间继续处理余泥渣土，但可以肯定的是，来多少，我们即时就地消灭多少！"

克服顶层设计短板
尚需深圳先行先示作出示范

"这项'黑科技'就像一个刚出世的超级战士，拥有横扫一切强敌的实力，但你得给他作战许可，得给他证明自己的机会啊！"刘明谦说，"由于国家目前在建筑垃圾资源化方面顶层设计滞后，配套政策脱节，虽有旷世绝技，却难有用武之地。"

国家虽然相继出台了一些鼓励建筑垃圾资源化的政策，例如，《2015年循环经济推进计划》明确提出了推进建筑垃圾资源化利用的要求，鼓励各地探索多种形式的市场化运作机制，创新建筑垃圾资源化利用领域投融资模式等。但类似政策大多停留在方向性指导上,能够具体落实和操作的微观、产业、社会等配套政策始终脱节。

例如,目前全国诸多省市的政府相关部门先后出台过建筑垃圾处置文件和配套政策,但大多对"资源化处置"的理解和推广仍停留在传统处置模式上。配套政策与监管环节存在多重制约,"资源化"处处受制。看似地方政府不作为,实则是因为自上而下的顶层设计、配套政策都不完善,即便想有所作为,也找不到方向和路径。

"多头管理,九龙治水",也是目前建筑垃圾资源化面临的一大困扰和难题。从拆迁到外运、回收、生产、消费、监督各个环节,涉及住建、城管、市容、发改、工信、环卫、交通、公安和土地等多个部门。多头管理造成主导单位模糊,职能部门各自为战,缺乏整体规划统筹,没有哪个部门愿意为建筑垃圾资源化普及和推广出头露面。

"固有的建筑垃圾处理利益链条,也是无法回避的困扰。"刘明谦感叹,首先是以受纳场为主要处理方式的传统处理企业,还有一小部分老旧的资源化处理企业,他们对建筑垃圾进行简单分类后,将其中尚有利用价值的部分挑出来,经过破碎制成再生的砖、瓦等产品,而把剩余的部分随意丢弃或填埋,而这其中包含很多有害物质,如废电池、有毒的废铜和铝等,会产生二次污染。"这些企业经过长期发展,在管理、资金、政府资源等方面都有一定的优势,形成了庞大的灰色圈子和利益链,想要打破其已形成的藩篱并非易事。"

怎么办呢?

先看看一组数据:我国每年产生的建筑垃圾总量约为 35 亿吨,美国每年产生的建筑垃圾为 3.25 亿吨,德国 2 亿吨左右,日本不到 1 亿吨,韩国约为 6 808 万吨,西班牙约为 4 000 万吨。

我国每年产生的建筑垃圾总量远远高于这些国家产生量的总和。建筑垃圾的综合利用率欧盟为 90%、美国 80%、日本 97%、韩国 97%,而我国的资源化利用率还不到 10%。

我国建筑垃圾资源化处置企业大约 200 家,建筑垃圾量仅为我国 1/30 的韩国,其建筑垃圾处理企业却有 370 多家,我国建筑垃圾资源化处理企业的数量明显不足。

不难看出，建筑垃圾全部资源化，是整个世界建筑垃圾处置发展的方向和趋势。以美国、欧洲、日本等为代表的发达国家，早在 20 年前就通过立法倒逼建筑垃圾资源化产业的发展，同时也运用法律法规的力量，明确建筑垃圾处置的责任归属，将回收、生产、消费、监督各个环节都囊括其中，使得产业发展的每个环节都有法可依。

欧美和日本等国家的做法告诉我们，做好法规政策等方面的顶层设计，是我们彻底改变在建筑垃圾处置上落后局面的关键。深圳应利用国家赋予的社会主义先行示范区的优势，大胆开拓创新，除了在立法上要与国际接轨，在相关扶持政策方面也要为全国作出表率。

刘明谦表示，首先要有"余泥渣土受纳场"或"建筑垃圾填埋场"的工作许可，还有本项目所有产出品的销售许可，给予此项目"建筑垃圾独家经营权"和"再生混凝土和再生砖"的经营资质，再好的技术没有工作许可和相关资质也无法发挥作用。税收减免也是不可或缺的一项扶持的补贴政策，还有更重要的一点，就是尽快制定产业运行标准规范，淘汰落后技术设备和产能，防止劣币驱逐良币的情况发生。

"制定《再生建筑材料应用政策》，协助项目实施企业进行产品推广，再生混凝土在政府投资和拆迁区域的项目中使用率应不低于 60%。"刘明谦认为，只要政府的扶持政策精准到位，以"终结者"的成本和性能优势，必将成为市场的王者。"我们可以不要政府一分钱，只要政府给一定的扶持政策，我们有决心，也有能力让无数个类似部九窝那样的填埋场或受纳场重回绿水青山。"

"绝杀"潲水油孵出再生"金蛋"
零到一"打怪"10年终破关

餐厨垃圾处理被业内誉为垃圾分类"皇冠上的明珠"。

10年前,他宣称要攻关餐厨垃圾处理。

有朋友劝他,水太深,最好别碰,否则弄不好死无葬身之地。概因其不仅在垃圾分类减量中位置重要,更因其"夺宝"路途险阻重重,有诸多先行者折戟沉沙,一败涂地,血本无归。

他说,我试试。

10年后,他说他终于突破了。如果说过去餐厨处理是一头难以驯服的巨兽,那么现在,这头巨兽已经被他逮住了。

他就是深圳市零到一生态科技有限公司董事长阚立东。

阚立东向客人介绍地沟油处理工艺

潲水油这样被"绝杀"

2020年8月15日。14：30许。

汕头市澄海区上华镇菊池村澄海区餐厨垃圾处理示范基地。

这里放着一台日处理量2吨的机器。

当天，有来自全国5个城市的10多号人在此参观考察，有企业的，也有城管的。

"潲水油都是在流通、转运过程中才有机会流向餐桌，我的设备技术的最大亮点，是可以就地消灭潲水油。"阚立东给来宾们做着解说，"油水分离后，立即在机器内转化成高效洗涤剂，流向餐桌的路就被堵死了。"

他将左手在机器链条和轴承上抹了抹，立马满手黑红色油污。又用右手在机器上一个容器中一舀，手心便有了一汪淡色液体。"这就是潲水油生成的洗涤剂。"他将左右手互搓一番，然后在水龙头上一冲，又张开双手，干干净净，油污无踪。

参观者中有人发出轻声赞叹。

"我的潲水油转化洗涤剂技术已获得国家专利，而且目前是国内唯一。"阚立东说，其成分纯天然，不含磷、汞、铬、砷等重金属，无异味，对皮肤无刺激，可生成粉体、液体、膏体等三种形态，可清洗衣物、厨具、油烟机、机器等。它的成本只是传统化工洗涤剂的四分之一，加上国家对资源再生产品的政策扶持，其市场前景不可限量。"这项专利技术，是我集10年之功孵化的资源化'金蛋'。"

如同疱丁解牛一般，阚立东指着机器上的部件，将他的技术特点一一介绍给来宾们：

终端的干渣，经中国科学院检测系优质有机肥原料；

气味控制好，现场除了装运餐厨的桶散发着轻淡的味道，机器本身没有味道；

控制每个运营环节的能源利用参数（转速，运营时间，加热温度，余热回收等），进行有效的实时分析和自适应控制，同比其他同类设备，能耗减少30%～50%；

破袋和二次分拣功能，彻底杜绝因居民分类不精准，将金属、筷子、塑料等废弃物混进来，造成卡机等事故的发生；

采用"物联网+大数据"智慧化管理，实现、餐厨垃圾源头控制，全程监管，能过后台自动统计，为政府及相关客户提供大数据资料服务。

"机器+集装箱"一体化模式，从100公斤到10吨、几十吨的设备，都可以安装在集装箱内，运到目的地直接使用，不用建固定建筑，省去土地审批等繁多手续，大大提高工作效率。同时，设备还可根据需要移动使用……

欲摘"皇冠上的明珠"

1999年，阙立东毕业于西北工业大学机械自动化设计专业。走出校门，就在深圳一家高科技企业从事机械自动化设计，一干就是10年。

如果不是一个偶然事件，也许他这辈子都没法离开自动化设计。

那是2010年4月的一天，阙立东去参加一个校友聚会，一个在军工系统工作的师兄非常郑重地委托阙立东为他所在的研究所设计一款生活垃圾综合处理设施，还签订了5年的保密协议。

"从接受委托那天起，我的人生就拐了一个奇幻的弯。"阙立东笑道，"从自动化设计行业一头扎进餐厨处理江湖，从此再没上岸。"

同年10月，阙立东出色完成了师兄委托的设计任务，但他发现自己竟然对自动化设计失去了兴趣。

他的魂儿被餐厨垃圾处理勾走了。

那时深圳一些地方已有推进垃圾分类，政府已对餐厨垃圾处理进行特许经营招标。阙立东发现，餐厨垃圾处理竟然是政府最头疼的事，不少餐厨处理设备，口口声声能产出有机肥，结果忙活半天产出一堆新垃圾，而且耗能歧高，既是电老虎又是水老虎……

餐厨得不到有效处理，有的被拿去喂猪，有的被偷运进深山炼制潲水油，然后流向餐桌……

"了解到这些，让我对餐厨垃圾处理产生了浓厚兴趣。"阙立东说，人生的很多选择其实没太多理由，就是一瞬间闪现的念头，"我把餐厨垃圾处理列为我人生下一个攻关目标。"

当时有朋友善意劝告他，餐厨垃圾处理水太深，贸然介入弄不好死无葬身之地。"为什么餐厨处理会被称为'皇冠明珠'？因为它决定着分类减量的成败，更因为其技术攻关有如蜀道之难。"那位朋友说，"有多少先行者变成先烈，折戟沉沙，一败涂地，血本无归？有多少人是笑着进去，哭着出来？"

他轻声说，我也想试试。

打通八道关　破浪会有时

阚立东将餐厨垃圾处理所遇到的技术难题梳理一番，按网络游戏模式设置成八道关卡：

第一关："绝杀"泔水油

相当部分餐厨处理设备，都是在将泔水油过滤出来后，卖给其他企业处理，这就给其流向餐桌提供了机会。

要截断流向餐桌的途径，唯有就地处理。

再生成什么产品呢？

生物柴油、乙醇、沼气，甚至航油，一一都被他否决。

这些再生产品高昂的成本，决定了其不具市场推广价值。

唯有转化成洗涤剂的成本在可控范围。

于是目标有了。

第二关：脱盐

许多设备将餐厨处理成一堆新垃圾，主要是脱油、脱盐处理不理想。而阚立东的设备在解决了泔水油转化为洗涤剂的问题后，攻关的主要目标是脱盐。这也是终端干渣能否成为优质有机肥原料的关键。

第三关：气味控制

气味问题是许多邻避特别是餐厨处理设施无法落地的重要原因，也成为攻关目标。

第四关：耗能控制

如果一台机器产出价值 10 元，却需要耗费价值百元的水电，那注定其将无法市场化。但这恰恰就是诸多餐厨处理设备无法根除的顽疾。

第五关：破袋

深圳要求居民投放餐厨垃圾时，要破袋，然后将废弃塑料袋投入其他垃圾桶，这就很好解决了塑料袋进入机器的问题。但更多的地区没这样要求怎么办？那么机器就必须具备破袋功能。

第六关：二次分拣

许多地区居民无法达到餐厨精准分类，把废筷子、塑料、金属物品、其他杂物混进来怎么办？那就必须让机器具备二次分拣过滤功能，把这些杂质排除掉。

第七关：智慧化管理

你的设备必须与政府智慧城市平台系统链接起来，才能接受监督，同时也向政府提供有效的大数据。

第八关：集装箱一体化

类似深圳这样寸土寸金的城市，没有地供你集中规模化处理怎么办？即便一些城市有土地，但审批手续太过庞杂，还有固定建筑建设，都会极大延误工程进展，怎么办？

无论多大的设备，都须实现与集装箱一体化融合，运到目的地直接使用，不用建固定建筑，省去土地审批等繁多手续，大大提高工作效率。

这是一个绵延10年的"打怪"、攻坚过程，仅潲水油转化洗涤剂一项技术攻关，他就进行过不下3 000次的实验。这是一场耐心、意志、执着与绝望、迷茫、懒惰的较量。多少次气若游丝，多少次濒临破产，他都挺过来了，打通了八道关卡，缚住了餐厨处理这头"老怪"。

"潲水油转化洗涤剂+脱盐+低耗能+气味控制"形成零到一科技最核心的四项技术，加上其独创的"机器+集装箱"一体化模式，最终形成了零到一科技餐厨垃圾一体化集约处理模式。

2018年以来，零到一科技的餐厨垃圾一体化集约处理模式，先后在北京、南京、广州、汕头等城市中标了10多个项目，运营效果良好，受到各方特别是中国餐厨垃圾处理专委会主任任连海教授的高度评价。中国标准化研究院已邀请阚立东参与国家餐厨垃圾处理行业标准制定。

"行路难，行路难，多歧路，今安在？

长风破浪会有时，直挂云帆济沧海。"

李白的这两句诗，也许是对阚立东10年"打怪"历程的最好写照。

台湾地区垃圾分类真相

2015年8月23日至9月8日，我自费赴台湾地区展开为期半月的垃圾分类探秘之旅。

初窥台湾垃圾分类密码：

立法+谁污染谁付费+资源回收基金+"四合一计划"模式（小区居民+政府清运队+回收商+资源回收基金）+按袋计量收费……

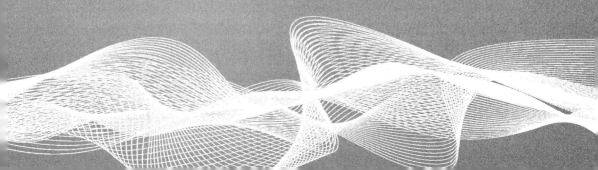

真相之一
资源回收基金：台湾地区垃圾分类引擎

（《晶报》2015 年 11 月 11 日）

2015 年 8 月 23 日至 9 月 7 日，我开始了为期半月的台湾地区垃圾分类专题探秘之旅。在台湾地区采访期间，所住的新北市那家小宾馆楼下，有一家便利店，不仅回收废旧电池、激光唱片等有害垃圾，还有奖励措施，如半公斤电池或激光唱片奖励一只茶叶蛋；一公斤电池或激光唱片，奖励一盒立顿奶茶或一只统一鸡蛋布丁……便利店如此回收有害垃圾，岂不要赔掉老本？"商家当然不会干赔本的事，台湾地区有个资源回收基金，可以保证你搞资源回收不赔钱。"台湾绿色公民行动联盟理事长赖伟杰告诉记者，"台湾多年来垃圾分类搞得有声有色，就是因为资源回收基金盘活了整个垃圾分类体系。可以说，资源回收基金就是台湾垃圾分类的引擎。"

源起谁污染谁付费

"20 世纪 80 年代，台湾地区经济高速发展，生活水平大幅提高，同时，生活垃圾也以惊人速度增长，'垃圾大战'和'垃圾围城'一时成为台湾社会的热词儿。"赖伟杰告诉记者，台湾地区推行"焚烧"战略解决垃圾围城问题时，一些专家发现，这些被填埋或焚烧的垃圾中，有相当一部分是可回收资源，如果能加以有效回收，不仅可以实现生活垃圾源头减量，而且还能让废旧资源再生利用。当时社会共识是，谁污染谁来解决回收问题。但现实中污染者很不好找，比如，有人喝了一个利乐包的饮料，随手就扔到河里了，你怎么找他？"最后大家一致意见是，找不到扔利乐包的人，那就找制造利乐包的厂家，或者这个利乐包是进口的，那么就找进口商。总之，谁制造，谁进口，谁就要负责回收。"

当然，这么做得有法理依据。

1988 年，台湾地区修订了所谓"废弃物清理法"，其第 16 条明确规定实行回收责任制，物品或其包装、容器经食用或使用后，足以产生下列性质之一的废弃物：①不易清除、处理；②含长期不易腐化成分；③含有害物质成分；④具回收再利用价值，致有严重污染环境之虞者，由该物品或其包装、容器制造、输入或原料制造、输入业者负责回收、清除、处理，并由贩卖业者负责回收、清除工作。

台湾地区所谓"环保署"资源回收基金管理委员会新闻官曹芝宁告诉记者，当时一开始，是由主管部门制定回收率，各单项民间业者必须负责回收成效，所以各自成立单项基金会、公会、协会执行回收工作，如轮胎公会、汽水业者公会等。

这种做法的好处是，业者自行负责各式各样的回收方式，主管部门定出回收率只管监督是否达标，角色分明，行政成本也最低。但也因此形成两人结构性的致命问题，第一是单项民间业者自行建构回收产业链条，把很多台湾社会本有的拾荒体系排除在外，形成封闭型回收体系与垄断等问题；第二是因这个封闭的回收体系，业者左手生产右手回收，直接上下其手，回收率造假问题严重，主管部门却不易查处。

回收基金纳入政府体系

"上述弊端受到民间环保团体的质疑，也受到传统拾荒回收业者的强烈抗议，'立法院'也有过半数的委员连署要求资源回收管理基金纳入政府预算，还有陆陆续续爆发出来的弊案，都迫使政府开始往'交处理费给政府'的方向靠拢。"曹芝宁认为，上述情形可以视为回收基金形成过程中的"试错"阶段。

1997年1月1日起，台湾地区所谓"环保署"结合社区民众、地方清洁队、回收商及回收基金全面实施"资源回收四合一计划"，全面实施资源回收、垃圾减量的工作，并以回馈的方式鼓励全民参与，建立开放的回收清除处理市场，以达到资源可持续利用之目标。

同年3月28日，根据新形势需要，台湾地区对所谓"废弃物清理法"进行了修订，明确制造业者和进口商必须缴纳"回收清除处理费"，成立资源回收基金。同年7月，所谓"环保署"先后据此成立一般废物及容器、废机动车辆、废轮胎、废润滑油、废铅蓄电池、农药废容器、废电子电器物品及废资讯物品资源回收管理基金8个基金管理委员会（以下简称基管会），辅导并执行各项公告应回收物品及容器回收处理。

1998年7月,台湾地方政府在社会各界的强烈要求下,将"资源回收管理基金"纳入预算,接受"立法会"直接监督,并由所谓"环保署"成立资源回收基金管理委员会(简称基管会),又称"大基金会"。

资源回收自从业者缴交基金,其中80%为"信托基金",20%为"非营业基金"。

"两委"确保运作公平透明

"如何让物品以及容器的制造、输入、贩卖业者负起回收责任呢?"曹芝宁告诉记者,依所谓"废弃物清理法"第16条规定,应缴费之制造业者应按当期营业量,输入业应按向海关申报进口量,于每期营业税申报缴纳后15日内,依主管机关核定之费率,缴纳回收清除处理费,作为资源回收管理基金。

而基金的受益方则是学校、社区、卖场、地方政府清洁队、民间宗教社会福利组织等,他们回收后,或送或卖,进入资源回收清除业者,经过稽核认证后,就可以从基管会回收基金中的"信托基金"得到补贴。"这样,就突破了前一阶段回收渠道封闭,以及回收率造假等问题。"

但每一个物品要预收多少的处理费?要怎么确定领补贴的回收体系的业者没有弄虚作假?

因为这两大问题,所以又分别另外成立了两个委员会:一个叫作"费率审议委员会",专门来核定每一种应回收项目的费率;一个叫作"稽核认证公正团体评选委员会",委员会的功能是负责遴选出一个民间专业团队,来做所有处理业者是否符合信托基金补贴的稽核认证工作。

这两个委员会,再加上基管会,都牵涉庞大的循环经济产业利益,以及产品生产、运销、回收对环境影响生命周期评估的专业性,还有以费率作为政策工具等的公平性,因此委员包括各利益相关方的代表,也包括环保团体NGO的代表,以透明方式,减少各方的质疑。记者在采访中了解到,台湾地区"主妇联盟"理事长陈曼丽女士,就是基管会委员之一。

据曹芝宁介绍,台湾资源回收基金公告的应回收废弃物项目分为容器与物品两大类,细分14类33项,如让我们深圳头疼的玻璃瓶,就被列为容器类第三种,而废旧电池、光碟等有害垃圾也位列其中,还有废旧冰箱、电视、洗衣机、轮胎等。当然，这 33 种可回收物，都是回收价值相对较低的或处理难度较大的，像矿泉水瓶等回收价值高的物品，则不会列入基金补贴范畴。

基金管理的最大亮点，是一切开支公开透明，不留死角，要通过官网向社会公布，接受监督。如 2013 年度除由信托基金补贴回收、处理业者办理经稽核认证之回收清除处理作业外，非营业基金部分各项工作计划开支情况，"基管会"是如此公布的：

（一）资源回收管理计划支用数 11.8 亿多元新台币。

1. 资源回收之宣导与沟通业务：办理各项回收宣导活动、广告、文宣品印制、民众免付费服务专线及促进国际资源回收制度、技术交流与合作等相关活动。

2. 责任业者之缴费查核业务：委托建立业者基本资料，查核制造、输入业者申报营业量，并针对短、漏报之业者委请律师办理法务相关事宜。

3. 应回收废弃物之稽核认证业务：委托公正团体执行公告回收项目之稽核认证作业，以确保回收量及处理量之正确性。

4. 补助及奖励回收清除处理暨再生利用：所谓"环保署"为持续推动全岛各县市全面实施垃圾强制分类措施，年度补助、奖励地方环保局推动社区、学校、机关、团体及离岛、偏远地区执行资源回收相关工作所需资源回收机具、车辆等相关设备及加强相关宣导作业，补助环境教育基金、补助办理资源回收有关创新及研究发展奖励、执行资源回收绩效优良的地方执行机关等。

5. 资源回收之调查及研究：主要系办理加速提升各公告回收物的回收再利用技术，分析各项回收成本与费率，奖励金及受补贴资格审核，委托专业机构分析整理累积建立回收业务相关资料库等计划。

（二）一般行政管理计划支用数 8 818 万多元新台币。

主要系支应基金运作所需的人事费、办公室租金、文具耗材等基本行政维持费用。办理基金的相关会计收支作业及召开基金管理委员会之定期及不定期会议。

（三）一般建筑及设备计划支用数 162 万多元新台币。

主要系汰旧换新购置电脑设备、数位相机、投影机等办公设备。

当然，这些非营业开支很快受到了公益组织及民众的质疑，认为行政开支所占基金资源比例过大，有失公允，甚至有公益组织要求政府交出基金管理权。

台湾社区垃圾分类密码

"搞好垃圾分类确实离不开居民的环保意识和觉悟,但仅靠觉悟和意识是远远不够的。"绿色公民行动联盟理事长赖伟杰说,以新北市那家便利店为例,它是先把回收物交给中间回收商,会得到一笔收入;中间商再将电池等交给处理厂商,也能得到相应的收入。而处理厂商进行处理后,就能得到回收基金相应补贴,而这笔钱,足以让处理厂商支付中间商及便利店相关费用后,仍有得赚。"所以你所见到的那家便利店,如果没有钱赚,是绝不会回收电池类有害垃圾的。"

赖伟杰认为,资源回收基金本就是地方政府通过利益驱动,推进垃圾分类资源回收的一种手段。"资源回收四合一计划",主要是由社区民众通过家庭垃圾分类,将各类家庭产出之小型资源物品,结合"地方政府清洁队""回收商"及"回收基金"的力量予以回收再利用,从而建立完整的回收网络,确保资源物品确实回收再利用或妥善处理,并使参与回收的民众、清洁队及回收商获得合理利润或奖励,使得回收体系成为完整的循环经济体系。

在社区"资源回收四合一计划"中,相关各方各自扮演着不同角色,发挥着不同作用——

1. 社区民众:一方面自发成立回收组织,例如,在台北市大同区大龙街158号,就由三户居民合资组成绿宝福利社,专事垃圾资源回收,据说每月大约有5万元新台币的收入。另一方面,更多的社区居民都在推广家庭垃圾分类回收。

2. 回收商:向社区民众及清洁队收购资源物质。

3. 清运队:将资源垃圾与一般垃圾分开收集清运,变卖之所得依一定比例回馈给参与单位及人员。如新北市边胜街9号世纪皇家社区居民,每天将可回收资源由物业公司统一交给清运队,变卖后部分返还物业,每月收入达2万元新台币,用于社区文化活动经费。

4. 回收基金:督导责任业者缴交回收清除处理费,成立基金;同时运用奖助及补贴机制,推动资源回收处理体系;建立有效回收制度,畅通回收处理管道。

"资源回收四合一计划"成为台湾社区垃圾分类的主要推进模式。

回收基金的杠杆效应

曹芝宁告诉记者，回收基金推行 10 多年来，对全台垃圾分类推进发挥了较大的杠杆作用。如向基金会缴纳回收处理费的企业家数，由 1998 年的 2 775 家增加至现在的 15 245 家，回收处理企业由 2002 年的 31 家增加到现在的 741 家。

1998—2013 年推动垃圾分类见成效，应回收废弃物回收处理稽核认证量由 28.8 万吨提高至 101.2 万吨；全台湾地区资源回收率由 5.8%提高至 44.96%。

"过去的垃圾处理多是着重于末端的焚化和填埋，现在则转变为源头减量和资源回收的前端处理。"曹芝宁举例说，目前的废弃物回收再利用，5 个 PET 材质的保特瓶（矿泉水瓶）可以做成一个环保袋，3 个 PS 材质的保丽龙餐盒可以做成一把尺，回收 8 万台电脑，可以产生 1 公斤的黄金。"透过资源回收，废弃物回收再利用成了新的资源，目前全台湾地区每年可实现约 1 000 亿元新台币的产值，可谓真正的垃圾变黄金。"

谈到回收基金未来的目标，曹芝宁表示在资源回收工程化应用方面，将试行废玻璃及废轮胎沥青道路工程再利用计划，以展现资源化回收技术及其效益；回收基管会自结合社区民众、回收商、地方政府清洁队与回收基金等四者共同执行后，资源回收确已建立良性机制。未来，回收基管会将更积极地朝垃圾全分类、零废弃的目标前进，真正实现循环型社会的愿景。

而在"绿色公民行动联盟"理事长赖伟杰看来，虽然资源回收基金多年来发挥了较大正能量，但也不可避免存在着短板，如资源回收基金处理的业务内容，只是针对政府已公告要回收的缴费项目在处理，对于未公告回收的未缴费的一些项目废弃物，则流落到垃圾处理场中了，如录放影机，因为后端回收系统一直无法建立起来，因此一直延宕没有回收，整个商品已经被市场淘汰了，以前销售的庞大数量，未来报废后该如何处理？

深圳需不需要回收基金？

"以玻璃瓶为代表的低回收值资源，成为深圳资源回收的鸡肋，食之无味，弃之可惜。不予回收吧，既无法降解，又浪费了资源；回收吧，物流费居高不下，再生产品成本也可能比制造一个新产品成本还高。"宝安区城管局分类中心宣培室主任李桂明认为，目前的现实是，谁回收处理瓶类低附加值物，谁就可能亏本，所以几乎无人问津。"台湾有了回收基金，瓶类问题就解决了，其经验值得深圳借鉴。"

深圳英尔科技公司总经理李海涛认为，既然资源回收基金能成为台湾社会垃圾分类的引擎，大陆城市为什么不采取"拿来主义"呢？

在记者采访交流的深圳各阶层人士中，多数认为深圳应借鉴台湾资源回收基金经验。

市城管局相关负责人表示，台湾资源回收基金的确给深圳垃圾分类带来不少启发，但借鉴相关经验时应考虑两地不同的环境。比如，台湾岛是个相对封闭的地理单元，回收基金可以基本解决岛内垃圾分类和资源回收的问题；但深圳是个相对开放的环境，是否具备单独设立资源回收基金的条件？另外，垃圾分类是个全国命题，由中央政府设立资源回收基金是不是更具权威性呢？

真相之二
当年台北这样化解邻避困局

（《晶报》2015年11月12日）

"台湾地区用了20多年时间，才形成了全民垃圾分类的习惯。以大陆政府部门的执行力，只要找对方法，进展会比台湾快。"8月24日下午，在台北市北投垃圾焚烧厂120米高空的旋转餐厅里，前台湾地区"环保署副署长"、台湾环境永续发展基金会董事长陈龙吉接受晶报记者专访，回顾台湾垃圾焚烧厂发展经历，畅谈当年破解邻避效应之艰难及垃圾分类对垃圾焚烧的影响。"但我要提醒的是，大陆在兴建焚烧厂方面，一定要吸取台湾的教训，认真调研，科学评估，避免盲目建设，别像今天的台湾一样，大批的焚烧厂面临垃圾不够烧的尴尬。"

台湾垃圾分类之父陈龙吉在北投焚烧厂烟囱上的咖啡厅接受笔者专访

大火烧出的焚烧规划

北投焚烧厂烟囱 150 米高，旋转餐厅就建在 120 米高的位置，就像一颗巨大的钻戒，呈 360 度旋转。透过落地玻璃幕墙朝下看，基隆河与淡水河在此交汇，向北流向大海；片片田地，幢幢高楼，逶迤的群山，形成一幅绝美的图画。

陈龙吉一边喝着咖啡，一边指着下面的淡水河告诉记者，别看现在河这么美，30 年前可不是这样。那时淡水河边堆满了垃圾山，水面上不但漂浮着垃圾，还有死猫死狗，环境很差。龙应台从国外留学回来，经常在报上写文章批评，连罗大佑都唱歌讽刺过。

记者了解到，龙应台当年批评台湾环境问题的文章，后来汇成一本书叫《野火集》。

罗大佑讽刺台湾垃圾成灾的歌曲叫《超级市民》，头几句歌词是这样的：

那年我们坐在淡水河边/看着台北市的垃圾漂过眼前/远处吹来一阵浓浓的烟/垃圾山正开着一个焰火庆典/于是我们欢呼——亲爱的台北市民/缤纷的台北市/垃圾永远烧不完/大家团结一条心……

陈龙吉回忆，当时环保部门曾向"立法会"提出动议，要求尽早解决垃圾问题,被一些"立法委员"斥为"小事",不该拿到"立法会"上来。1984年7月13日,一位司机随手将烟头扔到内湖垃圾山下,结果引燃了垃圾山下的沼气,大火一直烧了半个多月才扑灭。

"内湖垃圾山大火让台湾各界明白了一个严峻事实:台湾地区已无空间继续填埋垃圾,如不找到解决之道,可能会发生更多的灾难。"陈龙吉告诉记者,1986年台湾地方政府定下了垃圾"以焚化为主,掩埋为辅"的处理方针,并把焚化处理列为中长期垃圾处理方法。所谓"环保署"遂于1990年研订"台湾地区垃圾资源回收厂兴建计划",计划兴建公有民营或公有公营的大型垃圾焚化厂21座;接着又于1996年提出"鼓励公民营机构兴建营运垃圾焚化厂推动方案",计划以BOO/BOT模式另外兴建15座大型垃圾焚化厂。

台北市共修建了3座焚烧厂——内湖、木栅、北投,分别在1991年、1994年、1999年建成使用,都是由陈龙吉在"环保署副署长"任上亲自规划和兴建的。

"从1987年全台第一座焚化厂内湖厂修建开始,几乎每一座都受到选址地居民的强烈抗议和阻拦。"陈龙吉感叹,居民们其实都明白焚化是当时解决垃圾围城燃眉之急的有效手段,不反对建设,但对不起,你别建在我家旁边。所以群起反对,游行抗议者有之,堵路阻挠施工的更有之。"其中彰化溪州的焚化厂,受政治人物鼓动,认为选址存在'黑箱操作',开工之日3 000多居民前往抗议,现场一度几近失控,当局动用了3 000警力,警民几乎是一对一,才保证顺利开工。而居民抗争一直持续了两个多月才退场,成为台湾焚化厂建设历程中最大的群体事件。"

那么当时台湾地区又是如何化解这种邻避困局的?

回馈制度安抚"受伤的心"

紧贴着北投焚化厂围墙的,是洲美运动公园,包括温水游泳馆、网球场、篮球场、排球场、羽毛球馆、环河步道、图书馆、儿童乐园和幼儿园。北投焚化厂工程师郑芝告诉记者,刚才喝咖啡的旋转餐厅,和这些文体设施一样,都属于"回馈设施"。

"早年兴建的内湖焚化厂,同样有游泳池和运动场;在台南城西焚化厂,厂区旁边是一座水上乐园……都算是'回馈设施',在解决邻避问题上发挥了很大的作用。"郑芝告诉记者,回馈制度起源于20世纪80年代的一起偶然事件。当时,台湾中油股份有限公司想建一座化工厂,选址地居民坚决反对,绝不妥协。眼见双方僵持不下数年,政府出面斡旋,最后以企业拿出一定数量的金钱补偿当地居民而告终。从此台湾社会有了"回馈金"说法,1988年所谓"环保署"明确规定,以后凡建环境服务设施,需向选址地居民支付回馈金,从此形成一种制度。

北投原先没有填埋场,风景秀丽,景色宜人。焚烧厂选址北投地区洲美里时,遭到1 000多户居民的反对。于是有关部门增加旋转餐厅和游泳池、幼儿园,承诺对周边居民全免费或优惠服务。还从每吨垃圾焚烧费中拿出部分作为"回馈基金",为当地居民修建公共设施,洲美运动公园就是这样建起来的。区域内居民可凭身份证免费使用,邻近周边居民可享优惠价。

北投焚化厂墙外圣德幼儿园门外广场上,有几个孩子在玩滑梯,旁边坐着一家三口。年轻的妈妈听说记者是大陆来的分外亲热,说她来自河南周口。记者问她把孩子送到焚烧厂边的幼儿园担不担心,她说大家都把孩子往这儿送,好多年如此,没发现有什么不好。

北投焚烧厂围墙外的福利幼儿园

郑芝告诉记者,尽管有了回馈金和那么多公共设施,但仍有居民坚持要走,还有的担心地价贬值。对这部分居民,台北市政府推出"以地换地"项目,即原住民将价值较低面积较大的农用地卖给政府,可获得周边面积较小但价值更高的工业用地产权。

多种回馈形式和方法下,包括北投在内的许多焚化厂才得以顺利投产。

但台湾公益组织和民间团体则对"回馈金"制度不以为然,台湾绿色公民行动联盟理事长赖伟杰认为,不少地方回馈金按人头发放,因此准确称呼应该是"赔偿金"或"封口费"才对。

截至目前,全台湾地区垃圾焚烧回馈金累积支出四五百亿元新台币,这么大一笔钱,该怎么用,又成了争议不断的议题。

"现在许多地方基础设施都比较完善了,收到回馈金会不会用到不该用的地方?"赖伟杰表示,还有许多焚化厂如今焚烧量严重不足,效益下降,希望下调回馈金,而社区的"胃口"却降不下来了,就可能产生矛盾。"还有一些地方的头面人物,把回馈金作为讨好居民、拉选票的工具,更让回馈金变得不那么单纯。"

焚烧厂也是民心工程

在陈龙吉看来,回馈金制度并非破解邻避困局的万能药方,而真正起到决定作用的,是地方政府在与选址地居民沟通时,必须放下架子,拿出诚意,在平等的基础上消除居民心中的疑虑,将心换心,不能仗着公权力一意孤行。

郑俊敏,开着台湾地区最大的旅行社,同时也是公益组织绿色地球的理事长。"20多年前,我还在北投洲美里居住,亲历了当时谈判的种种。"他说,地方政府与村民的沟通说服工作,整整持续了两年多时间。记不清开了多少场说明会和听证会,反正居民有疑虑,政府就得说明白——凭什么说你的技术设备是最先进的?你怎样保证你的排放达标?如何保证厂子能按环保规范运营?"政府的话居民不相信怎么办?就请权威的、能令居民相信的第三方机构,空口无凭,用数据说话。先做通里长(村长)的工作,里长再去说服邻长(村民小组长),邻长再挨家挨户去做工作。"

"最早我是坚决的反烧派,后来我慢慢发现,一味反烧,激烈抗争,又拿不出垃圾解决方案,让事情僵在那儿,于事无补。"郑俊敏坦承,后来他慢慢转向做居民与地方政府沟通的桥梁,在双方谈判过程中,他会先跟居民沟通,劝告大家给政府留一定的回旋余地,别漫天要价,以免无法调和。之后,也会去和政府方面的人沟通,告诉不要超越居民的底线。由于郑俊敏从中斡旋,不少事情最终都达成了妥协。

"建厂难,就算厂建好了,环保团体会紧紧盯着,不断挑刺,例如,发现附近一棵树叶子黄了,就说是焚化厂排放引发了环境问题。"陈龙吉承认,一些民间团体在政府与民众沟通过程中的确发挥了桥梁作用,但其对焚化厂的监督也是一丝不苟,甚至有些严厉。居民也多有疑虑,有人发现烟囱竟然不冒烟,就质疑是不是"白天故意不烧,晚上偷偷烧"。"有一次我请里长过来看,里长蹲守了3天,发现焚化炉确实一直在烧,才说'啊呀,我真是冤枉你们了'。"

气味是焚烧厂最难掌控的东西,但记者在北投厂周边没闻到一丝味道。据郑芝工程师介绍,焚化炉的主坑是最大的"臭源",所以必须严格密闭;垃圾车一旦漏水,就会臭气熏天,所以厂里规定,一次漏水司机就记过,两次就直接开除;每天要对厂周围的道路做一次全面清洁;每台垃圾车每天必须洗一次车……

但据郑俊敏说,北投焚化厂刚启用时是有气味的,因此他牵头成立了北投唭哩岸环保志工团,对进场垃圾、排放数据、运营情况、炉渣、飞灰处理等,实行经常性督查。经常在夜间突袭检查,最初经常查到进厂垃圾没有分类或者是违规运进医疗垃圾的情况,他会立即报告所谓"环保署"进行罚款,严重的甚至提请检察院施以刑罚,并请媒体曝光,逼得政府不得不开始逐车检查,后来气味就慢慢消失了。

在北投厂大门口,有一个醒目的废气监测电子显示屏,实时对外直播着焚烧厂的排放数据。"谈判时要跟居民将心换心,厂建成了更要公开透明去运营,比如,这废气排放情况,你如果不对外公布,居民们蒙在鼓里,他们怎么能对你放心呢?"陈龙吉表示,焚烧厂其实也是民心工程啊!

记者了解到,在台湾2000年前后的反焚烧运动中,公益组织逐步转变了思路,从最初的反对且不合作,转变为可以有限度地容忍焚烧,但须以搞好分类为前提。

谈到大陆的邻避困局,赖伟杰认为台湾地区已提供了解决方案。"但我想强调的是,大陆如果要像台湾一样去处理邻避困局,最好能从已有的焚烧厂着手。"他说,"如深圳,有6座焚烧厂正在运行,那么,能不能先做到6个厂的进场垃圾先分类？能不能先在此 6 厂建立起运行监督委员会，让入场垃圾、运营排放等都置于监督之下？"

陈龙吉坦承，台湾居民养成垃圾分类习惯整整花了几代人，20 多年时间。大陆是在台湾不断试错的基础上推进垃圾分类，加上政府的执行力较强，推进应该要比台湾快。

真相之三
四合一：台湾地区垃圾分类的标准答卷

（《晶报》2015 年 11 月 13 日）

随着《少女的祈祷》的悠扬乐声由远及近，一辆黄色双箱式压缩垃圾车和一辆白色资源回收车如约而至。车缓缓前行，居民们纷纷把手中的蓝色垃圾袋扔进垃圾车，用其他袋子装的可回收物放到资源回收车上。这是 9 月 3 日 17：20，记者在与台北一河之隔的新北市成功路看到的一幕——垃圾定时定点投放（垃圾不落地）。

"经常有内地朋友问我，为什么垃圾不落地、按袋计量收费在台湾地区已成居民生活习惯，移植大陆却会水土不服？"长期从事垃圾分类研究的台湾大学环境工程学研究所能源与资源实验室张家骥博士告诉记者，"是因为台湾有了垃圾分类标准化体系和生根发芽并茁壮成长的社会细胞。"

别急，我们以前也这样

在采访陈龙吉时，遇到另一位来自深圳的人——深圳洁亚清洁公司总经理朱晓芬。她说公司也准备投入垃圾分类，心中无底，特来台湾考察取经。

朱晓芬说起自己刚创业时经常亲自带工人去一线清扫，后来企业发展了，还得不时去一线暗访了解情况。而陈龙吉说他在做"环保署副署长"前也曾管过路面清洁，经常带着清洁工在一线清扫，几度在清扫现场吃年夜饭。

聊起台湾地区垃圾分类发展历程，陈龙吉介绍，早期曾发生过这样的事：有居民把汽车钢圈、电缆等丢到垃圾里，导致焚化炉出现"烧结"，整个炉子被卡住。"所以，如果市民没有做好垃圾分类，垃圾焚化厂就没法正常运转。"台北市从20世纪90年代起推行垃圾不落地，定时定点投放，后来又推行按袋计量收费，过程也很艰难。一开始，常有怕麻烦或不愿花钱购买垃圾袋的居民，偷偷把垃圾丢在街头。"环保部门人员就和里长们一起上街监督，发现有人乱丢垃圾先劝解，若坚持不听就开罚，长期坚持之下，风气才慢慢转变。"

"环保教育从小孩抓起，这就是台湾垃圾分类的秘诀。"陈龙吉说，当时每个学校都选"环保小局长""环保小署长"，小朋友回家跟阿公阿婆说"你不能乱丢垃圾"，大人也才跟着转变。"这些小朋友长大为人父母了，环保观念就会传下去。"

"台湾的垃圾处理系统从无到有再到成熟，足足花了20年。"陈龙吉回忆20多年前带瑞典环保部官员游台北，上山时发现只要沿着垃圾走就不会迷路，心里很懊恼，结果瑞典环保部长跟他说："别急，我们以前也这样。"

"四合一"标准化体系

"台湾垃圾不落地和按袋计费都成了日常习惯，可在大陆为什么总是水土不服？"朱晓芬问台湾大学环境工程学研究所能源与资源实验室张家骥博士。

张博士说，好多大陆朋友都提过类似问题。在他看来，一个关键因素就是台湾垃圾分类实现了标准化——"资源回收四合一计划"——社区民众+地方政府清洁队+回收商+回收基金。

"标准化有什么价值和意义？"朱晓芬问。

"没有标准的时代，做鞋子只能靠手工。有了标准，流水线就能成批成批做鞋子，人类生产从手工时代跃进到工业化时代。"张博士认为，这就是"四合一"计划的价值所在。"整个台湾垃圾分类因为有了'四合一'这个标准，变得简明易行，充满执行力。"

当然，"四合一"计划中的每个"一"背后，都有着丰富内涵。

社区民众——有关规定赋予其参与垃圾分类的权利和义务，有奖励，有罚则，也有分类的指导手册。人的因素永远是第一位的，居民不参与，垃圾分类不可想象。

地方政府清洁队——居民把垃圾分类了，如果无人来运走，分类也难做下去。清洁队收运，其实解决了收运体系问题，而且使终端处理企业成本大为降低，自我造血功能大增，体现了财政在整个垃圾分类系统中的作用。

回收商——所有的回收物如果最终没有去处，那么社区居民分了也白分，垃圾分类注定流于形式。有了回收商，生活垃圾就有了终端处理体系。居民分类成果得到尊重，就愿意继续做下去。

资源回收基金——这是垃圾分类体系的动力之源，基金把补贴给了回收商，他就有兴趣去回收那些附加值低、平时不愿意回收的东西，而且愿意拿出一部分钱去奖励那些搞回收的居民或商家，让最基层的民众都动起来。

"四合一"计划环环相扣，缺一不可，形成了从社区居民分类到收集运输和终端处理的标准化运作体系和产业链条。"'四合一'标准体系，是台湾垃圾分类社会细胞中最重要的部分，体现了政府的主导作用。"张博士说。

慈济：瓶盖里的秘密

一把小刀，刀头弯弯若小鸟的头。这是慈济台北合成8号绿园环保站垃圾分类拆解矿泉水瓶不可或缺的工具。刀拿在朱晓芬手里，旁边慈济的田师姐告诉她，先把瓶盖拧下来，单独放。然后用弯刀，把瓶盖留在瓶口上那个圆圈挑下来。再把瓶腰上的广告纸取下来，单独放——一个矿泉水瓶的拆解才算完成。

如果不把瓶盖、圈圈和广告纸取下来，那这个瓶子就会报废，因为它们都是不同性质的材料。

8月28日傍晚，记者相继走访了台北6家慈济环保站，都没有专门的场所，由志工们临时在街边找一片空地，将各自收集的回收物放在一起进行分类。有一位志工，干脆将环保站放在自己家中。这些环保站，大的有数十人，小的只有几个人。一般都会选一个德高望重者任站长。站长不仅负责召集，还要贴钱为大家提供饮水、点心、医疗救急包。

所有志工，无论在慈济哪个岗位上，一律不拿工资，无任何报酬，甚至还要倒贴钱。陪同记者采访的田师姐，就是一家公司的董事长，记者去内湖环保站采访时，就用的是田师姐自家的车和司机。慈济南港环保教育站是周边环保站回收物的集散地，面积四五百平方米，在寸土寸金的台北，却是由一位志工免费提供的。

在内湖环保站，记者见到一位 89 岁的志工张大爷，十几年如一日，每天来此分拣垃圾风雨无阻。记者说你老人家这么大年纪干嘛天天来这里辛苦啊？老人双手合十说，每天来这里干点活，佛在上边看着呢，自己心情好，活得久。

每天，有许多像张大爷一样的老年慈济志工，都在以奉献我佛的心态，从事着垃圾分类活动。

几天后的 8 月 31 日清早 7 时，记者在花莲慈济精舍佛堂，聆听证严上人的早课，一架由一位年轻比丘尼掌握的摄像机向全球进行着实况直播。25 年前，在台中的一个夜市旁边宣扬佛法的证严，号召听众"用鼓掌的双手做环保，把地上的垃圾捡起来"。25 年来，慈济以环保和垃圾分类入世，以"清净在源头"感召世人，在全球拥有 5 000 个环保站（岛内共有 4 500 个）和 8 万志工，相继建起了大学、多所医院，全球灾难救助中，到处都有慈济的影子。

散布市井的福利社

在台北市大同区大龙街，记者看到了一家叫绿宝福利社的门店，初一看像便利店，进去一问，原来是专门搞资源回收的店铺。性质类同内地的回收公司，但其实二者差距不小。内地回收公司多在偏僻之处，且只以挣钱为目的，比较粗放。而台北的福利社，一般都在繁华街区，店面装修得漂亮时尚，且都以环保为主题。

绿宝福利社市场总监姜家文的名片上就写着这样一句话：多一份绿，少一份虑。姜家文说这就是他们的主题思想和企业文化。"这个店是由我们三户街坊邻居合伙开办的，因为有资源回收基金保证你搞回收有钱可赚，所以我们才敢搞这个店。"

绿宝福利社面积有 100 多平方米，前面是铺面，后边是库房。记者在库房看到，小到纸片、金属、塑料、玻璃瓶、手机、电池，大到冰箱、彩电、洗衣机、床架、沙发、家具等。"我们总共有 3 000 个会员，都是方圆 5 里以内的。这个范围内，大家送东西来方便，5 里以外成本就高了，不划算。"姜家文告诉记者，他们收的东西，积累到一定程度，比如，够一卡车装了，就会联络大的回收公司前来收运。"我们收的东西大部分都好卖，像玻璃瓶类不太好卖的，资源回收基金都会补贴，所以最终都不愁。"

正说话间，几个居民提着袋子进来，放到磅上称重，然后拿出会员卡，工作人员用扫描器一扫，就把会员资讯及回收物重量录入电脑。"我们就是采用美国绿色银行的办法，交到店里的东西都兑换积分，累积到一定程度就可以兑换绿币，然后用绿币兑换奖品。"姜家文指着兑换奖品陈列柜，洗衣粉、洗洁精、肥皂、文具等应有尽有。

新近店里刚刚推出了新的兑换品种，即50绿币兑换一份早餐券，很受会员欢迎。"别看我们店面不算大，但几年来每月都保持大约15 000元人民币的收入，三家各分5 000多元，感觉挺滋润的。"姜家文感叹，但自从石油跌价以来，废品的价钱就上不去，店里的生意就直线下滑。"石油价钱不会永远这么低，我们的好日子还会回来的。"

姜家文说台北像他这样的店有很多，遍布市井坊间，居民家里的可回收废品基本可一网打尽。

社区垃圾分类秘笈

位于新北市连胜街9号的世纪皇家社区，曾荣获台湾地区"永续发展奖"和"优良公寓"评比第一名，其他各类奖项几乎拿到手软。社区出一本10周年庆典纪念画册，地区领导人马英九都要亲自发贺信，是台湾地区的明星社区。

"拿奖有各种理由，但最根本的一条，就是我们社区垃圾分类搞得不错。"世纪皇家社区管委员会主任（类同内地物管主任）陈世鸿告诉记者，这个社区开展垃圾分类比较晚，2005年台湾地区全面（强制）推进垃圾分类时才开始，"也经历了两三年的磨合期，过程充满艰辛。"

世纪皇家社区共有14栋、574户，1 000多个居民，是台湾较大的社区。

开始社区请了慈济资深志工来做指导，慈济以环保入世，做分类就是礼佛的理念很有感召力，有两个老人带头在地下车库搞起了分类。当时政府收集运输的模式有两种，一是每天定时由政府清运队来收运，居民各自在规定时间送垃圾到路边等候；另一种是居民将垃圾统一放置到地下室车库的公共分类垃圾桶，由管委会通知清运队来收取。

"由于这个社区多数都是上班族，好多人是在台北上班，堵车等因素导致较难保证定时投放垃圾，我们就采取了第二种办法。"陈世鸿说，两个带头分类的阿婆不仅号召自己的子女搞分类,也督导所有认识的人,"但也有相当一部分人嫌麻烦,不愿意分类,经常趁人不备将未分类的垃圾丢到桶里,特别是有人把厨余和可回收垃圾扔到一起,造成可回收垃圾污染无法再利用。"

两位阿婆就经常站到垃圾桶旁监督,后来还安装了摄像头,对拍到的乱丢垃圾者在社区网站公示。"即便如此,我发现还是很难遏阻乱丢垃圾的情况,就算严厉处罚也没什么用。"陈世鸿说,多方调研后他才慢慢明白,垃圾分类进展不顺利的主因,是因为以移民为主的社区,人与人之间因陌生而造成的距离感。在农村,大家因世代聚居而彼此熟悉,形成"熟人社会",你干了件不好的事,很快就会家喻户晓,就形成一种天然的监督氛围。而在城市社区,大家来自四面八方,彼此陌生,互不来往,对社区事务漠不关心,也不会在意周边邻居对自己的看法。"既然彼此陌生阻碍垃圾分类,那我们就设法让社区形成熟人社会,居民不愿进行垃圾分类,那就实行居民自治,看你自己怎么办。"

要让大家彼此熟悉,要让居民自我管理,最好的办法就是鼓励大家组建社团。"如何组建社团?就是根据大家的兴趣爱好。管委会罗列了插花社、美术社、烘焙社(研究烤面包)、读经班、肚皮舞社、瑜伽社等项目,请感兴趣的居民报名参加,每个社团都要选一名社长,一切手续完备后,向管委会申报,提供启动经费和活动空间。"陈世鸿说,原来管委会罗列的社团只有十多个,没想到居民最后申报的是30多个。"30多个社团几乎把大多数居民都包括进去了,运作了几个月,看到大家兴致很高,各社长都很有公信力,我就向各位社长摊牌了,咱社区要推垃圾分类,你看看怎么动员你的社员都来参加。"

陈世鸿承认,通过组建社团,他把推进垃圾分类的压力,全分散到各社团社长身上去了。而社长说话远远比他这个管委会主任管用,那些昔日的"顽固"分子,都慢慢从对立走向合作。当然组建社团还有不少意想不到的好处,例如,过去孩子放学后,因父母未到下班时段,无人照顾的时间让人很不放心。自从有了社团,这些问题就解决了,孩子可以到美术社或读经班里,或玩耍,或按兴趣爱好学点东西。社区的老人也都有了自己的去处,一会儿学插花,一会学烘焙,还可以学学国标,既锻炼身体又乐在其中。

"通过组建社团,让社区变成'熟人社会',形成居民自治,大家由陌生人先变为朋友,继而变为'家人',整个社区成为一个大家庭,谁不搞分类,社长要说你，周围的熟人、社团友人都来谴责你，这种氛围让许多人不得不转变。垃圾分类就从过去的'要我分'变成'我要分'，这就是世纪皇家垃圾分类成功的秘笈。"陈世鸿告诉记者，社区的资源垃圾交给政府清运队，卖钱后部分返还回来，每月大概有2万元新台币，都用作社团的活动经费。

第四部

声 音

　　这里有来自国家智库、最高学府的专家学者,有来自资本市场的投资大鳄,有来自环保产业第一线的操盘手——
　　如果你想了解垃圾分类的顶层设计和底层逻辑,想了解垃圾分类的商业模式,寻找破解邻避问题的灵丹妙药,那就听听这些大咖们的声音吧。

把焚烧厂装进垃圾分类的"笼子"
——访中国环境科学研究院研究员、中国垃圾资源化产业协会会长赵章元

(《晶报》2014年4月20日)

见到赵章元,是在广州萝岗的一家小型宾馆里。4月8日上午的阳光很好,71岁的赵章元精神抖擞。7日晚,萝岗居民因反对在当地建日处理量4 000吨的垃圾焚烧厂,与政府进行对话。他特地从北京赶来,却未被允许进场。"当地官员说回头他们专门请我过来,我告诉他你们专门请我还未必会来。除非有民众邀请。"赵章元说,"他们总以为我是绝对反焚烧的,我想纠正一点,我反对的只是不进行垃圾分类的混合焚烧。"谈到深圳,他认为应发挥改革基因和试验田作用,为全国垃圾分类再探一条最佳模式。

赵章元(已故)

不分类的混烧有多可怕

赵章元毕业于北京大学,曾任中国环境科学研究院湖泊环境与近海环境研究

室主任,原国家环保总局评估中心组专家,2003年退休后开始研究垃圾分类,成为国内最著名的"反焚烧"代表,被誉为与垃圾作战的堂吉诃德,时任中国垃圾资源化产业协会会长。

"国内焚烧厂热是在2005年左右形成的。"赵章元说,国家制定"十一五"规划时,政府部门看到焚烧减量的优点,觉得是个好方法,决定要大力提倡,这成了各地方政府大力推行垃圾焚烧的"尚方宝剑"。2006年,北京市筹建六里屯垃圾焚烧厂。当地居民多方辗转,找到了时任中国环境科学研究院研究员的赵章元,打听国家相关环保政策规定。基于社会需求,从那时起,赵章元开始了系统研究垃圾焚烧的过程。"从此以后,我就成了个坚定的'反烧派'。环保总局叫停了六里屯之后,全国各地都起了连锁反应。地方政府都想建垃圾焚烧发电厂,各地居民都反对,就都来找我咨询,我一一给他们解答。"

"一个不可争辩的事实是,当我们把垃圾焚烧当成破解垃圾围城的法宝大行其道之时,正是一些发达国家焚烧炉萎缩之日。日本、美国、德国等焚烧大国都出了问题,当地居民患癌症的概率大了很多,而且空气和土壤中的二噁英和其他有毒物质的含量都高了许多,焚烧发电在国外慢慢变成夕阳产业。"赵章元说,所以国内有民众开始呼吁政府不要焚烧了,但一些发达国家已经占领了中国部分市场,推广计划早已定下来,刹不住车了。"所以国内凡建焚烧厂之处,无不遭到当地居民抵制,为什么呢?"

日本是世界上垃圾焚烧曾一度占上风的国家。据一些日本权威机构分析,日本一些地区的土样和人体血液中二噁英的浓度偏高,日本人血液中二噁英的浓度其癌症发病率与垃圾焚烧厂的距离成正比,这与该国对二噁英处置不力有关。

"理论上,垃圾在320~850℃之间焚烧才不会产生二噁英,高于上限才会生成,但现实操作中往往无法做到。尤其我们现在是把所有垃圾混放在一起焚烧,就更难控制温度了。"赵章元表示,从科学角度分析,垃圾焚烧实质上就是把固态变成了气态,表面上这个固体减量了,其实只是假象。1吨垃圾焚烧后会转变成4 000~7 000立方米的气体到空气中。这些气体有少部分在空中被降解了,但相当一部分,包括二噁英和几十种有害的气体,是无法降解的。这些气体吸附在颗粒物上,受地球引力影响还会回到地面,聚集在空气和土壤中,谁离得近谁就会倒霉。"全国不少地方焚烧厂附近的居民患癌率等明显上升,这是不争的事实。还有，POPs 类污染物已经引起物种灭绝和生育率下降，好多城市白领生不出孩子，谁敢说与整个生活环境恶化无关呢？"

"在垃圾围城成为燃眉之急的情况下，我们不可能、也无法让垃圾焚烧厂关停，但有没有应对焚烧生态垃圾危机的办法呢？"赵章元以十分肯定的语气表示，"肯定有，那就是各级政府以科学务实的态度推进垃圾分类，实现垃圾资源化！"

垃圾分类化解焚烧和生态危机

"广州萝岗区政府不让我进会场，是怕什么呢？我赵章元不是洪水猛兽，不是来捣乱的，是来给你们献计献策的。"赵章元说，前不久，北京市郊的通县、周边的廊坊市都发生了居民因反对建垃圾焚烧厂，与政府意见不一，双方协商时居民请他到场，他给出的建议是，已经立项的焚烧厂不让建也不是办法，无法阻挡，但得有前提，那就是必须搞垃圾分类，把塑料类和餐厨类垃圾（占 80% 以上）提取出来，剩下的只有百分之十几是可以去烧的。这样最大可能地降低焚烧危害，结果居民和政府双方都接受，以妥协和解收场。"深圳白鸽湖和红花岭周边居民也有不少写信向我投诉诉说焚烧厂危害严重的，央视去年 12 月还对红花岭进行过曝光。如果问我有什么建议，那就是——把焚烧厂装进垃圾分类的笼子里。"

赵章元告诉记者，以垃圾分类为前提的焚烧有三大优势：

一是源头减量。以居民家庭为例，把可回收的挑出来了，再把有害的挑出来专业处理了，最后送去焚烧、填埋的还能有多少？

二是资源回收循环利用。以餐厨和厨余垃圾为例，是湿垃圾，送去焚烧，你得加煤，得添好多燃料吧，焚烧成本必然增加好多。反过来，把它分出来，经过加工处理，可生产有机肥、生物柴油等。再如，塑料制品送进焚烧炉，是产生二噁英的元凶，也是居民健康的隐形杀手，但通过回收利用，就可成为多种石油替代品。有统计数据显示，我国每年大约有 1 400 万吨废旧塑料没有得到回收利用，回收利用率只有 25%，直接资源浪费高达 280 亿元/年，280 亿元能进口多少吨石油？如果循环利用了，可节省多少外汇？可以形成多大的产业链条？

三是焚烧危害极大降低。不少地方政府都把垃圾焚烧发电厂当作循环经济典型来推动,我想问问,你有没有算过账?那种把垃圾混合焚烧的电厂成本有多高,政府每年要补贴它多少?而它带来的潜在危害,例如,对空气、对人体健康带来的损害,得花多少钱去弥补?把这些细账算了之后,你捂着良心还敢说它是循环经济的典型么?反过来说,如果是经过垃圾分类处理后的焚烧,才真正能与循环经济沾上边。单一个塑料制品提出来,二噁英值就会大幅下降。而且随着分类不断精细化,可焚烧垃圾越来越少,焚烧厂会不断自动关闭和减少,就像台北那样,最后连埋在地下的垃圾都掏出来烧掉,地下的挖完了,就只得关门了。

"一些地方政府建垃圾焚烧厂时总那么义无反顾,我想问一声,韩国敢把焚烧厂建在市政府旁边,你敢吗?"赵章元表示,韩国市长敢把焚烧厂建在市政府旁边,不是他傻,不知道那会产生二噁英,也不是他另类,对二噁英有偏好,是他清楚,那个厂环评是过关的,机器是最先进的,所焚烧的垃圾是经过精细分类处理后的。"想建垃圾焚烧厂的地方政府领导们,有勇气参照韩国的标准吗?"

愿垃圾分类最佳模式从深圳诞生

"深圳是我国改革开放的试验田和排头兵,多年来我一直关注深圳垃圾分类的进展,想发自肺腑对深圳说一声——愿中国垃圾分类最佳模式从深圳诞生!"赵章元告诉记者,"中国开展垃圾分类试点10多年来举步维艰,困难重重,但深圳的土地,深圳人的灵魂中,都充溢着改革基因,当年你们敢冒着杀头的风险敲下土地拍卖第一槌,你们能创下三天一层楼的速度,我不信你们在垃圾分类上就杀不出一条血路来!"

赵章元表示,2000年国家推出包括深圳在内的全国垃圾分类8个试点城市,最终都没成功,根本原因何在?不搞清楚,今后垃圾分类仍可能陷入盲人摸象境地。深圳有个梅林一村名气很大,因为它是全国最早搞垃圾分类的社区之一,居民素质高,垃圾分类搞得有声有色,但后来为什么搞不下去了?因为居民分了类,收运的人却混在一起拉走。分了也是白分,所以无法持续,全国类似梅林一村的情况比较多。"垃圾分类本身是一个系统工程,前端有分类,中端有收运环节,末端有处理设施,再末端有产品和市场运营,这本该是一个完整产业链,仿佛一片森林。"赵章元说,"但我们前些年搞的试点,都只有前端分类,后边的几个环节基本都缺失,这就像只找到了一棵树,我们却以为已进入了森林,失败在所难免。"

"下一步深圳继续推进垃圾分类,我的忠告和建议是:一定要从建立产业链条的角度去切入,例如,居民分类了,怎么收运,怎么终端处理,产品有没有销路,能不能产生效益?每一个环节如何监督,要配套什么样的政策?要有完整系统的方案,缺一个环节都可能造成资源浪费,分了也白分还不如不分。"赵章元认为,垃圾分类的领导机构也必须要强势,这样在工作推进中阻力相对会小一些。深圳早期设了个垃圾分类减量领导小组办公室,感觉挺有权威性,现在又变成垃圾分类管理事务中心,似乎又变成了一个相对弱势的业务部门,那他在协调其他相关职能部门时,是不是会欠缺一些权威性?"要让它有权威性,就得由市里重要领导亲自挂帅或督办,不知深圳的领导如何看?"

深圳应在设立资源回收基金上先行先试

——访国务院发展研究中心资环所程会强研究员

(采访成稿于2017年年初)

2016年12月21日,习近平总书记主持召开中央财经领导小组第十四次会议时强调:普遍推行垃圾分类制度,关系13亿多人生活环境改善,关系垃圾能不能减量化、资源化、无害化处理。要加快建立分类投放、分类收集、分类运输、分类处理的垃圾处理系统,形成以法治为基础、政府推动、全民参与、城乡统筹、因地制宜的垃圾分类制度,努力提高垃圾分类制度覆盖范围。这宣告了中国垃圾分类顶层设计大幕正式拉开。针对大家共同关注的垃圾分类制度突出问题,记者专访了国务院发展研究中心资源与环境政策研究所程会强研究员。

程会强

问：如何理解中央"普遍推行垃圾分类制度"？垃圾分类的目的是什么？

程会强： 垃圾问题涉及千家万户，是最基础的民生问题。中央提出普遍推行垃圾分类制度，将垃圾治理问题上升到了国家层面，说明国家以民生为大计。推动垃圾分类制度改革已成为生态文明建设的重要内容，成为提高城市治理能力和农村环境治理改善的重要举措，对改善民生环境质量、提高国民素质有着重要作用，同时这也是环卫系统和再生行业两网融合、转型升级的改革契机。垃圾分类制度不是单纯地指垃圾分类这一行为本身，而是一项系统工程，包含分类投放、运输、收集、处理的全过程，涉及政府、企业、公益机构、公众等各主体，关系到法规、道德、市场等诸多方面。垃圾分类也不是最终目的，最终是通过垃圾分类实现垃圾减量化、资源化、无害化。

问：如何理解再生资源的社会公益属性和资源经济属性？这笔环保账和经济账究竟该怎么算？

程会强： 再生资源行业以回收利用社会废弃物为己任，既解决了资源循环问题，又兼顾环境友好，首先具有社会公益属性。同时，通过分拣加工和技术循环利用价值较高的废弃物，又可获得产业增值利润，该行业又具有资源经济属性。

国家应针对具体品类具体属性制定不同政策，对于单靠市场机制不能有效回收的低值废弃物，以及对环境有威胁的有害垃圾都需要政府行使公共职能，补贴再生资源企业回收。对于市场价值较高、能够靠自身机制盈利的可以交给市场。

问：如何定义两网融合？两网融合中要重点解决哪些问题？

程会强："两网融合"是指垃圾分类回收和再生资源回收利用从源头减量、分拣运输到处理利用各环节的全过程衔接和有效融合，从而实现环境效益、社会效益和经济效益的多赢。"两网融合"已列入《国民经济和社会发展第十三个五年规划纲要》《"十三五"节能环保产业发展规划》等大政方针，势在必行。

在推进"两网融合"的进程中，需要解决好政府、企业和公众三个主体的权责问题。政府的主要职责是立法、监管，发挥好有形之手作用；企业的主要职责是处理、利用，发挥好无形之手作用；公众的主要职责是参与、监督，发挥好融入之手作用。

问：政府制定垃圾治理政策的关键在哪里？各地应该怎样设计合理的垃圾分类和两网衔接模式？

程会强：垃圾治理既有一定之规，但更要因地制宜，各地要根据自己的资源禀赋探索适合自身发展的路径。2016年我率"两网融合"协作体专家和中国再生资源回收利用协会赴珠江三角洲、长江三角洲和山东半岛等地调研了全国的典型经验做法。如广州的低值废物公益回收、珠海横琴的惜福定点定时回收、深圳英尔的社区智能回收、深圳—汕尾跨区合作的恒锋废纺全产业链回收再生、杭州环卫集团的清洁直分、清洁直运和后端园区化处理、浙江联运知慧的全组分智能回收等，都因地制宜，各具特色。特别是深圳市在城管机构中专门设立了深圳市生活垃圾分类管理事务中心，在全国首创，为深圳这样的大都市实现大城管提供了可能条件。另外，深圳市还有义工联合会和志愿者服务平台，大量义工已自觉参与到两网融合的事业中，为深圳提高城市管理水平奠定了良好的群众基础。

问：2016年6月，北京市在原市容委基础上，将发改、商务、水务等多部门与城管相关的职能划归过来，组成城市管理委员会，形成"大城管"，请问北京为什么要建"大城管"？

程会强：为落实首都功能和战略定位，2016年6月，北京市委、市政府出台了《关于全面深化改革提升城市规划建设管理水平的意见》，标志着北京市城市规划建设管理水平进入一个新境界。旨在加强管理统筹、以服务促管理，构建城市综合管理体制，这为大都市运用大城管提供了模式借鉴。

垃圾治理涉及多个部门的协同管理，从前端的分类到中间的运输，再到后端的处理，它是一个全生命周期的过程，所以应将现在垃圾主管部门的职能予以整合。北京市建立大城管的措施，就是将垃圾分类减量和再生资源的利用以及后端处理几大职能进行有效整合。

问：北京的"大城管"改革需要具备什么样的条件？

程会强： 大城管必须具备如下三个要件：

1. 调整首都城市环境建设管理委员会。搭建集重大决策、统筹协调、监督考核于一体的强有力的工作平台。将供热、供水、排水、燃气、环卫、绿化、道路等领域的市属国有企业纳入成员单位，办公室设在市城市管理主管部门。

2. 组建市城市管理委员会。负责对城市管理工作的业务指导、组织协调、指挥调度、专项整治和检查评价等工作。囊括市政市容、煤电油气等能源日常运行、再生资源回收、城市建成区市管道路两侧绿化带的环境卫生、城市河湖管理范围内（不含水域）的环境卫生，以及地下综合管廊等管理职责。通过整合相关管理职责，增强城市管理工作的综合性、整体性和协调性。

3. 做实城市管理综合执法体系。由城市管理执法部门牵头，搭建城市管理联合执法平台，建立城市管理综合执法与公安消防、市场监管、安全生产、环境保护等的联合执法机制。

从以上3个要件可以看到，这样可依法、依规，上下统筹、左右协同，解决大城市管理中"九龙治水"和"多头管理"，职责不清问题，这也是适应大都市发展、提高城市综合治理能力的必然趋势。

问：截至2015年年底，我国已建成运行生活垃圾焚烧处理厂（设施）220座，在化解垃圾围城中发挥了重要作用，但目前邻避问题和冲突也很突出，您认为原因何在？如何才能解决？

程会强： 目前，公众对国家垃圾焚烧仍有心理上的障碍，我们称之为"焚烧邻避"。要解决此类邻避问题，就必须严格贯彻国家关于生活垃圾焚烧相关的标准，提高设施处理水平，保证垃圾焚烧可以实现资源化、无害化处理。

问：应该如何正确认识和理解焚烧邻避问题，并消除居民对焚烧问题的"心病"呢？

程会强： 垃圾焚烧是应对城镇化快速发展进程中大量垃圾规模化处理的必要

措施，可迅速提高现在的垃圾处理能力，但垃圾焚烧不能简单地"一烧了之"，还要协同考虑垃圾填埋、生化处理和焚烧三种手段的并用关系，即垃圾焚烧也要坚持垃圾前端的减量、分类，保证后端的分类运输、分类处理，这样才能在源头减量的前提下，提高资源化率。

特别是在我们的城镇化过程中，城市垃圾处理还存在以下几方面的短板，主要体现在：第一，整体垃圾处理设施不足，垃圾的产生量大大超越了处理量；第二，有些地区垃圾处理水平还偏低，包括像垃圾焚烧处理设施，在一些中小城市还没有得到有效规划；第三，现在整个垃圾前端的分类减量工作还没有得到很好的贯彻。

所以，要让垃圾焚烧项目得以推进和落地，首先要解决居民的"心病"，让居民随时了解情况，有参与决策和监督项目的权利。同时，政府部门应完善相关法律政策，把"建立全过程、多层级风险防范体系"真正细化落实，才能做到杜绝违法排放和造假行为。让"邻避"变为"邻利"，共享发展成果。

问：大家常讲垃圾分类要建立长效机制，您认为应从哪里着手？

程会强：从长远来说，政府补贴只是权宜之计。长远来讲，还是要建立生产者责任延伸制、销售者责任延伸制、消费者责任延伸制，按照使用者付费、污染者付费等原则设立循环经济或再生资源基金，从单纯政府工程项目式的启动扶持变成市场机制源泉式的循环发展。在此方面，国内外已有诸多成功案例可供借鉴。我国已在废旧电子电器领域率先建立了废弃电器电子产品处理基金，明确了生产者和销售者责任延伸。2016年年底国务院办公厅颁布的《生产者责任延伸制度推行方案》将有利于促进长效机制的建立。

问：由于受经济下行和国际大宗商品价格下跌影响，玻璃、塑料等低附加值回收物成为垃圾减量和资源回收的鸡肋，一些地方政府也制定了一些补贴政策，但由于市场波动太快，这些补贴政策其实很难发挥作用，您认为如何从根本上解决问题？

程会强：我注意到一些地方政府出台的补贴政策，如广州市政府出台了对低值可回收物每吨给予90元补贴作为政府购买企业回收处理服务的标准，广州市供销社把每吨90元的补贴，分配到分类、回收、处理环节，居民、环卫工人、企业等全都共享了利益，实现了多方共赢。但市场波动的确会冲抵这些政策的稳定性，如何建立一种相对稳定的补贴机制，可参照台湾地区的资源回收基金，其理论基础是生产者责任延伸，谁污染谁付费，收取生产和流通销售企业押金，放到基金池，无论市场如何波动，基金补贴都相对稳定。深圳作为我国改革开放的前沿阵地，可以在设立资源回收基金上先行先试，大胆试验。

立法不能弄一堆正确的废话

——专访清华大学环境学院教授刘建国

（《晶报》2017年10月12日）

【核心提示】2017年，是深圳垃圾分类推进取得跨越式发展的一年。5月19日，深圳宣布全面实行生活垃圾强制分类制度。6月3日，推出了全国第一部"生活垃圾分类投放指引"。经过精心布局和艰苦工作，今年在全市基本形成了生活垃圾八大分流体系。规划构建了以垃圾分类为主导的生活垃圾分类治理体系，并纳入城市总体规划。这些对垃圾分类总体推进有什么意义？今后深圳垃圾分类还要注意哪些问题？借《深圳市环境卫生设施专项规划修编》专家咨询会举办之机，记者分别专访了清华大学环境学院教授、固体废物处理与环境安全教育部重点实验室副主任刘建国。

刘建国

记者：世界范围内垃圾分类做得较好的国家和地区，有一条共性的经验与启示，就是立法先行，以严格的立法和执法来保障推进。《深圳经济特区生活垃圾（强制）分类管理条例》的修订工作正在进行，您认为这个立法有无必要性？

刘建国：立法肯定是必要的。任何一种文明习惯的形成都需要一定的强制力，就垃圾分类推进而言，法律用来约束那些不做分类的人承担一定的后果，同时也是对那些做分类人员的鼓励，这也是垃圾分类推进不可少的一种文化氛围。

但不能简单地把立法理解为强制。法治涉及面很广，比如，有了法得先让民众了解、理解并接受，可能需要在一定时间内进行宣传推广，因此必然是个水到渠成的过程。如果刚性太强，时机不成熟，有50%的人不执行，可能会形成法不治众的尴尬局面，影响法律的严肃性和权威性。

深圳是一个文明程度相对较高的城市，推动立法的基础比其他城市要好一些，因此大家对深圳这次立法抱着较高期望值，希望能在全国做一个好的示范。

记者：您觉得深圳立法需要重点注意哪些问题？

刘建国：过去立法中常见的问题是，太过原则笼统，缺乏可操作性，弄一堆正确的废话。

垃圾分类是具体事务，法规条文应该具体一些，可操作性强一些。最重要的是界定清楚涉及各方的责任，比如，谁污染谁付费就是一种很好的操作方法。再一个就是前边讲过的，不能太刚性，有多少刑事案件、经济罪案更需要我们关注？

记者：快递包装已成为城市生活垃圾不容忽视的组成部分。据市人大常委会城建环资工委发布的《快递包装绿色发展调研报告》显示，深圳去年快件达12.08亿件，人均发出快件172件，初步估算每年可产生24.16万吨快递垃圾。此外，最近网上流传的一篇文章——《外卖，正在毁灭我们的下一代》，也提到了外卖包装造成的日益严重的环境污染和垃圾处理压力，在网民中引起了广大反响。请问就解决包装物垃圾快速增长上，您对深圳有什么建议？

刘建国：首先声明，《外卖，正在毁灭我们的下一代》那篇网文，一看标题我就不会往下看，故弄玄虚，夸大其词，标题唬人。城市外卖包装废物看起来量不少，其实只要进入正常的生活垃圾处理渠道，都可以得到有效解决。有一种说法是应对这部分进行资源回收和再生处理，但这些东西大多被厨余汤汁污染，回收再生成本过高，所以回收再生一说不成立。

记者： 那快递包装物在生活垃圾总量贡献方面处于什么位置？

刘建国： 据估计，快递包装物应占城市生活垃圾总量的3%左右，可以说对生活垃圾总量增长贡献较大。其产生是我们生活方式改变的需要，可能我们多数人的日常生活都离不开快递公司。我们需要快捷、安全、便宜的货运方式，快递业才会应运而生。所以指责快递公司没有必要，重要的还是要分清责任，在快递相关联的各个责任主体中，各自该负什么责任。例如，我们每个收快递的人，也有一定责任，但人数太多，不好寻找落实。反倒是快递公司，全国就那么几家，一找就到，所以办法也就有了。

首先是国家层面需要出台一部包装废物的管理条例，规范其生产、流通和使用，欧美、日本等国家、地区都是这么做的。

第二是行业自律。快递行业协会应制定相关的行业规范，通过行业自律来倡导企业减少过度包装，实施包装环境友好和绿色无害。

第三就是国家从顶层设计角度在快递行业推行生产者责任延伸制度，这应该算治本之策。就是对快递企业收取一定押金，作为包装废弃物处理的基金。

记者： 是不是可以像台湾地区那样成立一个资源回收基金？

刘建国： 对。起码可以先成立一个专门的快递包装物回收基金。前边讲过，快递业就那几家大公司，不难找。第二，他们信息化管理程度都很高，每天送出多少快递，产生多少废物有据可查。可以说，目前我国已具备了设立包装废弃物回收基金的条件。

记者： 您觉得个人在包装废弃物减量方面能发挥什么作用呢？

刘建国： 对个人而言，就像搞垃圾分类一样，更像是一场修行。你可能无法完全把快递从你的生活中杜绝，但你可以通过树立绿色环保理念，逐步减少对快递的依赖。

记者： 大家都说"垃圾是资源"，但您一直强调"垃圾首先是污染源"，能否说说为什么？

刘建国： 如果一味强调垃圾是资源，那大家会觉得，垃圾都是资源了，为什么还要我减量、分类、付费啊？应该鼓励我多产生垃圾才是，多产生垃圾就相当于多生产资源了。生产了资源，还让大家分类，不是给大家添麻烦吗？如果说垃圾是污染源，那么我们每一个人就都是污染者，污染者对于控制污染负有当然责任，我们每一个人参与垃圾减量、分类、付费就是天经地义的事了。

上海人真被垃圾分类逼疯了？
——"垃圾教授"杜欢政解读上海垃圾分类真相

（采访成稿于 2019 年 7 月）

上海垃圾分类，全国吃瓜围观。

自 2019 年 7 月 1 日《上海市生活垃圾管理条例》（以下简称《条例》）颁布以来，上海这座城市就成了万人关注的"网红"。各类相关的段子在网上此起彼伏，抓人眼球："上海人被垃圾分类逼疯""外地人怕罚款不敢去上海""上海白领坐 60 元高铁去昆山投垃圾"……更有专家自上海考察归来，感叹上海垃圾分类"前端热火朝天，中端困难重重，后端哀鸿遍野"，看不到可持续前景，极有可能成为一场秀。那么上海垃圾分类的真相到底如何？带着这些问题，笔者专访了国家垃圾分类顶层设计专家、上海垃圾分类总体方案设计者之一、联合国环境规划署——同济大学环境与可持续发展学院教授、同济大学循环经济研究所所长杜欢政。

杜欢政

上海人真被垃圾分类逼疯了？

江湖传说咋回事

段子虽夸张却是正能量

7月以来,网络江湖盛传上海人让垃圾分类逼疯了,崩溃了,有几个例子为证:

垃圾分不好,投不好,要罚款200元,上海白领只好花60元坐高铁到昆山去投垃圾;

本地垃圾不好投,只好用无人机把垃圾运到市外去投;

不少外地旅客,因怕到上海搞不好分类被罚款,吓得改变旅程,不敢去上海了;

还出现了代扔垃圾代分类的职业,你嫌麻烦不愿扔垃圾,我代你扔代你分类,包月并根据楼层不同要价数百、几千元不等;

龙虾能分成几段?虾头、虾黄、虾壳、虾肉各应该算什么垃圾?纸巾是什么垃圾?瓜子皮是什么垃圾?

真是一地鸡毛,斩不断,理还乱,快让人内分泌失调,崩溃了,发疯了。

于是有人推出了一个奇葩分类标准,站在猪的角度看分类:猪能吃的那肯定是包括餐厨和厨余在内的湿垃圾;不能吃的是干垃圾,要填埋或焚烧的那些;猪吃了要死的肯定是有毒有害的啦;还有卖了能称猪肉吃的,无疑是可回收物啦……

总之,这些故事让上海成为全国关注的焦点,也让垃圾分类成为全民热议的话题。

但这是上海垃圾分类的真相么?

不管你承不承认,垃圾分类其实也是一片江湖。有门派、理念争霸,如"主烧派"和"分类派"。有各式个性鲜明、立场不同的人物,"垃圾教授"杜欢政就是令人瞩目的其中之一。

"垃圾教授"是行业尊称,浓缩着他30多年来对循环经济垃圾治理领域研究的成就,沉淀着他初心不改的执着和奉献精神。

他先后参与了国家《循环经济促进法》的制订,国家循环经济试点省区、城市、基地的评审等工作;作为商务部专家参与了餐厨垃圾回收利用研究和再生资源回收体系试点城市项目的评审验收；还和其他四位专家一起评选出了住建部 46 个垃圾分类试点城市……当然，目前引得全国吃瓜群众围观的上海垃圾分类，就与他有着莫大的关系。

因为，他就是上海垃圾分类推进整体规划的设计师。

这些网络上的传说到底是怎么回事？

"这些当然只是段子，是自媒体一种夸张的传播方式。"杜欢政笑着说，"这次上海垃圾分类宣传造势，官媒和自媒体都发挥了很大作用。特别是自媒体段子手，让垃圾分类以一种诙谐、幽默、好玩，甚至让人脑洞大开的方式出现在人们的视线里，让垃圾分类变得亲民而非板着面孔，传播了正能量，展示了自媒体积极的社会作用和传播价值。"

上海三重顶层设计

第一重已实现，二三重待推

有专家自上海考察归来，感叹上海垃圾分类"前端热火朝天，中端困难重重，后端哀鸿遍野"，看不到可持续前景，极有可能成为一场秀。

"他说的前、中、后端情况确实存在，但说看不到可持续前景和可能是一场秀的说法，是因为他并不了解上海垃圾分类的顶层设计及推进步骤。"杜欢政表示，从 2000 年推出 8 个试点城市时算起，我国垃圾分类已历经近 20 年时间，存在诸多治理难题和困境。"解决这些难题和困境的最佳途径，就是建立'三全、四流、五制'的顶层设计制度，以制度建设强化公共政策的合法性，以机制创新夯实公共政策的执行力，以系统思维提升公共政策的有效性。"

所谓"三全"，就是实施城市生活垃圾"全过程、全品种、全主体"的"三全"系统解决方案。全过程，即立足前端，不断完善集"源头分类-运输-处置"于一体的系统化减量体系，实行生活垃圾分类专业化推广、专业化治理；全品种，是指将城市产生的所有固废都纳入垃圾范畴，实现生活垃圾、建筑废弃物、工业固废、危险废物、再生资源等品类的全面覆盖；全主体，则是建立以政府主导、企业主体、公众主力、NGO 主推，权责明确的垃圾分类体系，形成长效机制。

"四流"，就是打造物质流、价值流、环境流、信息流"四流"顺畅的现代化管理体系。要加快推进生活垃圾体系与废旧物资体系的融合,将废旧物资回收纳入垃圾分类体系。在前端,实现对垃圾分类投放、分类收集的全口径管理;在中端,通过整套固废物流体系实现垃圾分类转运,从而节约物流成本,提高物流效率;在末端,随着垃圾园区化处理模式的构建,无论是废旧物资还是生活垃圾,都应进入相应的处理设施。推动"两个体系"的融合,有利于将城市产生的所有固体废物纳入同一系统内处理,既可节约物流成本,减少设施建设用地,又可防止因垃圾在系统外循环而造成的"二次污染"。

"五制"即构建保障机制。政府要积极探索空间场地保障、减量补贴、特许经营权、生产者责任延伸、绿色采购等系列政策保障机制。一是空间场地保障制度,加快制定再生资源回收设施建设规划,落实属地责任,加快布局建设区域性再生资源分拣中心,并将其纳入市政基础设施用地保障体系,给予相应政策支持;二是减量补贴制度,例如,浙江永康已出台《农村生活垃圾分类减量化处理实施意见》及详细减量补贴政策,可总结提炼相关经验;三是特许经营权制度,优化特许经营权授予方式、重置权利义务关系、明确纠纷解决机制,消解民间资本进入的疑虑;四是生产者责任延伸制度,对2016年国务院推出的《生产者责任延伸制度推行方案》效果进行评估,在生态设计、使用再生原料、规范回收利用等关键环节进一步细化制度安排;五是绿色采购制度,对低值可回收物,扩大财政购买服务,形成低值垃圾回收处理的长效运营机制。

"可以说,目前上海垃圾分类的推进方案,就是按照'三全、四流、五制'的理念设计的。"杜欢政表示,"但我想强调的是,'三全、四流、五制'的理念和体系,是一个系统工程构建的过程,也是一个渐次推进的过程,绝非可以一蹴而就。"

杜欢政坦承,目前上海垃圾分类已基本步入了"全过程、全品种、全主体"的构建阶段,特别是实现的全民关注这一"三全"中的重要目标,但还未步入以中端收运为主体的"四流"和以末端处理为主体的"五制"环节,所以外地专家所说的"前端热火朝天,中端困难重重,后端哀鸿遍野",是目前客观存在的状况。但"中端困难重重"和后端"哀鸿遍野"的情况,会随着"四流"和"五制"环节的渐次推进而改变,而且会形成长效机制,而非临时做秀。

"准确地说,三全、四流、五制是上海垃圾分类的三重顶层设计。"杜欢政表示,"可以说是第一重实现了,第二和第三重正待推进。"

杜欢政向笔者详细解读了7月1日以来的上海垃圾分类真相。

真相之一

引领时尚,立法先行

"习近平总书记对上海垃圾分类工作多次作出重要指示,提出了明确要求。"杜欢政说,2016年,习近平总书记要求上海率先建立生活垃圾强制分类制度,为全国作出表率。

2018年11月,习近平总书记考察上海期间强调,"垃圾分类工作就是新时尚""上海要把这项工作抓紧抓实办好,我还会继续关注"。市委、市政府认真落实党中央、国务院决策部署,把垃圾分类工作作为贯彻习近平生态文明思想、推进上海生态文明建设的重要举措。

成立上海生活垃圾分类减量联席会议办公室,协调统筹垃圾分类工作。第一召集人由常务副市长担任,召集人包括市政府副秘书长、市绿化市容局局长、市住房城乡建设管理委主任、市文明办主任,成员由各职能单位副局长(主任)和各区副区长担任。

"还有一个重要举措就是立法先行。"杜欢政介绍,2018年上海先后出台了《关于建立完善本市生活垃圾全程分类体系的实施方案》《上海市生活垃圾全程分类体系建设行动计划(2018—2020)》等政策文件,在黄埔等六个区实施试点。2019年5月,出台了《上海市可回收物体系规划实施方案》。2019年7月1日正式实施《上海市生活垃圾管理条例》,陆续出台《上海市单位生活垃圾处理费征收管理办法》《上海市可回收物回收指导目录(2019版)》,率先为垃圾分类强制化扫除了屏障。

真相之二

顶层设计周密严谨

"上海从立法层面设计,确保垃圾分类的全面推行、全程监管,并从源头减量、全程分类到资源化处理,形成完整的管理链条。"杜欢政说,围绕《条例》制定18个配套文件,"如宾馆不主动提供一次性用品目录、餐饮行业不主动提供一次性餐具用品目录、公共机构限制使用一次性用品目录、垃圾分类目录及投放要求、生活垃圾处置总量控制办法等陆续出台。"此外，《建筑工地生活垃圾分类导则》《生活垃圾分类违法行为查处规定》等一系列配套文件也相应出台。

2015 年在 16 个区 40 个街道开展"两网融合"试点，2018 年出台《上海市两网融合回收体系建设导则（试行）》，全面推进环卫系统和再生资源回收系统"两网融合"回收点、中转站、集散场的"点-站-场"体系建设。

建立居民行为奖励机制。与支付宝合作"绿色账户"，通过精准定位，把居民善举转化成账户积分，让垃圾分类变得"实惠"，从而激励市民主动准确参与日常生活垃圾分类，增强分类减量的实效。

真相之三

全民发动，全程分类

一是建立高效宣传队，大力推进《条例》宣贯活动。市级党政机关带头，成立市、区、街镇三级宣讲团，培养宣讲师 1 700 余名；二是推动全社会动员，市级机关党工委发出垃圾分类倡议书，市教委探索将垃圾分类知识纳入中小学教育内容，作为全市中小学"开学第一课"。全市举办宣传活动超过 1.8 万场，发放宣传资料 1 500 余万份，完成入户宣传 680 余万户；三是积极营造浓厚氛围。全市主流媒体大力开展系列专题科普宣传，电视、广播持续播放公益宣传片及公益广告，"上海发布""绿色上海"等新媒体定期发布正确的分类知识，提供便民查询。

构建"不分类不收运，不分类不处置"倒逼机制，推动垃圾分类投放驳运处置闭环衔接，基本建成覆盖分类运输、分类中转至末端处置的全程信息化监管平台，分类投放和收运体系基本形成。全市完成 1.3 万个分类投放点改造，更新完善道路废物箱标识 4 万余只，配置及涂装湿垃圾车 982 辆、干垃圾车 3 135 辆、有害垃圾车 49 辆以及可回收物回收车 32 辆，建成可回收物回收服务点 6 106 个、中转站 121 个、集散场 6 个。

"你们也看到了，在官媒和自媒体的双重作用下，形成了'上海示范、全国围观'的局面，对全国人民进行了一次垃圾分类的大科普。"杜欢政介绍，自 7 月 1 日以来，上海垃圾分类推进开局良好，居民响应程度高，部分小区分类投放率达

100%。前端垃圾分类质量明显提升，7月份可回收物回收量达到3 880吨/日，较2017年提高了近2倍。湿垃圾分出量达到6 600吨/日，较2017年增长88%。上海垃圾分类正在成为都市新时尚。

真相之四
存在四大问题

杜欢政表示上海垃圾分类推进目前还存在四大问题：

问题一，网络段子频出，工作有待改进

强制分类实施前后，网络舆情传播频繁。尤其是上海垃圾分类指南图公布后，各种网络"吐槽"达到峰值，随后出现"上海滩版垃圾分类歌""你是什么垃圾""逼疯的上海人""上海人民时尚挎包""是干是湿，让猪试吃""上海垃圾分类员月入过万"等段子。尽管这些调侃段子从一定程度上对垃圾分类起到了宣传教育的作用，但也从侧面反映了垃圾分类操作方法不够简明，相关工作有待改进。

问题二，定时定点投放，分类操作稍显复杂

垃圾分类前端撤桶及定时定点投放是居民反映比较大的操作性问题。未考虑上班族、高层住户等特定人群需求，造成居民投放不便利，影响了积极性；缺乏因地制宜的灵活策略，社区基层工作简单化，分类投放环节复杂化，两者让部分群众产生对立情绪。

问题三，"两网融合"稚嫩粗放，收运体系有待完善

尽管上海环卫系统和再生资源系统"两网融合"取得了重要进展，但是两网融合回收体系建设仍处于粗放阶段，回收主体组织化、专业化程度较低，网点布局与区域发展不协调，传统的废品回收站融入程度不高，两网之间融合不够。

目前的回收体系集散场为终点，仅满足商品交易、分拣、仓储分拨等功能，与各品类再生厂商以及循环产业园区缺乏互动，无法兼容厂商直挂和循环经济。集散场重集轻散，流向不定，难以溯源和监控。大量低价值废弃物回收不得不运往外地再生利用处理，处理成本增高。

问题四，数据联通较弱，网络运作待优化

由于缺乏统一的监控信息化平台，数据靠各区上报，各类信息真实性、准确

性、实时性较差，运送车辆难以实现最优路由规划，导致网点设置科学性较差，给战略决策和日常监管造成困扰。

以上海为鉴

值得外埠借鉴汲取的经验教训

杜欢政教授认为，根据上海垃圾分类全面推进的实践情况，可以从以下几个方面对外省市垃圾分类推进提供借鉴：

一是必须加强顶层设计和制度建设。长期以来，许多省市对垃圾的管理制度一直以大量建设无害化处理为主，头疼医头，脚疼医脚，"减量化与资源化"落地政策设计环节相对比较薄弱，造成"垃圾围城"现象和垃圾"邻避运动"困局。因此需要从立法开始，通过顶层设计，出台相关制度，如特许经营、空间场地、生产者责任延伸、减量补贴和绿色采购等五种制度。

二是要注重宣传，发动全民参与。垃圾分类工作最终是一场人的行为革命，要善于教育群众、发动群众。需要建立一支得当的宣传队伍，制定点线面结合、全社会参与的宣传策略，有组织、分层次、持续性地开展宣教工作。

三是因地制宜，巧用本地资源。要设计好"两网融合"系统，促进生活垃圾减量化、资源化，变废为宝，同时也可以促进资源再生、节能环保等相关产业升级。可以就建立废纺、废玻璃、大件垃圾等低价单品种回收网络和专业化加工生产基地，打造回收、加工、再利用和终端产品制造全产业链，同时对接上海的点站场回收体系。

四是要建立数据驱动，前、中、后端协同。抓住前、中、后端的三个主要问题，前端干湿分类，中端坚决杜绝混装混运，末端处理器能力配套，利用环卫系统的垃圾压缩房和中转场，进行改造升级，就近、分散处理厨余垃圾和可回收垃圾，变垃圾集中处理为分布式处理。

垃圾分类的商业模式

——对话 CG 资本董事长张鹏

（采访成稿于 2016 年 11 月）

垃圾分类自 2000 年在中国大陆播种生根，16 年来难见开花结果。原因众说纷纭，不一而足。而在大型国际私募股权基金 CG 资本董事长张鹏看来，无论能概括出多少原因，最关键一条，是垃圾分类推进没有找到可持续的商业模式。而要形成可持续的商业模式，则必须运用资本的洪荒之力。

作为国际投资大鳄，CG 资本纵横港台东南亚和中国内地，投资领域涉及众多门类。前几年，其投资 6 000 万元成立深圳市禹人水务环保有限公司，业务覆盖水务、固体废物处理、再生资源、新能源等领域。张鹏承认，正是在污水处理业务上的资本运营经历，让他获得了以资本运作推进垃圾分类的经验和底气，垃圾分类形成可持续商业模式已水到渠成。

张 鹏

吴建升：请用最简明通俗的语言告诉大家商业模式是怎么回事，为什么说前些年垃圾分类不成功的关键因素是没有可持续的商业模式？

张鹏：简单来说商业模式就是如何赚钱和盈利的途径方式。垃圾分类是个庞大的社会工程和产业集群，要有自己的盈利模式才能持续推进和发展。但众所周知，过去16年很多地方的垃圾分类都停留在试点阶段，多是政府投入，找不到盈利点，无法推广，更无法持续。

吴建升：为什么说必须运用资本的洪荒之力才能形成垃圾分类的商业模式？

张鹏：这还得从前些年垃圾分类失败的具体原因中去寻找答案。首先，垃圾是一种污染源，如果说它是资源的话，那是得付出较大的分类代价后，才能找到其资源的属性，而且这种资源属性相对较低，只有在规模化基础上才可实现盈利，注定了前些年那种小规模试点无法形成商业模式。

另一方面，前些年的分类，常常从居民家庭分类开始，到收运时混收混运结束。为什么？因为垃圾分类是个系统工程，涉及前端分类、分类收集、分类运输，最后是分类处理。很显然，前些年我们没有把垃圾分类当成一个系统工程去推进，只有前端分类，而分类收集、分类运输和分类处理全部缺失，肯定做不下去。

反过来说，垃圾分类要形成商业模式，一是要规模化推进，二是要建立系统工程。比如，大件垃圾处理，以一个街道甚至一个区为单位，都可能无法实现盈利，但如果规模更大一些，几个区合在一起，或者干脆半个城市为单位，可能就做得下去。再说系统工程吧，分类可以在家庭中实现，收集运输涉及清洁企业，而终端处理环节则涉及多种产业，如焚烧、填埋、新能源、废纺、餐厨处理等，确实是一个产业集群。

要规模化，要建立这样一个产业集群和运作体系，靠任何一家企业都无法完成，就如深圳，估算整个垃圾分类产业链条建设运营至少需80亿元，这么大融资量只能通过资本运作的方式去完成。

吴建升：垃圾分类和处理是社会公共事务，是由政府主导的，请问资本如何去推进商业模式呢？

张鹏：CG资本旗下的深圳市禹人水务有限公司成功运营过污水处理项目，其与政府的BOT合作模式值得垃圾分类借鉴。BOT说到底就是一种融资方式，政府通过与项目公司签订特许权协议（合同），将设计、融资、建设、经营、维护公共设施的责任交给项目公司，项目公司则在经营一定的时期后将其转交给当地政府，比如，污水处理的 BOT 期限一般是 25 年。

BOT 最大的优势在于，在规模化运营的基础上，厂房设备等避免了重复投资，集中管理降低管理成本，在建设和运营上的延续性则保障了投资者的利益，同时可降低总体运营成本和避免暴利。

目前在不少地方，垃圾分类的招标是每年进行一次，也就是说一个企业辛辛苦苦搞一年分类，投资配套了设备，把各种情况都摸清楚了，第二年可以驾轻就熟了，但第二年招标它可能就会被另一家企业取代，从而造成许多尴尬情况出现。所以，采取 BOT 模式是未来垃圾分类规模化集约化运营和形成商业模式的保障。

吴建升：正如您所讲，垃圾分类涉及从分类到分类收集、分类运输、分类处理的多个环节和一个庞大的产业集群，那么资本介入该从哪里切入呢？

张鹏：资本运作是要建立一个垃圾分类的平台，然后在平台上整合资源，形成集团优势。但这有一个过程，也需要有所为，有所不为。

以深圳为例，如分类环节，由于未来实行强制分类，这部分主要在居民家里消化完成，小区内可能仅需要投入少许宣传推介和配套容器等设备的费用，由政府投资即可。

清运环节深圳早已市场化，填埋和焚烧也都有了相对固定的运营企业，所以资本也不好介入。

那么剩下的入口在哪里？首先是厨余处理环节，其占到生活垃圾的 50%，就成了我们的突破口，就是通过改造垃圾中转站，对厨余垃圾通过减水实现减量。这个我们已与英尔科技公司在宝安区大宝路垃圾转运站有过合作实验，通过机械物理减水实现厨余垃圾减量 70% 还多，且已相对稳定。在这一块上，我们就可以尝试对垃圾转运站进行大规模改造，其减量效果也将是惊人的。

另外，低附加值垃圾这块，在未来配套政策出台的情况下，也大有可为。

当然，如果是在外地，特别是那些从未开展过垃圾分类的地方，一张白纸，资本运作垃圾分类将会有更大空间。

吴建升：如果从厨余减水减量入手，意味着必须干湿分类，能说说这样做的好处吗？

张鹏：可以说干湿分类就是垃圾分类的基本规律。首先，避免了一些可回收物遭到污染而变成废物；其次，经过减水减量，节省了运费，减少了运输途中二次污染；最后，经过减水压缩后的厨余废渣，焚烧热值据估算可超过 5 000 大卡[①]，无须添加助燃材料，既节能，排放效果也更好。可以说，湿垃圾是生活垃圾一切有害和污染元素的根源，干湿分类无疑抓住了垃圾分类的牛鼻子。

吴建升：通过改造转运站方式实现厨余垃圾减水减量，同时也是把垃圾分散处理了，这与传统集中式处理方法相较有什么优势吗？

张鹏：现在把这种处理方式称为分布式处理，相较于集中式处理其有以下优势：现在大城市都面临土地资源枯竭问题，分布式处理就近利用垃圾转运站现有资源，无须政府提供土地，此优势之一；其二，集中式处理，成百上千吨湿垃圾集中到一起，气味控制稍有不力，就可能酿成邻避事件。其三，通过转运站改造实现减水减量，最终运往焚烧厂和填埋场的垃圾量大为减少，节省大量物流费用。其四，相当一部分不用运输了，那么就大大减少了途中二次污染的概率。

环卫一体化是趋势

——访深圳市洁亚环保产业有限公司总经理朱晓芬

（采访成稿于 2017 年年初）

10 多年前，她就开始了一种有点另类的海外旅行。别人海外旅行看风景逛名胜，她却总是循着垃圾走，进社区看分类，入街巷观察垃圾收运，参观垃圾焚烧和各种资源化处理工艺设备和技术，到大学和科研机构拜访专家学者。她坦承连续数年的海外垃圾分类之旅，就是为深度介入垃圾分类产业而"苦修内功"。

她就是深圳市洁亚环保产业有限公司总经理朱晓芬。

"就垃圾分类而言，台湾地区就是大陆的镜子。"她说，"经常照照这面镜子，大陆垃圾分类才有弯道超车的可能。"

---

① 1 大卡 = 4 186.8 焦耳

台湾地区成功四关键

朱晓芬认为台湾地区垃圾分类成功的关键有四:一是有了差不多 10 年的准备和试错期;二是立法开路,有法律保障;三是资源回收基金奠定了整个垃圾分类的基础;四是"四合一"制度形成了一个完整的垃圾分类生态和生命链条,为垃圾分类推进提供了制度和机制保障。

资源回收基金的作用

朱晓芬说,在台北街头她访问过一家废品回收店,当地人叫福利社,方圆 5 里范围内的居民都会把回收物送到这里来卖。据店主说,

朱晓芬

他们由三个股东组成,前些年国际石油价格高涨时,三个股东每月能分五六千元人民币也就是两三万新台币的利润。但随着近年来国际油价不断下跌,利润随之减少,在她访问台北的 2015 年 8 月那段日子,国际油价几乎触底,他们的收益比过去减少了差不多 2/3。

所以资源回收基金的作用也难免受国际大宗商品市场波动的影响,它只是在市场低迷时发挥托底作用,保障回收市场不至于崩盘。

近几年大陆不少回收企业关门大吉,与没有回收基金托底不无关系。

大陆是不是可以对台湾地区资源回收基金采取拿来主义呢?

朱晓芬认为从大方向上来说没错,低附加值可回收物目前陷入"鸡肋困局",如果有回收基金支撑,就有解困的希望,从而成为减量的重要元素。

问题是台湾一岛之地,回收基金基本可以解决相关问题。可大陆地域广阔,地区间发展不平衡相当突出,如果由各地自己设立基金,会不会造成落后地区的低附加值物流向发达地区,或者深圳设了基金,周边没有,会不会东西都涌到深圳?

如果由中央政府设立基金,那又将如何解决各地区间经济发展不平衡问题呢?

朱晓芬表示，资源回收基金是必由之路。只是切不可用拍脑袋方式来决定，而是要由专业机构当作一个国家级科研课题，在深入调研的基础上得出科学数据，最后由科学数据来决定。

生产者责任延伸步子应更大

回过头来再看大陆，虽然 2000 年 8 个试点城市与台北同时起步，但正由于缺少台湾的"四个关键"，所有试点无一例外地成了"前边分类，后边混收混运，分类最终陷入从小区居民家中开始，到小区垃圾转运站终结"的怪圈。

大陆在 2017 年初也终于推出了生产者责任延伸制度，但只是局限于电器电子、汽车、铅蓄电池和包装物四类，范围有点小，步子不够大。而且，至今只有华为等一些手机企业在真正践行生产者责任延伸制度，回收自己产品产生的废弃物；顺丰等快递企业也开始探索推广绿色包装的问题，但我们看到的仍是大量包装废弃物处于失控状态，说明这方面进展仍很有限。

在生产者责任延伸制度推行方面，社会总体投入的力度不够，我们仍有较长的路要走。

将焚烧装进垃圾分类的笼子

目前，不少地方一方面垃圾围城火烧眉毛，另一方面老百姓对修建焚烧厂总是"围追堵截"，邻避问题不时发生。

"我很赞同已故环保专家赵章元先生说过的一句话，'将焚烧装进垃圾分类的笼子'。"朱晓芬表示，这句话有几层意思，一是垃圾分类是一个体系，或者说是一个系统工程，分类和焚烧都是垃圾处理产业链条上相互依存，不可或缺的环节；二是以分类为前提的焚烧，相对而言是目前生活垃圾处理的较优选择。"但由于众所周知的原因，目前焚烧厂垃圾混合焚烧的情况还较严重，我们在前端分类上还须下苦功。"

在邻避问题上，不分肤色种族，人们的反应都差不多，谁都不愿垃圾焚烧厂建在自家附近。但欧洲、日本、韩国和我国台湾地区都相对较好地解决了邻避问题，其特点如下：

①信息透明对称：尊重当地居民知情权，信息公开透明，通过听证会、谈判

等方式与居民充分沟通，求得理解。②严格的环评和听证程序：环评是政府依法行政和焚烧厂依法运行的保障，听证会则是在平等基础上与民众沟通，听取吸纳民众意见的机制。③补偿机制：即便是世界最好的技术，最先进的焚烧设备，最严格的运行标准，都会给当地居民生活带来不利影响，比如，会影响房地产价格，会给大家带来心理上的负面影响等。解决的办法只有进行补偿，比如，经济补贴、福利补贴等。④监督机制：比如，在台湾地区，一般会由政府、公益组织、居民、学者等组成督察组，随时对焚烧厂的运行情况进行监督检查。⑤良心工程：用最好的工艺技术设备和最高的运行标准，且最好对垃圾进行恰当分类后再焚烧处理，这是解决排放问题，保障环境友好和居民健康的关键。

2016年6月发生的湖北仙桃事件，就邻避事件而言是一个分水岭，如果说在那之前国家对待邻避事件态度相对模糊的话，仙桃事件则透露出两个信息：一是中央已开始重视焚烧厂带来的问题；二是在焚烧厂建设上，为政者风险加大，仙桃市委书记处理邻避事件不力官都丢了。

杭州九峰曾因居民抗议，将焚烧项目搁置下来。但因为解决了信息不对称和补偿问题，项目又复活了。

环评和听证是保证整个焚烧厂建设公平公正必不可少的程序，也是决策者的护身符，万不可少；监督机制其实是给居民的一颗定心丸。

环卫一体化是趋势

若是从2000年算起，内地垃圾分类已经推进20余年，但一直存在着一些难以根除的顽症，阻碍了垃圾分类的健康发展。

"例如，分类环节本身没有盈利模式，主要依靠财政补贴，无法形成市场机制，财政压力大，也难以形成可持续模式。"朱晓芬表示，分类环节与收运环节间存在着结构性矛盾。例如，垃圾分类的初衷是通过分类实现减量。而对收运企业而言，运的越多则收益越大，也难免对分类效果形成对冲。"混收混运则是多年来阻碍垃圾分类推进的最大顽症。"

造成这些问题的根本原因，就是我们像切香肠一样将垃圾分类链条分割成多个条块，分类、收集、中转、运输和末端处理等环节往往由不同利益主体的企业运营，不仅各环节相互脱节和碎片化情况严重，也易造成结构性矛盾。

以分类环节为例，分类减量效果好，可以大大降低中转和运输环节的成本，减轻填埋场和焚烧厂的处理压力。但实际上，分类环节却无法分享减量效果所带来的红利。而且，政府现行对收运环节的补贴政策是，运输的数量越多，得到的补贴越多。显然，分类减量就意味着收运环节的收益，随着运输量的下降而减少，当然是收运环节所不乐见的。

分类环节同样与终端处理环节也存在着结构性矛盾，以厨余处理为例，如果分类环节分得精准干净，末端处理环节处理成本可大大降低。但在现有条块分割和碎片化的运行机制下，这种精准分类带来的效益照样与分类环节没什么关系，对其积极性必有挫伤。

从财政投入角度来看，相较收运和末端处理环节，分类环节的投入堪称鸡肋。就如一位专家比喻的那样，其他环节都把肉分光了，分类环节只剩下残汤和骨头渣子了。投入不够，加上又无法从分类减量效益里得到回报，使得分类环节资金捉襟见肘。目前居民垃圾分类参与率和分类精准率普遍双低的情况，与投入不够关系极大。

"要解决这些问题，就必须改变目前垃圾分类条块化、碎片化的结构特点，采取环卫一体化的垃圾分类模式。"朱晓芬说，"就是由一家有实力的企业打通垃圾分类上下游产业链，建成从清扫保洁+分类+收集+中转+运输+终端处理的全覆盖模式。"

环卫一体化的垃圾分类模式下，同一利益主体下的垃圾分类各个环节，将协调一致，整齐化一，形成合力，上述系列结构性矛盾将迎刃而解。分类环节的资金短缺等问题，也将在一体化的模式下由企业内部协调平衡后解决。

第五部

江湖中的大人物

有江湖，就有恩怨情仇。看看这群垃圾分类江湖中的大人物：有的为了梦想倾家荡产，却无怨无悔；有的出师未捷身先死，空留遗憾在世间；有的为了探究回收市场，在丐帮卧底10多年……他们也许执着得尽乎偏执，也许在世人眼里有点疯狂，有点另类，但他们身上却有一种最宝贵的特质——情怀。

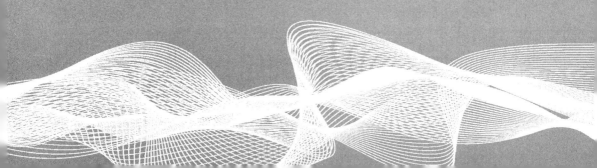

驴屎蛋：分类江湖中的大人物

垃圾分类是一片江湖。驴屎蛋就是这江湖中的大人物。本名黄小山，是皇城根下的大律师。不是因为打官司，而是因为跟"垃圾"扯上关系闻名天下。在世人眼中他似乎是环保英雄，却疑因受到"招安"而被诟病。曾创建"绿房子"搞垃圾分类受到广泛关注，又因加盟有焚烧业务的北控集团而被环保界视为"叛徒"。

第一次见到驴屎蛋，是在北京东城区一个咖啡馆的露天座位里。8月天，有霾，无阳光，闷热。他穿一件花格衬衣，没系扣子，露着肚皮。没聊几句说"真他娘闷热"，将衬衣除去，全裸了上身，马上成了一道风景。

但只讶异了一阵儿，就发现裸着上身之于驴屎蛋根本算不上什么，他另类的事情实在太多……

驴屎蛋黄小山

从私家侦探到驴屎蛋

黄小山，1962年生于北京。在部队大院长大，自幼父母不在身边。"所以聪明、自信、有主见，不仅有想法，而且绝对与众不同，特立独行，不喜欢按常理出牌。"

1984年毕业于北京大学法律系，在北京市贸易促进委员会法律部任职。铁饭碗端腻了，于1990年辞职下海，开办安塞尔商务调查咨询公司，当起了私家侦探。

1993年，黄小山关了侦探所，从事律师职业，先后开创金律律师事务所、富盟律师事务所，主打经济官司，"屌丝"逆袭成"高大上"，自此一干就是20多年。

转眼到了2005年，当了20多年京城大律师的黄小山赚得盆满钵满，在北京小汤山的纳帕溪谷别墅区买了处上千万的房子，又花上百万买了辆林肯领航者，打算"打打高尔夫，享享天伦之乐"。

在左邻右舍眼里，黄小山是个"怪人"。说他是律师吧，从来不穿西装，身上衣服、头上头发赤橙黄绿青蓝紫，变幻莫测，怎么刺眼怎么来，那日子过得如闲云野鹤，悠然自得。

可这种安逸的日子在2009年的一天被打破了。7月的一天，家住相邻社区保利垄上的陈女士去小汤山镇政府办事，发现一个不起眼的小黑板上面贴着一份已经落灰的《北京阿苏卫生活垃圾焚烧发电厂工程环境影响评价公示》，据称要建成亚洲最大的垃圾焚烧发电厂。一看时间，距公示结束只有几天时间了。陈女士将事情发在社区论坛上，很快传遍了周边的社区。

"我当时就火了，是一种条件反射的气愤，程序不透明、不公开，公示怎么能贴在那么一个地方？分明就是不想让人看到嘛，我花那么多钱买了栋别墅，你一声不吭给边上建一垃圾焚烧厂，还让不让人活了？"黄小山回忆，他听说过垃圾焚烧产生的二噁英对人体的危害，毒性是氰化物的130倍、砒霜的900倍，被国际癌症研究中心列为"人类一级致癌物"，那可不是玩的。

业主们的怒火迅速在社区论坛上蔓延，律师黄小山很快成了意见领袖。"当时想按律师谐音给自个取个网名，叫驴屎，想着有点恶心，就在后边加个蛋字，成了驴屎蛋。"

反焚烧吃了5天"牢饭"

驴屎蛋迅速成了小汤山周边纳帕溪谷、保利垄上、橘郡等别墅区业主群的明星，他带领大伙给环保局、信访办及市长热线投诉，没人搭理，就在网上开设反建网站和"奥北论坛"，以期在网络江湖寻找同盟。

2009年8月1日，贴着"坚决抵制二噁英危害"等标语的58辆私家车，在小汤山周边冒雨巡游。

不管是黄小山这样的律师，还是居住在小汤山别墅区的投资银行家、外企高管甚至煤老板，在普通人眼里，共同身份都是"有钱人"。这个标签 "用钱打发不了"的属性，使有关部门不得不考虑惯用的经济补偿之外的解决之道。这不仅使驴屎蛋们与普通维权者泾渭分明，也使其陷入了前所未有的孤立。

政府之所以在阿苏卫修建生活垃圾焚烧发电厂，因为这里本来就是亚洲最大的垃圾填埋场——阿苏卫垃圾填埋场。周边除了有钱人的别墅区，还有阿苏卫村、二德村、牛房圈和百善村等几个普通人家居住的村庄。村民们十多年来在熏天臭气中度日如年，只待焚烧厂建起就可整体搬迁。为了争取更多补偿，不少村民将自家的平房加盖成三四层的简易楼。这倒好，这些有钱阔佬们整天嚷着不让建焚烧厂，分明是要断村民们的财路跟大伙过不去嘛。

"奥北论坛上有很多帖子就说，你们这些有钱人真不要脸，政府要拆迁，我们几十年守着这个臭气熏天的地方，终于能拿钱搬走了，你们就闹着不让建。于是'你们全家死光光啊，下地狱啊'之类的难听话全出来了。"黄小山说，得不到政府回应，也没法与周边居民结盟，别墅区的"富人们"忽感自己力量弱小，影响有限，觉得应该弄出点大响动。有人提议到北京主要街道上去示威，黄小山出于律师本能说这样做可能有些过火，有人呛他：不过火能引起重视么？

怎样引起重视？得选个特殊的日子。

2009年9月4日，"北京环境卫生博览会"于当天开幕。大清早，小汤山别墅区的富豪们就来到北京市农展馆门口集结了，大伙身穿统一制作的T恤，系着绿丝带。"咱这人本来傻大胆，不怕事，大伙都来了，咱不可能不来。"黄小山不但来了，还走在队伍最前面，手里拿着"坚决反建阿苏卫垃圾焚烧厂"的横幅。

后来下起了大雨，大伙淋得和落汤鸡似的，鞋、袜子、裤衩都湿透了。"咱头发本来是立着的，全给淋塌下来了。"黄小山回忆，队伍在农展馆门口没走多远，警察来了，他第一个被拿下，同样被拘留的还有另外6位业主。当了20多年律师的黄小山，那一天拿到了警方"行政拘留5天"的通知书。

经此一役，许多富豪吓破了胆，从此退出维权队伍，黄小山家人也担心得要命。

"很多朋友非常关心我在拘留所那几天的遭遇，我想告诉大家那其实是我多少年来过得最安逸的几天，远离红尘喧嚣，吃着粗淡牢饭，反倒想了好多问题。"黄小山说，"咱是因垃圾问题进来的，可咱究竟对垃圾处理了解多少？到底想达到什么目的？如果咱不让焚烧厂建在咱家旁边，那它到底应该建在谁家旁边？咱不让对垃圾进行焚烧，那垃圾到底应该如何处理，有没有一种替代的办法？"

出国考察接受"招安"？

"垃圾产生是事实，就算您再烦，您自己也是生活垃圾的制造者。必须要去找出路，提出一个可替代的方法。"从看守所一出来，黄小山就开始说服自己的邻居，激烈对抗解决不了实际问题，垃圾还是那些垃圾，如果我们能找到一种合理的解决办法，再去与政府协商，也许还能找到一条出路。

吃过牢饭的驴屎蛋名头更响，说话更有鼓动性，很多邻居都被他说服了，大家在互联网上查找国内外的垃圾处理文献，咨询了国内外许多专家学者，摸清了目前世界上各种主流的垃圾处理手段和方式，不少业主自学成了民间垃圾处理专家，什么MBT（机械分拣）、RDF（垃圾衍生燃料）、厌氧发酵这些专业词汇信口道来。

2009年11月8日，小汤山别墅区的业主们合作完成的《中国城市环境的生死抉择——垃圾焚烧政策与公众意愿》正式出炉，被提交给北京市市容市政管理委员会（以下简称市容委）。报告前后修改了4次，第4版时已经有了39 000多字，83个图表，47个尾注和1个视频链接，业主们提出了一整套垃圾末端处理的解决方案。

报告是递上去了，但却似泥牛入海。驴屎蛋从政府的沉默中感到了些许傲慢，这更激发了他的好胜心。没人理会，他就一次次主动去找市容委，有时一周去三四趟，渐渐混得脸熟，市容委的人见他去了，常会打趣说"黄律师又来上班啦"。

北京市政府参事、市容委高级工程师、固体垃圾处理专家王维平就在此过程中成了驴屎蛋的朋友。他经常邀请王维平去小区喝咖啡，与业主们一起探讨垃圾处理问题。

混得脸熟机会就来了。

2009年年底的一天，他正在埃及度假，接到王维平的电话，邀他作为市民代表，去日本和澳门考察垃圾处理。

"实不相瞒,接到电话瞬间,我兴奋得有种从金字塔上跳下去的想法。"黄小山说,考察团出发日是在2010年2月22日,先日本后澳门。一行7人,除了他这个"反烧派",还有包括王维平在内的市容委官员、专家及两名记者。

"所谓考察垃圾处理其实就是考察垃圾焚烧,出国前我早就先做了一番功课,联系了日本的几位专家,刚到东京,我就托辞找朋友,去找了几位日本专家,向他们请教考察垃圾焚烧要抓住些什么重点,果然后边几天考察过程中我表现出的'专业'水准连王维平都感到惊讶,连称要免试让我做他的研究生。"黄小山说,在澳门考察焚烧厂期间,他也借口上厕所,"失踪"1小时,跑到附近社区调查居民对焚烧厂建在自己家旁边的真实态度。"上述细节,也反映了我在考察初期对政府的戒心,怕被忽悠,怕看不到真相。"

黄小山也坦承,正是在考察过程中,他慢慢体会和了解到,政府也确实想解决垃圾问题,只是还没找到好的方法。民众在垃圾处理问题上,与政府合作可实现双赢,对抗则无出路。

他开始理解政府,但昔日的"战友"们已开始不理解他了。考察途中的2月26日,已有业主在社区论坛上发帖称"大家被利用了",驴屎蛋"发回的微博内容和回答媒体的提问令我们很失望",担心他"已经被招安了"。

绿房子梦想与现实的距离

"我出国考察最大的收获,就是走出了对焚烧理解的误区。"黄小山承认,出国前,他还是个绝对的"反烧派",觉得焚烧产生致癌物二噁英,应该坚决杜绝。但在日本看到焚烧厂建在市中心,才了解到焚烧技术其实已经非常成熟,日本敢把厂建在市中心,除了技术工艺和设备过硬,更主要的是入炉焚烧的垃圾是经过细致分类的。"比如,把湿垃圾分出来,既能增加焚烧热值,也能减少二噁英的产生。再如,把有害垃圾分出来,就能大大减少有害气体的排放。"

就在出国考察回来不久的2010年4月2日,北京市宣布启动垃圾分类。"我们常常批评政府环保措施不力,可我们这些批评者又真正能够做些什么呢?"黄小山决定不再做"口头革命派",而是成为一个垃圾分类实践者。经过一年多的调研,他推出了自己的"绿房子工程"计划,就是在居民社区建立具有统一标识、统一形象并进行统一管理的连锁式的集干湿垃圾二次分拣、资源回收、厨余垃圾脱水减量等功能于一体的集约化垃圾中转平台。

2011年7月，黄小山个人投资14万元，加上北京市容委的部分补助，在小汤山纳帕溪谷别墅区建起了"绿房子"社区垃圾分类工程。当月26日，湿垃圾处理设备首次调试。80.6公斤的果皮、菜叶等湿垃圾倒入破碎机，粉碎成小颗粒和水，然后自动进入脱水机。经脱水、冲压，水分从污水管道流走，垃圾残渣被推出机器。40分钟后，垃圾处理完毕，残渣体积比原来减少1/3，总重量减至42公斤。黄小山说，设备每小时耗电4.5度，一天可处理2 000户的垃圾。

绿房子一出现即引起轰动，媒体争相报道，北京市容委表示条件成熟时可考虑在全市推广。2012年4月，自然之友与黄小山成立了绿诗丹公司，随后又有一家环保资金加入进来，三方签订为期一年的合作协议，由该环保组织资助，意欲支持绿房子在北京其他社区的落地。但落地工作在现实中几乎无法推进，不是居民反对，就是物业不配合。一年后，不仅绿房子没有一单复制成功，连小汤山根据地也关门大吉。"咱做绿房子不是为了做秀，而是想营造一个可复制的商业模式。"黄小山感叹，商业模式的关键是规模化效益，无法推广就谈不上规模化，也就无法形成商业模式。"我前后为绿房子购置设备，支付团队人员工资及运营费用，投入了70多万元。这点钱还投得起，不会对生活造成影响，但如果再多肯定承受不了。绿房子既然看不到商业前景，不关掉只能成为无底黑洞。"

2015年10月，黄小山出人意料地二次再就业，加入北控，代表其满世界地收购环保企业。"这是一个更大的平台，也许可以帮我实现以前无法实现的梦想。"他说，"垃圾问题就是个哲学问题：垃圾是什么，从哪来，到哪去。也许只有从这些角度考虑，垃圾的问题才能解决。"

王政：散尽家财搞分类，出师未捷空余恨

这是在台北见到的第一个晴天，我正行走在书市的街头。一友人来电：老王走了，你知道不？我一愣，说：走了？去哪儿了？友人说：去世了，糖尿病并发症。

那天是 2015 年 9 月 3 日，我去台北采访垃圾分类的第 11 天。老王是友人王政，深圳著名垃圾分类专家、"RQS"智能垃圾桶专利发明人。大约是 7 月中旬的一天中午，我去王政所在的龙华一城中村，本想中午请他一块吃顿便饭小聚，老王说已吃过了。我在一家陕西餐馆要了碗扯面，他来

王政（已故）

作陪，要了听冷冻的王老吉，喝了几口就说胃受凉了，肚子疼，先走了。没想到这一走，竟是阴阳相隔，生死两界。

也许，糖尿病并发症只是他的物理死因。而他的精神死因，则是那让他魂牵梦萦、散尽家财的垃圾分类。

一个电话扯住了我

与王政相识，缘起垃圾分类。

我写出第一篇垃圾分类深度报道《深圳重启垃圾分类，须以失去的 10 年为镜》后，没有引起太大反响。垃圾分类亦如过去采访过的许多事物一样，过去了就结束了。

大约半年多后的 2013 年五六月间，忽然接到一个男士的电话，提到上边的稿子，说写得很好，但不解为什么一直没见到续篇，要求一定见面。

和我见面的就是王政，一个 60 多岁的老人，说是转业军人，国企退休高管。见面就赞我的稿子"直击中国垃圾分类问题要害"，"高屋建瓴，有深度，有

见地"，说垃圾分类推进需要有更多这样的力作出现。王政还告诉我，他 10 多年前从国企退休后，2007 年开始研究垃圾分类，自费到台北、东京、旧金山及大陆 80 多个城市考察调研过，觉得台湾与大陆同文同宗，其垃圾分类经验最值得汲取。说台北最有价值的经验就是垃圾按量计费，"因为按量计费本质上就是谁污染谁付费"，这就从根本上把个人利益与垃圾分类挂上钩，提高了人们参与垃圾分类的积极性。

正是从这个切入点考虑，他耗资数百万元，请专家团队设计出了"RQS"智能可计量垃圾桶，并于 2010 年获得国家专利。

为了满世界考察垃圾分类及聘请专家团队研究"RQS"专利技术，他卖掉了三套房子，一个宾馆，棺材本都搭进去了，可连个响声都没听到，专利问世几年犹待字闺中，无人问津。他现在不得不住在城中村的"钩手楼"里，靠着几千块的退休金度日。

那天见面结束时王政说，如果你们这些媒体人都不关心垃圾分类，我们这些搞实业的就更看不到希望。他要我一定坚持写下去，并给我介绍了从深圳到北京的很多业内专家及企业界人士。

我记得那天王政看上去头发花白，但声音洪亮，气度不凡。

我被他身上散发出的激情感染了。

爱拍桌子的倔老头

王政成了我的垃圾分类顾问。

他把垃圾分类描述成了一片江湖，官府（政府）是主导者，然后有"焚烧派""反烧派"、公益组织、企业等门派。说有门派，便有江湖争霸，几乎每个门派掌门人背后都有一段惊心动魄的故事。

他描述反烧派掌门人赵章元，因为常常在媒体上发表反烧言论，触动了"利益集团"曾遭人电话威胁。2010 年 2 月在广州参加"广州市生活垃圾处理专家咨询会"，与会 32 位专家中就他一个旗帜鲜明反焚烧，结果在这场焚烧与反焚烧的"争霸"中，他以 1：31 的比例惨遭"围殴"，其惊险惨烈程度不亚于乔峰激战聚贤庄，以一人之力单挑中原武林。

他讲述环保公益大侠毛达"败走麦城"的经历——2008 年 5 月，江苏海安人谢勇的儿子出生，很快被诊断为脑瘫、癫痫。他们家离海安垃圾焚烧厂不过190米。2010年9月，谢勇将江苏海安垃圾焚烧厂告上法庭。毛达作为证人（专家学者）出庭，证明孩子患病与垃圾焚烧有关。但最终的结果是，因受害方无法证明自身受害与环境损害之间有直接因果关系，而被一、二审法庭先后判决败诉。

他描述北京网络红人驴屎蛋黄小山很像逍遥派掌门人，住别墅，开豪车，说是个律师，身上衣服赤橙黄绿青蓝紫，啥刺眼穿啥；说是个富豪吧，整天弄个绿房子跟垃圾打交道，甚至为反焚烧还进过号子……

我被王政带进垃圾分类的江湖，且越走越远。

几乎每周都要碰头，讨论采访选题，探讨采访中涉及的各种问题。

在王政看来，台湾垃圾分类成功的关键，除了按量计费，更重要的是有"四合一"的标准化体系，社区民众+地方政府清洁队+回收商+回收基金，即社区居民把垃圾分类了，政府清洁队免费将垃圾运走，交给回收商去处理，回收商由于不负责物流费用，运行成本较低，而且处理完了还有政府回收基金给予补贴，就有钱可赚，整个行业就形成了良性循环，有投入，有产出，有收益，所以可以持续发展。

每每说到大陆8个试点城市与台北几乎同时起步，10年后却是原地踏步，王政就激动得扯开嗓门，手舞足蹈，说这就是多头管理、九龙治水所致，一个垃圾分类涉及十几个政府部门，城管局看似主管垃圾分类，其实既管不了可回收垃圾，也管不了有害垃圾，看起来大家都有责任，其实相互扯皮，效率低下。这种局面不改变，垃圾分类永远不可能取得实质进展。他认为最好的办法就是通过机构改革，把与垃圾分类相关的权力都集中到城管部门，让其令行禁止，避免政出多门。

他认为另一个关键问题是政府要明确自己在垃圾分类中的角色定位，以往政府亲力亲为做试点，是把垃圾分类当成公益来做，只计投入，不计产出和收益，而且既当裁判员又当运动员，注定了垃圾分类搞不下去。要让垃圾分类变得可持续，就要把"政府搭台，企业唱戏，市场化运作，全民参与"的口号落到实处，政府只负责制定游戏规则，让企业用市场化手段去运作，最终实现有投入有产业有收益的可持续发展模式。

当然，只要争论问题，他与我拍桌子瞪眼睛也是家常便饭。

夜色中远去的背影

王政告诉我他有两大心愿，一是他的"RQS"智能计量垃圾桶能找到一个投资人，把样品做出来，然后在小区试点，获得稳定数据后就大面积推广；二是举办一个垃圾分类国际论坛，他要在上面轰轰烈烈演讲一场，向世界展示自己的垃圾分类理想和主张。

他在市、区城管部门和企业间游走，推销自己的专利和主张。

2014年5月间，他说有家企业愿意投资，让我帮他协调政府部门寻找一个小区作试点。

在此之前，他的"RQS"智能计量垃圾桶还从未做出过样品。他拿出个设计图纸给我看，是按厨余、可回收、有害、其他四分类设计的，箱体用铝合金，据他说整个模具、样品做下来成本在300万元人民币上下。我提醒他，垃圾是低附加值资源，决定其只宜低成本运作，300万元成本高了些，可否改进设计和用料，将成本降下来？他自信满满地说，没问题，计算过了，只要将来实现规模化运作，成本会大幅下降。

经过沟通，福田区城管局决定提供一个小区给王政做试点，且是城管系统的家属区，大家都会全力配合。相关领导专程陪着王政和我，到试点小区与物业进行了沟通。

一切顺利。王政意气风发，双眼放光，脚下生风，仿佛年轻了许多，不是带着人在小区踩点考察，就是寻找工厂生产垃圾箱样品。他不止一次对我描述过未来的设想，只要这个小区试点成功了，许多高端社区都会邀请他前去搞分类，属于他的时代就会到来。

因为忙，近两个月时间很少与我照面。

有一天忽然来电，说那家答应给他投资的公司老板觉得垃圾箱成本太高，盈利前景不明，昨天突然告诉他撤资了。他心里好闷，想和我见见面。一见之下，发现他苍老了许多，说话声音低沉，没了过去的洪亮，背驼了，走路脚步迟缓，眸子都有些混浊了。

那天分手时，我看着他缓缓在夜色中远去的背影，写满了壮志未酬和英雄迟暮。

论坛有了，人没了

后来慢慢听说了王政的一些故事，曾经生意做得挺大，后来上过几次当，家底儿赔得七七八八，本来想指着垃圾分类打个翻身仗，谁知又是出师未捷。

他多年前离婚，一直单过，身边都没个照顾的人。试点流产后，我发现他在快速衰老。头发全白，脚慢了，反应更慢，和我见面的次数也少了。2015年7月中旬见面那天，我在吃面，他要了一听冰冻王老吉，我劝他，年纪大了，要忌生冷，最好别喝太凉的东西，他笑着说没事没事，不一会就肚子疼。后来我一直在想，如果有一个知疼知热的女人照顾他，他这么大年纪还会这么连生冷都不忌么？

记得那天分手时他还叮嘱我，8月底去台湾前一定要来见他，介绍一些那边的朋友给我。可我出发前无论如何都打不通他的电话，后来才听朋友讲，他那几天突然发病，送到医院急救度过了危险期，然后就回九江老家去探望90多岁的老母亲，谁知3天后突然在老家去世了。

记得与他最后一次见面时我还说过，争取两年内办一场垃圾分类论坛，让他有机会来一场激情演讲。

2015年11月，我有机会为宝安区城管局筹办了一场垃圾分类论坛，王政的朋友赵章元、毛达都来参加并演讲。

记得赵章元先生曾问我：王政呢？

我一时语塞。

人大代表肖幼美：为垃圾分类呐喊 20 年

作为业主，参与了中国第一个小区业委会的创建。

作为业委会主任，督导将本小区打造成深圳第一个垃圾分类定时定点投放试点小区。

作为人大代表，成为最令城管部门"头痛"的那个人：不进行垃圾分类试点，两会上就给你打"不满意"；不把厨余垃圾分出来，就说你的垃圾分类是形式主义。

与 13 位人大代表一起，推出轰动一时的垃圾分类"万言书"，使深圳垃圾分类实现质的飞跃。

人大代表肖幼美

人大代表肖幼美，为深圳垃圾分类鼓呼呐喊 20 年。

中国第一个业委会这样诞生

1991 年 3 月 22 日 19：30 许。罗湖区天景花园物管处会议室气氛庄严。包括物业、业主代表和开发商在内的 15 个人在此举行会议，一致同意成立天景花园居民小区业主管理委员会。

这是当时全国第一个业主管理委员会。

于是那次会议就变成了那只轻轻抖抖翅膀，却在数千公里外引发风暴的蝴蝶。

1994 年，政府住建主管部门借鉴天景花园的模式，颁布了我国第一部物业管理法规《深圳经济特区住宅区物业管理条例》，对业主委员会予以法律定位。而深圳的"条例"则在后来国家《物业管理条例》的出台中发挥了重要的先行示范作用，特别是相关小区业委会法律定位的条款直接被引用。

2010 年，天景花园因首创全国第一个业主委员会入选深圳经济特区 30 年 100 件大事。

2012 年，天景花园成为深圳第一个垃圾分类定时定点投放试点小区。

1991 年 3 月 22 日的那场蝴蝶效应的会议，揭开了中国物业管理改革升级的序幕。

参加那场会议的有两个重要人物，一个叫王石，另一个叫肖幼美。

"我是 1989 年，从兰州石化机械集团调入深圳有色金属财务公司从事财务工作的。"肖幼美回忆道，罗湖区天景花园是万科地产的第一个落地项目，也是当时深圳唯一的高端楼盘。当时全国都还在沿用住房分配政策，万科天景花园便成为包括深圳有色金属财务公司在内的许多国企和央企为职工购买住房的首选。"我当时在此分得一套住房，成为天景花园的业主。"

入住不久，因为电费问题引发了一场风波。

"小区配电站是万科以企业名义申请的，供电局就定性为商业用电，导致小区居民用电全以商业电价计费，比常规居民用电价格高出不少。业主们不干了，很多拒缴电费，与物业闹得不可开交。"肖幼美说，小区总共 190 多户业主，物业没法逐户上门沟通，就要求各购房单位选一个代表来与物业沟通。"我当时就被有色金属财务公司选为谈判代表，经常参与和物业的沟通会议。"

这样一来，既提高了沟通效率，也避免了人多嘴杂动不动吵架。有一天正在开会，时任物管处主任陈之平突然来了灵感，提出由业主单位代表共同组成业主管理委员会，以自治方式参与小区管理。

大家齐声说好，也得到了万科的支持，一切水到渠成，就有了 1991 年 3 月 22 日晚那场业委会成立大会。

王石当晚亲临会场，见证了那个历史时刻。

肖幼美被选为业委会副会长。

业委会一成立就大显神威，出面与供电局协调电价事宜，很快得到解决。

不推分类就打不满意

2000 年 5 月，肖幼美高票当选深圳市人大代表。

不久，住建部在全国推出了 8 个垃圾分类试点城市，深圳成为试点之一。

"我对垃圾分类的关注,是从小区垃圾桶的臭味开始的。"肖幼美说,那时每个单元楼门口都放着两个垃圾桶,什么垃圾都往里放,特别是厨余垃圾往里一混,温度稍高很快发臭,物业也拿不出解决办法。"后来媒体上开始报道垃圾分类,我就来了灵感,如果把厨余单独分出来,快速运走,小区的臭味不就解决了么?"

那时梅林一村被作为深圳垃圾分类试点,物业很积极,居民觉悟也高,不少居民都参与了分类。但很快居民们发现,他们分得再好,到中转站都会混到一起拉走,分了也白分,于是试点很快流产。

"之所以混收混运,是因为垃圾分类体系没建起来,从前端分类到中端分类收运和末端分类处理的整个系统工程,只有分类一个环节唱独角戏,其他环节形同虚设,垃圾分类成了做秀。"肖幼美说,她跟城管部门专门就此沟通过,都无能为力。"2004 年两会时,我就开展垃圾分类提了议案,从上到下都觉得那是天方夜谭,太过超前,脱离实际,议案无疾而终。"

2010 年,肖幼美在天景花园业委会换届中当选会长。

业主们反映最强烈的问题仍是多年来困扰小区的垃圾桶臭味问题。对垃圾进行干湿分类固然是解决问题的办法,但在没有政府职能部门政策背书的情况下,单一个天景花园无法推进分类,即便推进了也会因分类体系不健全而难以持续,唯一的办法就是推动城管部门开展垃圾分类。

"2011 年深圳两会,我就深圳推进垃圾分类试点提了议案,城管部门表示条件不成熟,做不到,我说你不做我就给你们城管工作打不满意,他们才有点担心,会后和我充分沟通,表示会拿出实际行动,我才给打了满意。"肖幼美回忆,"结果整个 2011 年,垃圾分类试点没什么动静,他们说到没有做到。这怎么能行?到了 2012 年两会,我就直接给城管工作打了'不满意'。"

肖幼美说一打不满意可不得了,城管部门派了三个人到她所在公司,找了领导来做工作,同时也郑重承诺当年一定在全市范围开展垃圾分类试点。

2012 年 8 月,深圳市城管局举行新闻发布会,宣布启动垃圾分类,并在全市范围寻找 520 个小区进行垃圾分类试点。

作为业委会会长,肖幼美主动请缨,将天景花园列为试点之一。早在 1990 年,万科掌舵人王石已为万科地产和物业注入了垃圾分类基因。时任天景花园物管处主任的吴思强早已是垃圾分类"铁粉",肖幼美一说起试点垃圾分类的事,吴思强说咱不推则罢,要推就推最先进的分类模式——定时定点投放。

从 2012 年 11 月底开始,肖幼美联手物业公司数次召开业主大会,就开展垃圾定时定点投放进行沟通动员。物业在小区大门口安装了一台投影仪,每天上下班时段向业主播放垃圾分类相关规定,并进行倒计时。

2012 年 12 月 28 日,天景花园每个单元门口的两个垃圾桶被撤掉,小区内专设了 3 个集中投放点,每个点放两个垃圾桶,一个放厨余,一个放干垃圾。规定每天早上 7—8 时,晚上 19—21 时,是居民投放垃圾的时间。每个集中投放点还专设一名"垃圾检查员",对居民分类及投放情况进行检查和督导。小区分类出来的厨余垃圾,由政府清运队每天进行定时收运。

7 年后的 2019 年,深圳在全市开展"集中分类投放+定时定点督导"。

吁建征信系统,遗憾厨余出局

"现在看来,当时 520 多个试点的效果并不理想。"肖幼美说,520 多个试点分散在全市各区,不成规模,其相关数据参考价值有限。"另外,由于缺少配套政策和法律法规等顶层设计,对于居民是否参与和配合分类工作缺乏约束力,所以居民参与率与分类精准率都不理想。"

当时的试点是由物业主导,政府给每个试点物业都有一定的经费补助。"但由于小区物业均非法人,没有对公账号,政府拨付补助时,只能先付给物业的上级公司,再由上级公司转给该物业。"肖幼美回忆,"但实际上不少上级公司都把经费截留了,试点小区物业干了分类的活,却拿不到补助,就不愿意干了,所以当时的试点也就做不下去了。"

虽然试点效果不理想,但却让大家看到,没有法律依据的分类很难推行。肖幼美开始为深圳垃圾分类立法而呐喊奔走。

2014 年 10 月 26 日,深圳市法制办组织召开《深圳市生活垃圾减量和分类管理办法(草案稿)》(以下简称《办法》)立法听证会,包括肖幼美等代表委员在内的各界人士共近 50 人参加。

当天听证会争议的焦点,是《办法》将厨余归入其他垃圾,不再单独分类,也就是说深圳垃圾分类从最初的四分类(厨余、其他、有害、可回收)简化为三分类（其他、有害、可回收）。

城管部门专家解释的理由有二，一是当时厨余处理技术不过关，好多设备进行资源化处理后产生的是一堆新垃圾；二是处理设施欠缺，产能严重不足，就算分出来最后还是要送去焚烧，会挫伤居民分类的积极性。与其如此，倒不如暂缓分类，留待技术设备完善、产能充足时再分。

此意见遭到在场业内人士和市民代表的反对，大家认为技术设备不过关可以慢慢改造提升，产能不足可以慢慢建设，但你取消厨余分类就会给市民造成深圳垃圾分类倒退的印象，会真正挫伤大家分类的信心和积极性。"我其实当时很赞同这个意见。"肖幼美表示，"干湿分类是垃圾分类的基本规律，立法违背基本规律这不是犯了大忌么？"

肖幼美在当天听证会上最引人关注的意见，是提出将垃圾分类纳入个人征信系统。"我注意过当时《办法》里的罚则，对个人分类违法行为最高处罚 200 元，对于在全国范围内收入较高的深圳人来说约束力很有限。"肖幼美说，而如果将分类违法行为纳入个人征信系统，你的贷款呀、出国呀等社会行为会因此受到限制影响，你就不能不重视起来。"可能是因为征信系统工程建设涉及面广，难度太大，所以当时的建议虽然赞同者很多，但最后却未被采纳。"

"那几年我老是就垃圾分类开炮，动不动就让城管难堪，可能成了城管最头疼和最不待见的人。"肖幼美苦笑道，"但说句良心话，垃圾分类工作也的确压力大、太消耗人，记得那几年分类中心先后有两位领导，都积劳成疾退出一线，令人心疼。而且垃圾分类一直存在多头管理、九龙治水的弊端，不是城管一家的问题，都把板子打在他们身上有欠公平。"

"万言书"促八大分流体系升级

2018 年 1 月。深圳两会举行。

肖幼美等 10 多位人大代表推出的垃圾分类"万言书"一时成为网红。

"那是 2017 年 6 月底吧，市人大一位领导指示，垃圾分类推进多年效果不显著，希望做一个有深度的调研报告，弄清原因，提出解决方案。"肖幼美说，她和郑学定代表都是人大计划预算审查监督专业小组成员，郑学定是组长，她是副组长，一起关注垃圾分类多年，就接受了任务，组织了王文若、饶永、李咏霞、郭晋龙、曹永清、祝俊明、周翠敏、刘晓燕、宋敏、张红桥等代表，再加上政协委员李毅和长期关注垃圾分类的市民李知玄，总共 14 人，从 2017 年 7 月展开调研。"一开始我们以为主要原因是财政资金投入不足，调查后发现远非这么简单，就把调查范围扩大了，一直搞了半年，直到年底才结束。"

调查组先后走访了深圳市城管局、财经委、经信委等职能部门，10 个区，包括焚烧厂、填埋场在内的 10 多家垃圾分类和无害化处理企业、数十个社区，走访了多位行业权威专家，召开了 17 场座谈会，发放了数千份调查问卷和咨询表格，最后形成了 2 万多字的调研报告。

"盐田焚烧厂进行技术升级后，据说排放标准远超欧盟，但我们调研时却发现了一些问题。"肖幼美说，一是垃圾池的抓斗里发现好多易拉罐类可回收物，说明进场垃圾是没有进行精心分类的混合垃圾；二是味道很浓，明显是因为厨余不分，混在其他垃圾里的原因；还有就是，参观者在场时焚烧炉温度显示在千度以上，那么没有参观者的时候能保证么？"盐田焚烧厂让调查组最强烈的感受是，抛开厨余的垃圾分类就是形式主义，就是掩耳盗铃，必须纠正扭转。"

在罗湖区餐厨垃圾特许经营企业东江环保调研时，反映最强烈的问题，是多数餐馆酒楼分类情况流于形式，餐厨垃圾里边经常杂质占相当一部分，不仅有牙签、筷子，还不时有废弃的锅铲、刀具、调料瓶等，把机器都损坏了。"深圳早在 2007 年就开始推进餐厨垃圾资源化处理，已经有多年的经验积累，但至今餐厨垃圾分类还如此不理想，相关政府职能部门工作肯定存在问题。"肖幼美认为，相较于其他垃圾分类项目，对餐馆酒楼进行分类专项宣传一直是薄弱环节。"餐馆酒楼分类搞得是不是精准，应该有监督检查，分类不理想应该进行处罚。但实际情况证明政府这块做得不理想。"

"印象最深的是去下坪填埋场调研，浓烈的气味熏得好几位代表呕吐不止，几天吃不下饭。"肖幼美说，下坪填埋场是老大难问题，前几年因为臭气远飘，曾被万科第五园等受害小区业主堵路抗议，引发全国关注。这里的关键问题是库容已近枯竭，但每天还要超负荷接纳超过 4 000 吨垃圾的进入，不仅存在恶臭和沼气爆炸等风险，也存在类似当年光明滑坡事件那样的隐患。"于是我在 2018 年两会上就建议关停下坪填埋场，后来市领导亲自督办此案，虽未关闭，但投资 20 多亿进行了全面整治，排除了安全隐患。"

在 2018 年深圳两会后，推动深圳恢复厨余垃圾分类成为肖幼美发声和关注的重点。

同年 8 月 21 日，肖幼美会同郑学定等人大代表，就两会垃圾分类"万言书"提出的系列问题，约谈深圳市城管局主管领导，了解落实情况，特别就厨余垃圾分类问题进行了重点沟通。

约谈会后不久，深圳市城管局宣布全市重启小区厨余分类。深圳在原有的年花年桔+废旧织物+玻、金、塑、纸+有毒有害+绿化+餐厨+大件垃圾+果蔬垃圾等八大分流体系的基础上，再加上厨余，就升级为生活垃圾九大分流体系。

2019 年，肖幼美把主要精力放在深圳垃圾分类立法推进上，多次组织专家学者及业内人士，就立法问题研讨座谈，献计献策。2019 年 12 月 31 日，《深圳市生活垃圾分类管理条例》由深圳市人大年底压哨表决通过。

"条例通过值得高兴，但遗憾也是显而易见的。"她说，"我一直倡导的将个人垃圾分类情况纳入征信系统的提议，最终被删掉了。这条才是解决垃圾分类居民参与率和分类精准率双低问题的杀手锏，我会继续争取，希望在未来条例修改时，能把这条加上去。"

公益之钥开启垃圾分类之门 这个深圳人有点牛

多年以后,当刘金利在香港获得绿色亚太 2018 环保成就大奖时,还清楚记得那次进小区宣传垃圾分类,被一个暴怒的小伙子将垃圾扔到身上的情景——

那是 2011 年深秋里一个周六的下午,在深圳龙岗区花园小区垃圾投放点,他拦住那个在五六米外就想把垃圾袋扔进垃圾桶的小伙子,告诉他垃圾不能这么乱扔,要先分好类,再按桶上的标识分类投放。

小伙子怒了,边骂边将手中的垃圾袋迎面朝他扔来。

他猝不及防,垃圾袋正中前胸,垃圾及散发着臭味的汁液溅到他的衬衣上……

刘金利(已故)

那时他还只是东门一家服装店的老板。

但他承认,小伙子扔来的那袋垃圾,如无形的钢印,给他的人生盖上了深深的垃圾分类烙印。

人生轨迹拐了一个奇怪的弯

刘金利祖籍天津,20 世纪末 21 世纪初,曾出任过一家跨国公司华北区总经理,年薪百万。后来南下深圳创业,在东门经营过服装,还在横岗有过一个服装城。

2008 年"5·12"大地震后,有志愿者在东门步行街为灾区募捐,他将一批自己经营的童装捐给灾区,还随运送救灾物资的车赶赴绵竹、北川一带,参与救灾和志愿服务。在灾区,他认识了很多义工、志愿者,特别是来自深圳义工联的朋友。

他奇怪自己忽然有一种找到组织的感觉。

回到深圳，他就发动东门一批服装店主，组成一支志愿服务队。后来，他和这些队员一起加入深圳义工联，成为注册义工。

2011年世界大学生运动会在深圳举行，刘金利因为组织18人的志愿服务队，出色完成"大运会"服务工作，被评为"大运会"杰出志愿者。

在服务"大运会"的数十个日子里，他忽然发现，这才是他多年一直在寻找的生活方式，他已没法再返回那片服装的世界。

可"大运会"结束，他和他的18人义工队还能干什么呢？

那时，深圳还未正式推进垃圾分类，但有一些企业和社会组织已开始在一些小区进行试点。

刘金利眼前一亮。

他承认当时有一种预感，垃圾分类必成主流，全面推进只是时间问题。

他的队伍有了方向和目标。

有个朋友是横岗街道一家花园小区的物业经理，对垃圾分类很感兴趣，说带上你的人到我这里来宣传垃圾分类吧。

刘金利带人去了，也就发生了前文所述的那件事：有个小伙子不耐烦地将垃圾扔到他身上。

刘金利坦承，正是小伙子扔向他的那袋垃圾，激发了他强烈的好胜心：不弄出个样子誓不罢休！

不久他把东门的服装店关了。

首创垃圾分类一日游

2012年8月，深圳市城管局举行新闻发布会，宣布深圳全面启动垃圾分类。

这印证了刘金利当初的判断，让他信心暴涨。

在此后的两年时间里，刘金利的人生步入垃圾分类轨道，在横岗建起了义工服务U站，发展了数百名义工。

不断有小区物业和街道、市政部门请他的义工队去小区宣传和推进垃圾分类。可他发现了一个令他沮丧又无奈的事实——无论他的垃圾分类宣传队说得多么天花乱坠、口干舌燥，许多居民并不认可，说：政府在做秀，你们也在做秀，无论我们怎么分类，你们最后不照样混在一块拉走了？

垃圾分类是一个包括顶层设计、前端分类、中端收集运输和末端处理的系统工程，无法一蹴而就。在2013年和2014年前后，由于系统工程正在规划建设中，混收混运现象普遍存在。而混收混运的结果，就是让分类从小区开始，又从小区结束，居民分了也白分，严重挫伤分类积极性。

怎样才能改变居民的负面看法，并且提升其对垃圾分类的信心呢？

2014年年初的一天，龙岗区餐厨垃圾特许经营企业朗坤环保一位高管找到刘金利，谈到餐厨（厨余）垃圾收运处理目前遇到的两大尴尬难题：一是由于居民对厨余垃圾的分类极不精准，运到处理厂的厨余70%都是杂质，每次要花大量人力进行二次分拣；二是厨余和餐厨经过处理后变成了有机肥，却没有出路，整个产业链未能形成良性闭环。

刘金利说我来帮你给有机肥找出路吧。他发动横岗U站的数百名义工，在网上到处发帖。很快，光明区一家台湾农场找上门来，与朗坤达成合作意向：他们农场试验使用朗坤的有机肥，可以支付一定费用。

转眼到了同年10月的一天，刘金利忽然接到那家农场的来电，说使用朗坤有机肥种植的瓜果蔬菜已成熟，请他前去品尝。

电光石火间刘金利脑洞大开，决定利用这次机会，组织居民来一次跟着厨余垃圾去旅行的活动，让他们了解一下厨余垃圾处理的整个产业链条。

活动很快付诸实施。

一辆大巴，载着20多位横岗居民，还有媒体记者随行。

当天早晨，大巴追随一辆运送厨余垃圾的车辆，一路来到位于龙岗红花岭深处的朗坤餐厨垃圾处理基地。

居民们被眼前的情景惊呆了：在一个日处理量10吨的餐厨垃圾处理机器旁边，放着十几个二次分拣的垃圾桶，里面全部装满了其他垃圾。

管理人员告诉大家：这些都是从运来的厨余垃圾中二次分拣出来的杂质，占厨余垃圾总量的70%。

刘金利告诉大家，在家里不把厨余分干净，不仅给处理企业带来二次分拣的分外工作量，还可能造成处理出来的肥料重金属超标，无法达到有机肥的标准。所以请大家别只指责政府和企业作秀，先认真履行自己的垃圾分类责任。

在场居民无不感慨，真没想到，自己在家里分类时稍不认真，就会给处理企业带来这么大的麻烦，甚至会危及整个厨余垃圾产业链的正常运转。

那天中午，大家来到位于光明农场腹地的那家台湾农场，有100多亩，各种应季蔬菜及瓜果应有尽有。农场用有机肥种出的玉米、毛豆、红薯等作为午饭招待大家，大家边吃边感叹有机肥种出的东西口感真是不一般，纷纷表态回去要给左邻右舍讲讲今天的经历，号召大家今后要把厨余分干净。

这次垃圾分类主题旅游活动，据统计为深圳有史以来第一次，也成为以后无数次类似活动的起始和模板。

学宜家办实业输血公益

2015年，绿果果公益出世，队伍迅速发展壮大，注册志愿者超过400人。机构直属工作人员达60多人，每月光运营费用和工资就得20多万元支出。

机构的收益在这20多万元支出面前捉襟见肘。

必须想法开源节流。

那几年深圳大件垃圾已呈围城之势，从市中心到郊区，丢弃的破沙发、柜子类大件废弃物随处可见。

一些区城管部门尝试招标企业对大件垃圾进行专业化收集处理，但多以失败而告终。主因是大件垃圾进行拆解后，产生的木材、皮革、海绵、塑料等没有去处，又回流到填埋场和焚烧厂，并未起到减量作用。而填埋场和焚烧厂因为本身就超负荷，常常拒收这些大件废物，于是经常出现满载着大件废物的车辆在市区徘徊游荡却无处可去的情况。

但刘金利却从中看到商机。

他注册成立了社会企业东部大件垃圾处理中心，并很快通过招标取得龙岗区东部四个街道大件垃圾的收集运输和处理权。

在一处工业区租下一栋近2 000平方米的厂房作为拆解车间，又在车间外租下数百平方米的场地作堆场，东部大件垃圾处理中心在当年7月份正式运营。

刘金利坦承他兴办社会企业是受了宜家的启发，在东部大件垃圾处理中心正式运营前，他就大件垃圾拆解后的去向做了深度市场调研，90%的拆解物都有了去处。

木材全部运往韶关生物质发电厂作燃料，海绵、金属、皮革、塑料等也都找到了出路，且都能创造效益。

东部大件垃圾处理中心成为当时深圳唯一由公益机构兴办的社会企业，也是当年深圳规模最大、减量效果最佳、经济效益最好的大件垃圾处理企业。

绿果果公益也因此走出了财务困境。

取经台湾追寻诗和远方

进入 2016 年，绿果果公益成为龙岗区垃圾分类"红人"，先后被 9 个街道引进，业务项目包括以垃圾分类宣传为主题的资源回收日活动，还有绿化、果蔬、厨余、有害等垃圾的收集运输业务。

同时期的深圳其他公益机构，大多只具备垃圾分类宣传等羽量级业务的运营能力。而绿果果公益则在不到 4 年的时间里，快速发展，成为一个具备从前端分类、中端收集运输到末端处理的全产业链运营能力的公益巨无霸。

一天之内可以召集数千名志愿者，同时开展 400 场垃圾分类宣传活动。

购置了 10 多辆生活垃圾专用运输车辆。

但刘金利却有一种愈来愈强烈的危机感：自己眼界有些窄，看不到诗和远方。

他决定走出去，到台湾去取经。

同年 6 月，由绿果果公益出资，组织公益人士、政府垃圾分类工作人员、物业经理、媒体人等，前往台湾地区考察垃圾分类。

期间参观了台北社区的垃圾分类，考察了焚烧厂和污水处理厂，观看了街头定时定点投放。在餐馆、旅店、居民区、商业中心、美食街，刘金利一行看到了各种不同形式的垃圾回收箱，特别是一些餐馆和旅店前台放置的一种小型废旧电池回收箱，触动了刘金利的灵感。

"我好像对电池和废旧灯管回收体系的建立，一下有了想法。"刘金利说，很多公共场所都会放一些附带废旧电池回收箱的垃圾综合回收箱，但多在室外，很难进入酒店大堂或政府机构大厅等场所，不太方便人们投放。"偶然在台北一家餐馆里发现了一台袖珍型专用旧电池投放箱，让我眼前一亮，这种规格的适合放到室内的各种场合，占的空间不大，搬运起来也方便。"

从台湾回来，刘金利就把想法与龙岗区城管局相关领导进行了沟通，得到肯定。他自行设计出一种容量为一升的小型电池回收箱，投放到数十家社区、物业、学校、商业中心和宾馆酒楼，评价都较积极，说占的空间不大，方便人们投放，有推广价值。

刘金利的灵感令龙岗城管部门眼前一亮，10月下旬，龙岗城管局与绿果果公益签订了《深圳市龙岗区有害垃圾收集运输工作协议》，约定由绿果果负责龙岗区有害垃圾的收集运输工作。绿果果在红花岭安全地带建起了有害垃圾回收仓库，将2 000个电池回收箱和50个灯管运输回收箱安放在各政府机关大堂及花园小区物业管理处前台。

龙岗区的废旧电池回收系统，就这么建了起来。

打响快递包装物回收第一枪

2019年5月25日，绿果果公益忽然化身为一只蝴蝶。就是那只抖抖翅膀，却在数千公里外引起一场风暴的蝴蝶。

刘金利在当天下午举办的一个项目说明会上宣布：绿果果公益将启动"快递宝"绿色循环快递箱公益回收项目。

自从电商们火了，包装物垃圾就成灾了。

于是在2017年，国务院办公厅印发了《生产者责任延伸制度推行方案》，规定：率先对电器电子、汽车、铅蓄电池和包装物等产品实施生产者责任延伸制度。

虽然中央打了雷，各地方政府却总不见下雨！

现实问题是，包装物回收是块烫手山芋，地方政府谁也不想先惹这个麻烦。

连地方政府都不敢轻易触碰的烫手山芋，绿果果一介公益机构难道不怕被烫着？

原来，绿果果将要推出的快递包装回收系统，称为"'快递宝'绿色循环快递箱公益回收系统"，是根据快递包装箱绿色循环要求，由第三方公司生产的一种可循环使用的快递箱。共分为六种型号，质地优良，外观时尚。一个普通纸箱的成本是1.5元，只能使用一次；而这个"快递宝"成本是15元，能使用100次以上。

"快递宝"绿色循环快递箱公益回收体系，将是以义工为回收主力军的体系。将整合全深圳市10个区的城市U站、社区党群志愿服务中心、社会志愿服务团体、社会公益机构,采用志愿服务方式、标准、模式,参与"快递宝"回收网络,建立起公益回收体系。

深圳已有包括顺丰和丰合物联在内的 20 家快递企业,与绿果果公益签约,将有偿使用绿果果公益提供的快递箱。

山外有山　脚步难停

在其他公益机构眼里,多年来刘金利似乎总在接那些"烫手山芋"和赔钱项目。

例如,楼层撤桶,早些年因为无法可依,每每引发上访和群体事件,成为垃圾分类工作的烫手山芋,城管人谈之变色。但刘金利却主动请缨,2015 年 4—8 月,相继在 10 个社区推进楼层撤桶,虽小经风波,但最终都取得成功。

同年,深圳市食品药品监督管理局推出了构建过期药品回收体系的民生工程项目。由于运营项目的几个社会机构无法解决运输、存储和末端处理问题,项目几乎搁浅。去民政局办事的刘金利听说了,就主动把运输、存储和末端处理的事承接过来。政府的人说只能象征性给点经费,他说没关系先做起来吧!一番运作,问题很快解决了,建成了全国第一个完整的过期药品回收体系。

……

2018 年 11 月 29 日夜,由中联办社团联络部、全球商报联盟、联合国环境规划基金会、香港环境科学院、香港环境保护协会等联合发起的"绿色亚态 2018 环保成就奖"颁奖仪式在香港维多利亚大酒店举行。来自中国、美国、澳大利亚等国家和地区的 200 多名代表参加了颁奖仪式。

绿果果公益因为多年坚持以垃圾分类为主题的绿色低碳社会服务,而荣获"绿色亚态 2018 环保成就奖·杰出绿色低碳服务品"奖。

在来自海内外的数十个获奖单位中,绿果果公益是唯一的公益机构。

高潮一旦来了,总是一波接一波。

2019 年 4 月,绿果果公益又先后被中央精神文明建设指导委员会、中国志愿者联合会和广东省精神文明建设指导委员会,分别授予 2018 年宣传学雷锋志愿服务 "四个 100"先进典型活动、"最佳志愿服务项目"称号。

刘金利步入人生巅峰。

但他深知山那边还会有山。

他无法停下脚步。

[后记] 2021年10月1日下午，我正与友人茗茶，突然接到绿果果公益副秘书长刘承伟的电话，说刘金利在9月30日夜猝死。

晴天霹雳。

我懵了。

9月27日，我与他通过电话，说出版社会很快寄来《垃圾战争》的样书，到时送他一本专请挑毛病。9月29日晚样书寄到，打算10月2日去给他送书，哪知竟从此天人永隔，阴阳两界。

医院诊断他是突发心脏疾病抢救无效病逝，但我清楚他是累死的。

认识他七八年来，除了住院，他不是在工作，就是在去工作的路上。一次他因糖尿病引发视网膜脱落住院手术，我去看他，他说第二天就要去外地某市作垃圾分类巡回讲座。我说你疯了，就不能好好休息十天半月再去？他说不行，失约会影响整个巡回讲座的秩序。

据他妻子讲，早在两个月前，已给他在医院交了钱，准备做一次全面体检，好好"保养"一下，可他总是抽不出时间，催的多了还骂人。

一年又一年，他就像一根不断拉伸的弹簧，终于彻底失去了弹性，将自己的生命定格在49岁，留下80岁的老娘和一双未成年的儿女。

他把绿果果发展成了一个拥有从前端分类、收集、运输到末端处理的综合运营能力的公益巨无霸，赢得荣誉无数，而他在生活中却是个十足的苦行僧，无房、无车、无深圳户口。那天晚上，绿果果副秘书长刘承伟第一次走进刘金利家中，发现自己会长家中最值钱的电器就是一件旧得发黄的空调，沙发、桌子、床都像是从垃圾堆里捡来的，灶台上放着一袋标价一块五的打折蔬菜，灶上架着一个坑坑洼洼的铝锅，里边有几个散发着余温的红薯。看着眼前的一切，再看看旁边被医生宣布抢救无效的会长，他哭了。前来作法医鉴定的警察指着已无生命迹象的刘金利，瞪大眼睛问刘承伟：他就是你们会长，家里跟乞丐一样，怎么可能给七八十号人发工资？

王维平：11 年"丐帮"卧底为哪般？

好好的医生不干，非要去翻垃圾，一翻就是 30 多年。

43 岁自费留学日本，学习垃圾处理，毕业后本可移民日本，与早在那里定居的父兄团聚，却毅然回国。

调研城市拾荒大军，一头扎进去 11 年，自己经常住在垃圾场不算，还非要求自己带的博士生们也去住垃圾场。

第一个在北京推出农村垃圾分类"王平"模式。

作为垃圾处理专家，被环保和"反烧派"人士列为"主烧派"代言人，赠送绰号"王自焚"，还有人给他寄过带血的菜刀和子弹。

曾与"反烧派"人士在凤凰卫视"一虎一席谈"栏目公开"PK"，轰动一时……

这就是王维平，一个在垃圾处理江湖独一无二的人。

王维平

"主烧派""反烧派"电视"PK"

如果垃圾分类要编史的话，2009 年 12 月 10 日这天注定载入史册。

当天，凤凰卫视"一虎一席谈"栏目北京演播大厅，进行了一场史无前例的

"垃圾焚烧大 PK"。台上，一边是"反烧派"意见领袖，另一边是以北京市人大代表、市政府参事、市政委副总工程师王维平和北京市环卫处处长为代表的"主烧派"领袖，台下是打着横幅的"反烧派"市民。

"2009 年，是国内反焚烧最激烈的一年，全国数十个城市都发生过反焚示威。"王维平回忆，当年 7 月，北京海淀区有关领导为了和当地居民沟通修建焚烧厂的事情，专门请清华大学环境学院聂永丰教授去给当地居民做科普和思想工作，结果场面失控，一些居民甚至出手打了聂教授。

同年 9 月，为了反对在离社区 3 公里处的阿苏卫建垃圾焚烧厂，上百名奥北社区居民在东三环农业展览馆附近示威抗议，7 人因此被行政拘留，包括后来著名的垃圾分类达人、网名"驴屎蛋"的京城律师黄小山。

——这就是这场电视 PK 的背景。

那天，被"反烧派"人士称为"王自焚"的王维平，在台下观众的骂声中登台。

"刚走进演播室的时候，那种气氛还是挺吓人的，有人拉着血书横幅——反对焚烧，还有的横幅都是骂人的脏话。"王维平回忆当时的情景笑着说，"我明白如果控制不了局面，自己被反焚居民施以老拳也说不定。"

但他别无选择，因为某种程度上，他也是这起公开 PK 的发起人之一。他说，很多居民反焚的目的其实是反对污染，没有错；他们之所以将焦点聚集在焚烧这一点上，是因为他们不了解焚烧作为垃圾处理手段的优点，也不了解焚烧所以被妖魔化主要是人为因素，而非工艺技术本身。"科普和揭示真相是化解矛盾冲突的最好方式，我无论是作为人大代表、市政府参事，还是作为主管垃圾处理的官员，都有义务站出来。"

在这种公开场合的 PK，谁能在气势上压倒对方，将成为胜负的关键。

主持人宣布开始，王维平抢先对现场所有人抛出三个问题：

第一，在座的有没有不排垃圾的？如果有，请举手。

演播室一片嘘声，却没有人举手。

这又脏又臭的垃圾是谁在清运，谁在处理？是我们。所以请各位嘴下留德，别说我们污染环境。

第二，谁住过垃圾场？请举手。

还是没有人举手，演播室渐渐安静下来。

第三，谁去过焚烧厂？依然没有人举手。

气势上高下立判。

不过王维平重点声明："我不是主烧派，我主张垃圾减量化、资源化、无害化。"

他主要阐述了两个观点：

其一，垃圾焚烧不是垃圾对策中唯一的选择，也不是最优选择。但是在土地资源稀缺的大城市，焚烧可以节约90%的土地，对大气的污染也远低于填埋处理，所以国际上很多大城市都把它作为垃圾处理的手段之一。有人说垃圾焚烧是把固体污染变成气体污染，这是一种误解。垃圾焚烧的核心技术和主体投资都集中在烟气净化上，这些保证了最大限度地控制污染。

其二，如果说垃圾焚烧还存在问题，不在技术设备，而在运行和监督管理机制的缺失上。垃圾处理主管部门迄今为止还没有出台关于垃圾焚烧厂的操作运行规范、监督处罚制度等，比如，目前焚烧厂从业人员的考核、培训、持证上岗等基础规范都还没有。企业从来都是以追求经济利益为目标的，为了省钱有时该装的设备不装，该更新的零部件不及时更新，该用的耗材不用、少用或者以次充好，怎么能保证运行的安全？规范、监管的缺失，势必导致焚烧厂运行的不正常。但这些问题经过努力可以解决。

这场PK没有想象中的场面失控，在理性沟通中平和结束。

王维平给大家留下了联系方式，希望大家多联系沟通，甚至可以去焚烧厂进行参观和了解。

电视PK的结果之一是，"反烧派"意见领袖之一的"驴屎蛋"黄小山成了王维平的朋友和办公室常客，并在2012年2月随他领队的北京垃圾焚烧考察团前往日本考察参观垃圾焚烧。

江湖从此有了传言：王维平策反了"驴屎蛋"，环保反焚队伍多了一个叛徒。

不干医生去翻垃圾

很少有人知道，王维平的第一份工作，是北京医科大学第一附属医院（现为北京大学第一医院）的一名传染病科医生。而让他放弃医生职业成为垃圾处理专家的起因，竟源自医圣张仲景的《伤寒杂病论》。

那是1971年，王维平知青返城，进入北京医科大学专修公共卫生专业，5年后毕业进入第一附属医院工作。到了 1980 年后，来看怪病的人越来越多。他查阅了国内外大量医学资料后发现，许多怪病的出现与环境污染有关，而导致污染的主因是城市生活垃圾处理不当。

有一天他读东汉医圣张仲景的《伤寒杂病论》，书中有句话让他眼前一亮："上医治未病之病，中医治将病之病，下医治已病之病。"

"我算过一笔账，一个医生一天顶多看二三十个病人，工作到退休最多也就看数万个病人，且很多怪病根本无法根治。"王维平回想当时心路历程说，"而且污染越来越严重，如果不解决这个问题，得病的人只会越来越多，我一辈子怎么干都只是个下医。最好的办法是把污染问题解决了，让人们不得病。"

可一个医生如何去解决污染问题呢？

1985 年深秋的一天，36 岁，当了 10 年传染病科医生，有 5 部医学专著的王维平，做出了一个令所有人瞠目的决定：改行，调到北京市环卫局环境卫生研究所工作，从医学研究转向垃圾研究。

自费留学日本　深造垃圾处理

踌躇满志的王维平正式上班后才发现，环境卫生研究所里都是搞工学的，研究的都是垃圾场和垃圾车的建造，和他的公共卫生专业不搭界。而他的专业，与垃圾处理和环境污染也不搭界。

就专业而言，也许他永远没机会进入这个行业的塔尖。

心里虽堵，但退路已无，只能硬着头皮往前走。

1992 年，43 岁"高龄"的王维平毅然自费东渡日本，进入早稻田大学环境工程专业学习，还选修了垃圾处理和特殊污水处理两个专业。

3 年留学期间，王维平通过观察研究，摸清了日本循环经济的模式：资源—产品—再生利用的循环经济。而当时国内还迷失在资源—产品—污染排放，以消耗自然资源来谋求经济发展的误区。发展循环经济，才是抑制这种恶性循环的唯一出路。

1996 年 3 月，正是樱花绽放的季节，王维平学成归国。

父兄送他到机场。

那天太阳很好，蓝天下到处是红或白的樱花盛开。

父亲问他:"你真就不能留下一家人团聚吗?"

他忽然发现父亲的头发已经全白,忍不住泪水夺眶而出。

"我是学环境专业的,日本环境问题已经解决了,在这里我没用武之地,国内才需要我,请您老人家原谅儿子不孝。"他说。

"国内就一定能用上你的专业吗?"老人疑惑并担忧。

"我相信能。"

学成归来的王维平果然应验了父亲的担忧,当他把留学成果写成汇报材料递给单位后,得到的回答是:那些洋玩意在国内派不上用场。

虽然被迎头浇了桶冰水,但王维平并没气馁,他相信环境问题得到重视只是时间问题。

2000年北京市环卫局并入市政管理委员会,作为北京环卫系统唯一的"海归",王维平被调到固体废物部门,专门从事垃圾处理的研究工作。他在日本所学,终于有了用武之地。

卧底"丐帮"11年

1994年,正在早稻田大学留学的王维平出版了一本叫《垃圾经济学》的专著,成为我国最早的研究垃圾问题的学术著作。

王维平坦承,这本书的灵感来自对北京拾荒大军的跟踪调查。1987年,王维平被借调到北京市环卫局固体废物处工作。一天,有两个四川人找他,请求批条子准许他们进北京的垃圾场拾荒。"那时咱还没有什么资源化概念,只是觉得他们捡垃圾可以替政府减轻垃圾处理成本,就批了条子。"他说,那两个四川人很快组织了一支500多人的拾荒大军,进入北京各个垃圾场。"几年后当我偶然再见到那两个四川人时,人家早成了千万富翁。"

让王维平吃惊的不是两人的快速暴富,而是这些不起眼的拾荒大军,已于不经意间形成了一个分工细致、链条完整的产业体系,成为中国社会全新的经济形态和现象。

他们将会给城市发展带来什么样的冲击呢?

王维平忽然产生了对拾荒大军进行调查研究的强烈冲动。

他发过调查问卷,也时常穿上破衣烂衫,扮作拾荒者到小区门口守株待兔收垃圾，到垃圾场和其他拾荒者去"抢"值钱货，一天下来身上臭气几天都洗不掉。"那些拾荒者像'丐帮'一样，有组织，有纪律，全北京总共有13个这样的帮派，在四环外有82个营盘，每个点聚集至少2000多人。"王维平说，最大的是四川帮，还有河南帮、河北帮等，总共有10多万人。他遍访13个帮派，和他们交朋友，一起在苍蝇横飞、臭气熏天的垃圾场吃饭、侃大山，了解他们的人数、分工、盈利模式、生活状态、得什么病、容易产生什么犯罪等。

"这些人分工细致，泾渭分明，不同的东西运到不同的地方，比如，捡塑料的运到河北文安县，包装物运到保定，金属运到霸州，玻璃运到邯郸。"王维平说，光这些运到河北的废品差不多占到北京生活垃圾总量的一半，以2014年为例，运到河北的达700万吨。"可以说，正是这些'丐帮'子弟的辛勤劳作，让京城垃圾大幅减量，政府节省了大量垃圾处理经费。"

推出农村垃圾分类"王平"模式

经过10多年的深入调研，王维平从1998年起，相继推出《关于垃圾管理对策的调研报告》《北京垃圾回收及产业化调研报告》《中国城市垃圾对策研究》和《关于中国城市垃圾产业的调查研究》等系列有关城市垃圾的调研报告，其中后两篇被刊载入国务院2000年的《中国国情报告》。

在《中国城市垃圾对策研究》中，王维平提出了可行性极强的垃圾对策，那就是减量化、资源化、无害化，这使得中国应对垃圾的对策开始由末端向源头、从被动向主动、从无害化向减量化和资源化过渡，推动了垃圾管理对策的革命性转变。他还针对城市垃圾提出了几条行之有效的具体应对策略：净菜进城、限制包装、旧货交易、废品回收、垃圾分类等。

2000年，王维平向致公党中央提出了"发展循环经济的建议"（他是致公党党员）。他和一批专家共同呼吁和推进《固体废物污染环境防治法》和《循环经济促进法》的出台，而他的建议也被写进了两部法规当中。

因为在循环经济研究上的建树，2007年5月9—21日，王维平受美国安那波利斯市市政府、美国KCI研究中心、霍普金斯大学和马里兰州议会（众议院）的邀请，远赴美国就生活垃圾的管理、有关技术和环境问题进行了交流考察，并在马里兰州议会发表了循环经济专题演讲。那天，正好克林顿夫人在议会大厦外为竞选总统造势，专门会见了王维平，说我们可以不研究飞机，但不能回避垃圾。她还告诉王维平：80%的社会矛盾都可以通过沟通解决。

同样在 2007 年，王维平在北京门头沟区王平镇农村，开始了全国首个农村垃圾分类试点。两年后，王平镇各村基本实现了无积存垃圾，无卫生死角，无白色污染物，无乱堆乱放，无污水污物，生态环境有了明显改观，试点取得成功。后来，浙江不少地市专程派员前来考察学习，并在农村开始推行。

在城市垃圾治理上，王维平从顶层设计到实际操作都做出了突出贡献，也因此当选北京市人大代表、市政府参事、中国环境科学学会常务理事，成为北京市市政管理委员会高级工程师和中国人民大学环境经济学院客座教授、博士生导师。作为他的博士生，有一个无法回避的实践课，就是要住到垃圾场里去研究垃圾。"我这样做，意在教育我们的学生，要有深入社会实践的勇气。如果连这样的勇气都没有，要这博士有什么用呢？"他说。

垃圾分类应与个人征信系统挂钩

谈到无废城市建设，王维平认为，无废城市绝不是无废，绝不是没有废物，而是尽可能少，尽可能资源化。例如，废纸烧了发电好还是做再生纸好？废纸做成再生纸，再生纸不行了可以做其他的，其他的不行了再烧。而且这个过程都可以产生就业，整个过程都能够产生 GDP。废塑料也一样，做再生塑料，你的塑料袋一吨卖 220 元，但是把它做成颗粒，一下子就能卖 6 000 元一吨。

无废城市的核心，一是终端废物减量，是进垃圾处理厂的量减少了，是焚烧的垃圾量减少了；二是资源的提级利用、高效利用，是资源的消耗减少了。"10 年前，我曾经坚定维护垃圾焚烧处理技术，并卓有成效地说服了一部分'反烧'的重要人士。"王维平表示，至今他仍然认为，焚烧发电不失为末端垃圾处理的主流技术。"但是正如我 10 多年来一直呼吁的那样，固体废物治理对策必须前移，即源头减量和循环利用。"

"日本 1989 年开始推行垃圾分类，30 年过去了，还有 13%的居民不按要求分类；德国 1992 年开始分类，至今还有 17%的居民达不到要求；中国垃圾分类要成功，至少还得 10 年。"王维平表示，"除了各类法规政策配套外，将垃圾分类纳入个人征信系统，可能是最有效的促进办法。"

贵阳"破烂王"卖房追梦记

——记贵州高远环保咨询有限公司董事长兰亚军

矮个儿,瘦削,花白的头发,人潮中极易被淹没的那种,自嘲"长得有点着急"。本是山城贵阳"破烂王"草根一个,却偏偏"一根筋不知深浅"地"玩"起了垃圾分类。

赔得一塌糊涂,惨到连房子都卖了。

卖房几乎成了他人生无法挽回的"滑铁卢",同时也成为他奇迹般逆袭的节点。

他终于完成了垃圾分类"乌当模式"打造,乌当区被住建部列为全国26个垃圾分类试点之一。

他就是兰亚军,贵州高远环保咨询有限公司董事长。

兰亚军

不小心上了垃圾分类的"贼船"

兰亚军1968年8月出生于四川安岳,1992年从常州工学院毕业后进入企业工作，任过厂基建科长、团委书记等职。后辞职下海，到贵阳闯荡，2005 年 1 月创办贵阳收废网，进军废品回收行业，成了"破烂王"。

贵阳收废网采取线上线下两条线回收废品的方式，成了较早的"互联网+"模式。兰亚军的收废队伍统一着装、统一车辆、统一收费、统一标志，被称为贵阳废品回收的"正规军"。

2007 年年初的一段时间，在去不少小区回收废品时，经常有一些居委会或物业负责人对他说："兰总，你虽然采取网上回收、电话回收等绿色回收方式，但本质和原来的废品回收人员一样，都是把经济价值高的废品收走了，你能不能想办法把我们的垃圾也回收处理一下啊？"

有句话说，"客户的抱怨就是最大的商机"，兰亚军从此便开始关注垃圾处理。发现垃圾处理成为各地政府最头疼和关注的事，因为我国很多城市已遭遇"垃圾围城"之困。

再详细了解，发现贵阳的填埋场库容告急，已无力解决全市不断增长的生活垃圾，一些小区的垃圾经常没处倒。

2007—2009 年，他在收废品的空档，曾自费去北京、天津、西安、遂宁、成都、重庆、昆明、深圳、常州、杭州、上海等地进行考察，并在网上学习了日本、美国、德国、韩国、巴西等国家垃圾处理的先进方法和经验。

他得出一个结论，垃圾分类才是解决"垃圾围城"的最有效手段。现阶段的填埋、焚烧发电及其他后端处理方式，都有其存在的理由，而且也是必要的，但在这些处理方式之前，都应该加上一个重要环节——垃圾分类！

2012 年上半年，贵阳市开始酝酿启动垃圾分类，机会落在早有准备的兰亚军及其团队身上，他将贵阳收废网更名高远收废网，并进行了一系列机构和人事调整，于 5 月 13 日正式进入贵阳乌当区振华小区（84 户居民）进行垃圾分类试点。前期进行了 1 个多月的摸底调查及宣传动员，于 6 月 27 日正式开始收集、运输及加工处理工作。

2013 年 6 月进入乌当区城市山水小区（选取其中一个区域 288 户）做垃圾分类试点，前期进行了 1 个多月的摸底调查及宣传动员，于 7 月 8 日正式开始收集、运输及加工处理工作。

这个阶段，兰亚军称作"小试"。

回忆起这段经历，兰亚军开玩笑说是"一不小心上了垃圾分类的贼船"。

后端处理决定前端分类

"垃圾分类有一个原则，就是后端处理决定前端的分类，而不是相反。"兰亚军说，这是他几年来最深的体会。在他确定按照厨余垃圾、可回收垃圾及其他垃圾进行三分类后，厨余垃圾的去处成为他们要克服的最大难题。

他和他的合伙人何涛（总工）从2009年年底开始做厨余垃圾生产有机肥的试验，原料主要是厨余垃圾和农贸市场的剩菜叶。最开始是粉碎机不行，换了好几种。后来有机质达不到要求。生产有机肥最重要的是发酵菌的选择，选了几次都有这样或那样的问题。有一次，从外省进的发酵菌没有除臭功能，生产出来的肥料很臭，拉去朋友的蔬菜基地，工人都笑话说："这哪里是肥料哦，有点像狗屎呢！"

坐公交车回家时，他身边的人都手捂鼻子，有人说，怎么会有鸡粪味啊？——太伤自尊了！

功夫不负有心人，经过两年多的试验，他们终于在2011年年底生产出符合国家相关标准的有机肥，于是才开始正式进入小区做垃圾分类。

走投无路卖房子

由于垃圾分类迟迟见不到效益，自2012年5月开始他个人就一直在"烧钱"。虽然得到了乌当区政府及一些基金会的资金支持，但远远不够支付每个月的人工、房租、宣传及收运成本等费用。

据兰亚军介绍，2012年5月—2014年4月，各种费用共花了170多万元，其中包括得到的乌当区40万元、南湖基金会20万元以及阿拉善基金会（SEE）创绿家15万元的资金支持。

其他全是借债。到2014年5月，他成了名副其实的"百万负翁"。账上没有资金，借也借不到了。

再找不到后续资金公司只能关门。

走投无路，叫天不应，呼地不灵，卖房子成了他唯一选择。

他在《贵阳晚报》打了两天卖房广告。

那两天，公司弥漫着压抑、悲壮的气息。回到家里，爱人脸上阴云密布，冷眼相对。

但妻子终究通情达理，抵不住他的软磨硬泡，最终同意卖房救急。

卖房的几十万元为气若游丝的高远收废网续了命。

悬崖边上奇迹逆袭

《贵州都市报》深度报道了兰亚军的遭遇，引起了贵州省人大环资委、住建厅、发展改革委、生态委等相关部门的关注，住建厅拨款100万元，发展改革委拨款30万元，生态委拨款45万元，作为垃圾分类"中试"的专项资金。

命悬一线的兰亚军，突然满血复活。

利好一个接一个，乌当区政府拨出垃圾分类专项资金40万元，并且自2014年8月起，高远收废网垃圾分类运作经费全由区财政购买服务。

经过近3年的艰苦探索，兰亚军于2015年5月开始垃圾分类"中试"，截至2015年12月31日，在乌当区2个街道共11个小区开展垃圾分类试点工作，5 226户居民中有2 861户自愿成为他们的会员，会员比例为54.75%，日常参加交投的人数比例在20%左右。

兰亚军的故事引起了全国关注，除贵州主流媒体外，中央电视台、新华社、中新社、人民网等全国媒体都给予了多次报道，得到清华大学、中国科学院、中国社科院及行业内相关专家和学者的认可，被称为"乌当模式"。

2014年3月、7月、8月，住建部城建司领导先后3次赴乌当区调研并给予了充分肯定和高度评价。

2015年5月，乌当区被住建部、国家发展改革委、环保部等5部委列为全国第一批垃圾分类示范城市（区）（全国26个示范城市）之一。

重新定位冷静转型

2017年6月1日，兰亚军对外宣布正式转型，不再运营垃圾分类实体项目，成立贵州高远环保咨询有限公司，专业做垃圾分类的研究和咨询工作，成为中国第一家专业的垃圾分类咨询机构。

同年10月，贵州锐意生态文明建设研究院下设垃圾分类研究专委会，由兰亚军任主任。

谈起转型的理由，兰亚军总结了三个：第一，从全国来看，这么多年来我国垃圾分类没有取得根本性的进展，不缺钱、不缺人、不缺技术，缺整体解决方案。第二，垃圾分类要可持续地做下去，必须走"环卫一体化"的PPP模式，可PPP项目的主体只能是大的国企、央企，还有少数有资金实力的上市民企，像他们这样的小民营企业是做不了的。第三，做垃圾分类也是创业，在中国创业，山寨能力很强，如果没有核心竞争力，一旦做出点模式，很快就会被别人复制。

2017年6月公司正式转型后，兰亚军先后给银川、南宁、贵阳、上海、长沙、武汉、山东等地方政府垃圾分类管理部门及企业、NGO做规划、方案及运营咨询。

"寻找可复制可持续的垃圾分类模式，就是我的使命！"兰亚军笑道，"多年来，咱不是在做垃圾分类，就是在做垃圾分类的路上。"

最牛业委主任邹家键：我凭什么 3 天完成楼层撤桶

（刊于 2019 年 7 月 7 日《社区眼》）

在深圳垃圾分类史上，楼层撤桶曾是最令人头疼的事。一说撤桶，就伴随着上访、闹事、垃圾遍地等群体事件，让撤桶不了了之。但福田区振业景洲大厦（以下简称景洲大厦），却只用 3 天时间就完成了楼层撤桶，创下一个令人难以置信的奇迹。只因他们实现了业主自治，出了个全国最牛的业委会主任邹家键。

邹家键

缘起电梯里的生死时速

1998 年，深圳某通信公司职工邹家键，购买了位于莲花山旁的振业景洲小区一套 103 平方米的房子。

据邹家键回忆，1999 年下半年的一天，他在楼上参观完邻居们的装修，从 25 楼乘电梯往下走，里边同时还有几个邻居。电梯突然熄灯，"嗖"一声直坠下去，电梯里的人吓得抱在一起，一齐发出尖叫。后来电梯突然停了，同乘的几个农民工大胆把电梯顶破开，把大家救出去后，这才发现电梯停在 5 楼，离触地也就几秒时间。

他们离死神的距离也就 10 多米，几秒钟。

生死时速。

景洲大厦规模不算大，一共 2 栋楼、442 户人，里边 100 多户都是邹家键公司的同事。他到单位一说惊险经历，原来相当多的同事也遇过这种情况。后来一调查，才发现原来是开发商装的电梯货不对板。购房合同中承诺配三菱电梯，实际装的是东莞一家公司的产品，两者差价达数十万元之巨，且未按规定进行试运行检验，景洲大厦业主成了小白鼠。

单位同事想成立业委会集体维权，就推举在单位搞宣传的邹家键当业委会主任，他不想挑这个头，也不敢入住新房，在外租房住。

转眼到了2000年，邹家键想把房子卖掉走人，谁知房产证却总是办不下来。没有房产证，卖不掉，也租不出去。邹家键一气之下给开发商发了律师函，要求赔偿损失。

开发商冷冷回了句：你去告啊，法院判你赢，好说，否则，回家洗洗睡。

口气中的傲慢和无处不在的"你能拿我怎样"的轻蔑，激起了邹家键的斗志，他接受了同事们的推荐，出任景洲大厦小区业委会主任，开启维权之旅。

2001年1月，邹家键率150户业主以电梯货不对板为由，将开发商告上法庭。"4月15号判下来，地产商输了，不仅要把电梯全部更换为三菱电梯，还要赔钱。"邹家键说，"每个原告都给赔，房子大的赔十几万，房子小的赔四五万，整整赔了将近1 000万元。"

媒体一披露，全深圳都轰动了。不少楼盘都有类似情况，其他楼盘的业主纷纷跟风把地产商告上法庭，且大多赢了官司。

千锤百炼出真金

2001年，在打赢电梯官司后，邹家键又带领业主们开始了维权第二步——炒掉开发商所属的物业公司。"原来的物业公司是地产商的下属公司，典型的老子开发儿子管理，根本上代表地产商的利益，而不是代表业主利益。"邹家键说，"因此没理由继续雇佣。"经过半年多的博弈，开发商所属物业公司被炒掉了。

邹家键和振业景洲业委会炒掉开发商下属物业，由业主代表大会自主选择了一家物业公司，这在全国尚属首次。

2003年9月1日，国务院颁布的《物业管理条例》正式生效，明确规定物业公司换届必须经业主大会投票表决。当月正好是上届物业公司换届时间，业主对其几年来的表现极不满意，大会表决将其换掉，重新聘请了另外一家理想的物业公司进驻。

结果惹恼了深圳住宅管理部门，原因很简单，在其看来，景洲大厦业主早就带了一次坏头，即率先启动对地产商的大规模集体诉讼，引来全市业主效仿，给地产商和市住宅部门添了乱。此次自主选聘物业公司的先例如果被肯定下来，无疑会引起第二波多米诺骨牌效应，住宅管理部门的权威将受到毁灭性冲击。

于是，在2003年12月31日发生了轰动全国的事，深圳住宅管理部门出了一纸红头文件，宣布撤销邹家健的景洲大厦业委会主任、业委会委员职务。

消息轰动全国，媒体纷纷跟踪报道。特别是央视报道高度肯定邹家键后，"政府直接罢免民选产生的民间自治组织负责人"的笑话，在全国媒体一边倒的"挺邹"声中偃旗息鼓。

邹家键高票连任业委会主任，随即在与新的物业公司签约时，坚决废除了过去充满霸王条款的"格式"合同书，签订的新合同明晰了小区公共产权，明确了小区公共收益的归属，比如，小区停车场和电梯等公共区域产权及收益均归业主所有。

景洲大厦小区管理规约规定，小区业主和租户的满意度是检验、评价物业管理和业委会工作的唯一标准。景洲大厦业主年度调查满意率达不到60%，景洲大厦物管公司将提前自行解聘；景洲大厦业委会也将立即解散重选。

这在当时形成了闻名全国的以"业主自治"为特点的景洲模式，成为中国城市法治建设、社区转型治理成功的案例，被《物业管理条例》《物权法》、最高人民法院关于《物权法》的两个配套司法解释和《广东省物管条例》等法律法规采纳。

邹家键经历过上述的"高光时刻"，更经历过被报复、被整治的委屈。先是开发商策划了三起起诉他"侵权"的官司，虽然都打赢了，却搞得他精疲力尽，既牵扯精力又浪费钱财。

后又是住宅管理部门组成联合调查组对他明察暗访，看有没有徇私舞弊，有没有贪污腐败。

调查结果，业委会财务都是公开的，重要事务都经业主代表大会表决通过，没有暗箱操作，没有假公济私，邹家键两袖清风，一身正气。

早在2004年，景洲大厦业委会用小区停车场和大厦电梯广告的收益，建立了全国第一个小区业主基金，为小区大型改造积累资金，截至2019年7月，景洲大厦业主基金已有1000多万的积累，成为全国少见的"千万富翁"业委会。

邹家键就是这样，在长达20年的时间里，一届接一届连任着景洲大厦业委会主任。期间从中年跨越到老年，几次想辞去业委会主任，可业主们不允许啊！

也因此，邹家键成为全国最牛的业委会主任，在景洲大厦说一不二。

楼层撤桶兵不血刃

"2017年下半年，福田区城管曾跟我们联系说想要我们做撤桶试点，有5万～40万元的补贴。"邹家键说，"我主张做这个试点，但业委会很多人不同意，说居民会闹翻天。居民也不同意，怕投垃圾不方便，所以当时暂时搁置了。"

后来碰到一个契机，消防部门发来整改通知，说小区楼道摆垃圾桶和鞋柜、停放婴儿车有消防隐患，要求整改，而且要罚款，业委会罚5 000元、物业罚5万元。

"借着这个契机，我一方面先去找消防部门沟通，保证10天内把楼道内的垃圾桶、鞋柜、杂物等统统撤掉，也恳请能把罚款免除，得到消防部门的理解。"他说，"同时，我召开业委会班子会，告诉大家要么撤桶，要么交罚款，班子的工作很快就做通了。"

然后，业委会召开业主大会，向大家陈述了楼层摆放垃圾桶和杂物的种种坏处，如消防隐患、传染疾病等，宣布10天内撤掉楼道垃圾桶。

"小区业主群里很快吵翻天，包括小区里住的一些公务员闹得很厉害。"他说，"我就告诉大家，撤桶是政府要求，一方面是消防、防疫等方面需求，更是垃圾分类的先决条件。不撤桶，意味着消防罚款，也将阻碍小区垃圾分类推进，所以势在必行。"

邹家键故意把消防、片警的电话公布出去，说如果你们不相信，可以打消防的电话。

2017年的平安夜开始行动，25日零点组织物管把楼道所有垃圾桶撤掉，第二天95%的业主基本上就把垃圾提下楼，丢到指定投放点。但也有少数"钉子户"，把垃圾丢在楼道原来摆放垃圾桶的位置。

"接下来还有几天就是元旦放假，我们当时很强硬，说哪个楼层乱丢垃圾，就让他伴着垃圾过元旦、迎新年。"邹家键说，第一天"钉子户"朝楼道丢垃圾后，第二天他就跟物管的人上门。搞事的业主一见邹家键，顿时没了脾气，诚惶诚恐，赶紧说对不起，我待会儿把它拿走。结果第二天就没人给楼道再丢垃圾了，第三天邹家键让物管把楼道上的所有东西清理一遍，再把整个楼层用水冲洗得干干净净。

从此以后再没有发生楼层丢垃圾的情况，楼层撤桶3天就完成了，景洲大厦挂牌成为深圳市的垃圾分类试点和示范单位。

在其他小区往往闹得沸反盈天的楼层撤桶，在景洲大厦几乎是兵不血刃，弹指一挥间完成。

政府给了景洲大厦不少奖励政策，投资30万元建了垃圾分类点，又给30万元建了一个微型小公园。

"政府还花了800多万元给景洲大厦更换了饮用水管，全部铁管换成了不锈钢管。"邹家键说，目前，政府给景洲大厦的赞助项目已经超过1 000多万。"我认为，小区内无论是楼层撤桶还是垃圾分类，只要是业主委员会和物业公司有决心、担当和勇气，就一定能做成。"

罗洪坚：轮椅上打造废纺处理"联合舰队"

2岁时得小儿麻痹症，将他人生的大多数时光定格在轮椅上。

坐着轮椅，他14岁辍学，16岁当裁缝，20岁起开超市、办宾馆、搞装修、建水电站……

在轮椅上，45岁那年他建起了华南最大的废旧纺织品处理基地，让自己步入人生的"高光时刻"。

他就是广东恒锋纺织股份有限公司董事长罗洪坚。

"正因为年轻时当过裁缝，多年后我才有机会从废纺处理中发现商机。"他说，"这是属于我的那片江湖，我必须从中找到属于自己的位置。"

罗洪坚

小裁缝的财富传奇

罗洪坚1964年3月出生于汕头市陆丰县一个荒僻山村，家贫。2岁那年得了小儿麻痹症，从此无法正常行走，因为残疾，14岁那年考上高中却不得不辍学。

脚腿不便，下不得田，上不得山，可也不能让父母养一辈子，得学个手艺养活自己。16岁那年，他到一家服装学校学习裁缝手艺，回村办了一家裁缝铺，生意不错，不仅能养活自己，还能补贴家用。

1988年4月，他移师陆河县城，开起服装加工店，还招收了不少学徒。一次，看见朋友穿的一件西装很漂亮，一问才知是一件进口旧衣服，他说动朋友送给他做样板，拆开，又缝在一起。不久后，罗洪坚成为陆河县城最著名的西装师傅之一，店门前常有人排着队等他量体裁衣。

20 世纪八九十年代，罗洪坚制作的西装一件可以挣 200 多块钱，他赚到了人生第一桶金。

从此，他开启了自己的创业之旅：在县城开起电器专卖店和维修部；1994 年进军深圳，相继开起超市、装修公司；2003 年回师老家陆丰，建起沙田水电站；在广州建起了一家大型宾馆，在杭州创办一家消防设备公司……

直到一个偶然的机会，他与废旧纺织品处理结缘，他觉得真正找到了属于自己的那片江湖，以前所做的一切，似乎都在为这一天的到来作铺垫。

一车旧衣嗅到商机

2008 年的一天，罗洪坚在粤东一个大型服装批发市场外看到一辆装满旧衣的大卡车，看上去至少有 30 多吨的样子。一问之下老板告诉他，这些旧衣服有些会出口非洲，有些会进入二手市场，还有些不能穿的就再生处理成棉纱也能卖钱。

"晚上回去上网一查，才知道旧衣回收处理这块数量巨大，国家鼓励社会资金投入这一块，既节能减排保护环境，商机也不少。"罗洪坚说，后来再一了解，自己的几个在中山大学一起读 EMBA 的同学都从事这一行，且有几个专门在非洲和中东做旧衣出口生意。"跟几个朋友一商量，大家都觉得这个项目前景可观，于是决定合资建一个处理厂。"

项目得到了陆河县政府的大力支持，报建、征地等系列手续很快完成，2009 年 8 月正式动工，2010 年 6 月，占地 100 亩、总投资 8 000 万元的广东恒锋纺织股份有限公司厂区在陆河县新田镇麻地村拔地而起，投入运营。

恒锋处理工艺主要分如下几道工序：旧衣分拣—碎布—开花—清花—成品打包。主要产品包括纱线、手套、背包、螺纹袖口等。

旧衣材料来源，一是自己相继建了数十个回收点；二是社会上的各类回收企业。

"可以说工厂运行前两年效益的确不错，每年盈利都不少，但 2012 年开始连年下滑，直至亏本，一些股东相继退出。"罗洪坚说，后来他才慢慢了解到，2008 年他开始筹备建厂时，国际石油价格在 140 美元一桶左右，而 2014 年开始跌破每桶 80 美元，直到 2016 年跌破 50 美元一桶。同时，棉花价格也像石油般直线下跌，从 2010 年的 3 万多元一吨到 2013 年的 1.2 万多元一吨。"石油、棉花价格跳水，原生材料产品卖出白菜价，咱们的再生产品本就成本居高不下，如何与之竞争呢？"

同时罗洪坚也发现，他的企业经过几年运转后，逐渐显现出一些短板：规模化产能不够，就像一条小舢板，稍遇风浪就险象环生；没有建立起自己的回收体系，即便产能强大，却如巧妇难为无米之炊；产品科技含量较低，没有充分挖掘其附加值。

"整个废纺市场犹如一片大海，单帆独船经不起风吹浪打，联合舰队才能斗得过惊涛骇浪。"罗洪坚说，他构想中的联合舰队，就是以产能强大的恒锋纺织为旗舰，配上以全国主要城市为目标的回收和物流体系，加上高科技和高附加值的产品及贯通海内外的产品销售体系。经过几年的技术设备更新和产能扩大，恒锋纺织目前的年处理量已达到 5 万吨左右，具备了实现规模化产能的条件。"但后二者还在构建中。"

盈利模式及面临困难

"恒锋的整个回收体系建设将先从深圳开始，逐步辐射全国主要城市。"罗洪坚说，盈利模式主要取决于销售渠道和产品的科技含量，"由于有朋友在非洲中东地区专事旧衣销售，旧衣出口将是盈利点之一，另外还有几个盈利点将分别来自再生产品销售、回收箱体商业广告、恒锋商城及信息系统的收入。"

经过近 10 年的快速发展，恒锋纺织已成为华南地区产能最大的废纺处理企业，罗洪坚也成为废纺行业叫得上号的人物，相继成为陆河县政协委员、广东省自强模范、中国再生资源回收利用协会副会长、废旧纺织品综合利用产业技术创新战略联盟理事，恒锋也被商务部列为废旧纺织品各项标准的制定单位之一。

"废纺处理这块当前也面临着一些困难，主要是在顶层设计上的缺失。"罗洪坚认为，顶层设计缺失主要体现在两方面，一方面是缺少配套法律法规，市场监管无章可循，无法可依，市场混乱，恶性竞争；另一方面是行业标准和配套政策缺失，没有标准产业化就很难实现，而没有配套政策，企业得不到应有扶持，很难健康良性发展。如旧衣出口这块，国家目前为止仍无具体政策规范出台，处于一种自发状态，全靠企业自律来维护中国旧衣出口的信誉（比如，最关键的是要对出口旧衣进行严格的消毒和无害化处理）。"在废纺处理这块，真心盼望政府能早日补上顶层设计这一课。"

第六部

垃圾战争

我为什么要分类？你凭什么让我分类？我不分类你又能拿我怎么样？你还真不能拿我怎样。

——这就是20年来垃圾分类一直无法打破的"魔咒"。

垃圾分类是人类与自己的一场战争，分类分的其实就是人性。

决定成败的关键，就是人性的底层逻辑——趋利避害

当我们为20年无法打破的"魔咒"悲叹时，有没有想过，我们是否读懂了人性的底层逻辑？

本部分所述内容，无论是"末日核爆"、德国的"连坐法"，还是"我的滑铁卢"都是想从不同视角去参详人性的底层逻辑……

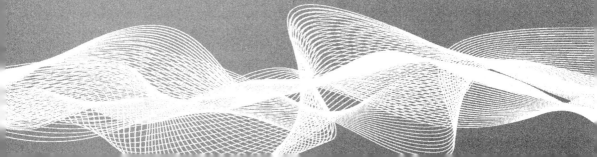

垃圾围城就是一场慢性核爆

(成稿于 2020 年 3 月)

疫情进入下半场,生活逐步恢复常态。楼下有两处功能不变的区域,一处是那片空地,过去跳广场舞,现在亦然;另一处是垃圾投放点,过去怎么投,现在照旧。所不同的是,大爷大妈们的广场舞越跳越好,渐臻化境。而垃圾桶里的垃圾,过去是混合的,现在还是。虽然垃圾分类推进多年,但左邻右舍的投放习惯涛声依旧。

为什么广场舞能越跳越好,而垃圾分类却总在原地踏步?

(一)

道理很简单,广场舞是人们以健康、自娱为目的而自发形成的一种流行文化。没人逼迫,没人倡导,有钱难买我愿意。过去多为城里人喜欢,现在慢慢在农村也进入流行节奏。去年回老家探母,傍晚村外一处广场上,就聚了四村八乡的人在跳广场舞,边上有卖水果的,有卖夜宵、麻辣烫的,夜市都兴起了。因为自愿和喜欢,广场舞创新层出不穷,不少东北人跳广场舞还跳成流量网红。

垃圾分类呢?多年来政府一直在通过多种方式进行宣传和倡导,不少地方还立法进行强制,但除了少数重点示范和标杆小区,大多数小区基本难逃居民参与率和分类精准率"双低"及混收混运的局面。居民参与率和分类精准率"双低",决定了无论你的模式有多好,建成了什么体系,所谓的垃圾分类都不过是字面上的。

不难看出,广场舞成功的关键,在于形成流行文化后而产生的"自愿"动因。而垃圾分类的举步维艰,恰恰是没有形成文化氛围而产生的逆反抗拒因子。

多年来,我们看似在垃圾分类文化创建方面没少下功夫,各种推广宣传,甚至不少地方还将之列入中小学教程。

可为什么垃圾分类没有形成自己的文化现象?

（二）

概因我们在战略维度上对其严重性认识不足。

近几年，关于居民垃圾分类违法行为是不是应该严厉处罚（包括将垃圾分类违法行为纳入征信系统），不少专家和权威人士的意见是，不就投个垃圾嘛，至于将人逼到那种地步？这种意见某种程度上代表着决策层潜意识里的共识——垃圾分类就是生活中的小事件，犯不着上纲上线。

但垃圾分类真的只是生活中的小事件吗？

垃圾围城是垃圾分类存在的理由，如果垃圾分类是小事件，那垃圾围城呢？

什么东西可以毁灭世界，灭绝人类？大家可能首先想到的是核爆炸，据说美俄都有将世界毁灭好多次的能力。可为什么核战一直没有发生，我们还能安享和平？

因为有"恐怖平衡"的原理，美俄都能同时毁灭对方，故谁也不敢轻举妄动，此其一；其二，"山川异域，风月同天""环球同此凉热"，在新冠肺炎疫情下，地球上没有诺亚方舟，如果大规模核爆发生，结果一样。还有，即便你先发制人"核平"了对方，让对方没有还手机会，但你也无法承受核爆后放射性污染的侵袭后果。

"恐怖平衡"使可以瞬间毁灭地球和人类的核爆概率变小。

垃圾围城则是人类制造出来的、不断与人类争夺生存空间的"怪兽"。它不像核爆那样可以瞬间毁灭地球和人类，但就像慢性病，不断侵蚀摧毁着地球的免疫系统，污染着人类赖以生存的空气、土壤和水资源，并在长期慢性侵蚀积累下，让地球和人类在某一天末日降临。

如果核战是人类瞬间的自杀行为，那垃圾围城就是一场慢性核战。

之所以会有"垃圾分类是小事"这种观点，概因"慢性核爆"离我们太过遥远，不是火烧眉毛的"现世报"，承担后果的是子孙后代，而我们无须为子孙后代负责。

上述观点，贻害中国垃圾分类太多年。

所以，我们不能再停留在一个小区、一个国度、一片海洋的维度去看垃圾分类文化的创建，而是要从宇宙苍生、人类命运共同体的维度去思考这个问题。

（三）

　　与广场舞的自发形成不同，垃圾分类是要改变人们长期的生活习惯，破陋习，树新风，具有鲜明的社会和人文属性，也是其主要属性，而环保和经济属性则成为其附属属性。

　　一把钥匙开一把锁。

　　直到今天我们仍未解决垃圾分类中人的主观能动性问题，居民参与率和分类精准率"双低"成为顽症，是因为我们长期以来只重视垃圾分类的环保和经济元素，而忽略了其主要属性——社会和人文元素。

　　我们是搞过不少宣传，还写进了中小学课本，但这些文化活动在宇宙、苍生维度的垃圾分类文化创建面前，显得太过小儿科和微不足道。

　　我们需要打造的不是某一种垃圾分类文化现象或形态，而是自上而下的文化创建系统工程，包括学科、专业+文化产业+流行文化。

（四）

　　为什么要打造垃圾分类的学科与专业？

　　学科是人类活动产生的经验和认识，通过思考、归纳、理解、抽象和实验而形成的知识体系。

　　垃圾分类推进20余年，至今国内高校未见有垃圾分类学科和专业设置，业内专家多为环境专业或其他专业跨行而来。

　　也许有人会说，没设垃圾分类学科与专业，我们不照样搞了20年垃圾分类吗？那么我想问一句：效果呢？

　　我们的不少专家学者、政府官员，都去过日本、韩国及欧美国家取经。曾见过一些官员回来激动万分，宣称获得"真经"，要结合本地实际，打造垃圾分类模式。可至今，有哪个地区形成了可复制的模式？

　　多年来我们在垃圾分类上花了多少冤枉钱，浪费了多少社会资源？敢不敢算算这笔账？

　　不得不承认，我们耗费了无数光阴和钱粮的垃圾分类，至今仍是一锅夹生饭。

　　主要原因，就是因为我们缺少垃圾分类学科体系的引领，没有形成垃圾分类知识体系和理论体系，才导致顶层设计不清晰，政策和体制机制设计混乱、随性，学习外来经验沦为邯郸学步等多种问题。

实践证明，垃圾分类是与生态环保相关，但又相对独立，并具有鲜明的社会和人文属性的一门学科。其之所以至今仍是锅夹生饭，就是我们对其社会和人文属性的忽略所致。社会和人文属性集中体现在"人心"问题上，就是居民愿不愿意参与分类和认不认真、精不精准投放。

不少城市建了许多处理设施，收运也有模有样，但"人心"问题没解决，结果垃圾分类还是一塌糊涂。

因此，设立垃圾分类学科刻不容缓。

居民区是垃圾分类推进的重要场合，要胜任这里的工作，既要具备垃圾分类专业知识，懂得项目运营管理，也要了解社区治理和居民心理，具有较强的专业性。但目前这一块的专业人才几乎是空白，人才缺口非常大。高校如果设置垃圾分类专业，其毕业生必然成为未来就业市场的宠儿。

（五）

垃圾分类推进 20 年，至今可曾见过一部以分类为题材的影视、文学作品或者流行音乐什么的？

没有。

是这个领域没东西可挖掘？

错。

垃圾分类就是一片江湖。

有江湖就有勾心斗角、风云争霸。

有江湖，就有人，有故事。

活生生的人，无数精彩的故事。

但没有人用艺术的形式去表现过。

也许有人会说，这是由市场决定的，也是市场的选择。

但垃圾分类是国家生态文明战略的重要内容，其改变人们生活习惯和文明水平的艰巨性，决定了需要国家在文化创建层面的扶持和引导。

文艺层面对垃圾分类的推动，是一种春风化雨和润物细无声式的感染，是要在灵魂深处播下那颗种子。

对垃圾分类文化创建的轻视或无视，是顶层设计的失误，也体现了职能部门的迟钝和麻木。

还想提请各地政府部门算一笔账，这些年在垃圾分类推进中因为失误浪费了多少资金？

如果把这些浪费掉的钱拿出一点点，不知能创造出多少优秀的以垃圾分类为主题的文艺作品？

（六）

流行文化说起来相对简单。

广场舞就是距咱"吃瓜群众"最近的流行文化。

如果垃圾分类能像广场舞一样受到吃瓜群众的认可和喜爱，那居民垃圾分类参与率和分类精准率"双低"等问题都将迎刃而解。

其实在垃圾分类流行文化这块，民间早有萌芽。只要政府稍加重视，予以扶持引导，就会如星火燎原，成为推进垃圾分类的重要元素。可实际上，相当多的萌芽要么是在漠视中苦苦挣扎，要么是在孤立无援中熄灯拔蜡。

深圳一城中村有位乐玲女士，10多年前就自购家庭厨余处理设备，在院子里搞堆肥，然后用堆出的有机肥在院子里种菜，还带动了一批左邻右舍一起搞……

我们的社区里有一批类似乐女士这样专注垃圾分类的平民英雄，其行为做法普通人均可复制，如加以弘扬宣传，肯定会带动更多的人。

但有关部门对宣传这些平民英雄并无兴趣，因为这些与"政绩"关系不大。

有家机构下属的垃圾分类文化义工队，编排了包括小品、杂技、歌曲、舞蹈等在内的多种垃圾分类节目，创意独特，具备相当水准，甚至算得上当地一张垃圾分类文化名片。如果能予以资金扶持，助其全市巡演，蝴蝶效应不可估量。可惜无法引起相关重视，至今只在小范围活动，难得登上大舞台。

有一位老师课余带领自己班学生搞利乐包清洗回收，慢慢带动了全校 3 000 多名师生，连校长都参加进来了，垃圾分类成为这个学校的校园文化时尚。可他们分类好的利乐包因为数量有限，没有专业公司愿意上门收运，当地城管坐视不理，使他们长期受到外运问题的困扰……

这些例子，除了让人感受到地方政府对民间垃圾分类文化创建的冷漠和黑色幽默的味道，还让人联想到叶公好龙的故事。

垃圾分类民间流行文化的创建，需要政府职能部门放下傲慢与偏见，真正行动起来，别只盯着政绩工程。

（七）

大疫之后，百业待兴。

如果对下一步垃圾分类之路怎么走有些迷茫，那就无妨补补文化这堂课。

如果有一天广场舞大妈们都成了垃圾分类的粉丝，那垃圾分类的春天就真正来了。

莫让垃圾分类披上"皇帝的新装"

（成稿于 2020 年 4 月）

2016 年 12 月 21 日，习近平总书记首次就垃圾分类工作发表重要指示，号召全面推行垃圾分类制度，实现生活垃圾"三化"（减量化、资源化、无害化）。也从这一天开始，我国垃圾分类进入真抓实干，快速发展的新纪元。厦门模式、深圳模式先后惊艳亮相，上海模式则一度走红网络，各地垃圾分类风生水起。

但业内人士都清楚，在这种繁荣的表象下，垃圾分类其实面临着极为尴尬的情况，就是居民参与率和分类精准率"双低"的问题。垃圾是由人产生的，垃圾分类的关键其实是人的问题。居民参与率和分类精准率"双低"（以下简称"双低"），就是人的问题没有解决，这样的垃圾分类往往徒有其表，甚而沦为"皇帝的新装"。

成功经验与失败教训

"双低"问题，从我们垃圾分类起始至今，一直未能得到有效解决，成为阻碍垃圾分类推进的顽症。原因何在？有无破解良方？

当然有，且在台湾地区早已得到验证。

台湾地区破解"双低"问题的方法，即无论是从顶层设计（立法、资源回收基金），还是体制机制建设（四合一计划、按袋计量收费），都是紧紧围绕一个"人"字去展开，最终形成了以人为本的垃圾分类运行机制。

从另一个侧面来看，他们是把垃圾分类这个复杂问题简单化了，简单到围绕一个"人"字，去探索与垃圾分类相关的各种路径。

如何解决垃圾分类中"人"的问题，大陆也进行了多种探索。2014年，深圳市人大代表肖幼美就曾在一次听证会上，提出通过将垃圾分类纳入个人征信系统的方式，来促进居民参与垃圾分类。深圳市生活垃圾分类管理事务中心相关专家，也提出过试行"谁污染谁付费"模式的设想。

但以上两种设想，因当时客观条件限制都无法落实。

当时大陆最常见的解决"双低"问题的方法有两种，一是互联网+模式，通过智能化分类设备实现积分兑换奖励物品，提高居民参与率，但由于缺少配套政策大多难以持续；二是在小区举行各种垃圾分类宣传活动。这二者对居民来说，犹如三月里的春风自耳旁吹过，即便带来些许清爽也是稍纵即逝。

包括北、上、广、深在内的一线城市，也都进行过规章性立法，里面都有专门条款对分类中的违法行为进行处罚，但因缺乏强制性、约束力和可操作性，多成一纸空文的"僵尸法"。

从2017年开始，厦门、上海、深圳等城市相继开展了督导活动，这是有史以来解决"双低"问题最有力的举措。但督导对居民来说毕竟属于"要你做"的被动模式，示范感召意义大，缺少相应约束力。

深圳的督导规范名称为"集中分类投放，定时定点督导"，但其早期称为垃圾分类从1.0~4.0版的递增模式。其3.0版指物业小区配备了玻、金、塑、纸+厨余+有毒有害+其他垃圾等标准化分类桶，配备了洗手盆，有义工或专业督导人员定时定点督导。在3.0版基础上，实行（台湾模式）按袋计量收费，就升级到4.0版。

截至2019年年底，深圳多数物业小区推进到了3.0版。

两厢对比，如果说台湾地区垃圾分类成功的关键，是顶层设计、体制、机制建设都紧紧围绕一个"人"字展开，而大陆垃圾分类进展缓慢，恰恰是因为在顶层设计、体制、机制建设上偏离了"人"这个主航道。我们把主要精力和资金多用在体系和末端处理设施建设上，而与"人"相关的居民参与率和分类精准率"双低"问题，则被忽视和边缘化了。例如，各地政府在建垃圾焚烧厂及各类处理设施上花了多少钱？天文数字。可在垃圾分类上投入了多少资金？

没有对比就没有伤害。

忽略"双低"问题后果严重

由于对"双低"问题重视不够，垃圾分类似乎形成了"东边日头西边雨"的局面——不少地方都在宣称自己建成了什么模式、体系和多少末端处理设施（焚烧厂、餐厨处理设施等），而尴尬的是，走进居民小区，"双低"现象却很普遍。

可以想象一下，如果能从建焚烧厂的资金里稍稍分出一点点，去专门解决垃圾分类中"人"的问题，垃圾分类绝对不会是今天这种局面。

在此必须声明，笔者绝无轻视体系和末端处理设施建设之意，只是觉得不应该对"人"的问题忽略至此。

忽略"双低"问题的后果很严重，无论你建成什么体系或设施，居民不分类或分得不精准，就把你付出的努力对冲得七七八八。

例如，居民没分类，楼下垃圾桶内都是混合垃圾，你要花多少精力进行二次分拣？谁来花钱进行二次分拣？没有二次分拣，收运公司就得混收混运，垃圾分类就成一纸空文。

笔者曾在一个厨余垃圾处理设施旁看到这样的场景——送来的厨余垃圾中，大约70%都是其他垃圾，即便企业花了大把人力进行二次分拣，也很难做到干净精准。就厨余垃圾而言，如不能搞好源头精准分类，就等于报废了。

忽然觉得有些地方的垃圾分类搞得像"皇帝的新装"，而"双低"问题有点像那个说了实话的孩子。

那么"双低"问题是不是无解了呢？

"双低"问题的 N 种解法

台湾地区珠玉在前，"双低"问题当然有解。

首先，可不可以复制台湾模式呢？

在贯彻生产者责任延伸制度方面，个别企业早有先行先试者，如华为在2015年前后就开始进行自产手机的废旧回收。

国务院于2017年年初，发出建立电器电子、汽车、铅酸蓄电池和包装物4类产品骨干生产企业履行生产者责任延伸制度的号召，但至今各地未见有效推行案例。

大陆至今也没有尝试过建立资源回收基金。笔者曾就此与业内专家进行过探讨，大体意见是，台湾一岛之地，各处经济发展水平大体相当，资源回收基金基本可以覆盖解决岛内资源回收问题。但大陆地域广阔，各地经济发展极不平衡，若由部委建立资源回收基金，可操作性不强，也难平衡地区间差距。若由各地自己建基金，很可能出现补贴低地区可回收物向补贴高地区蜂拥的情况。

广州等一些地方尝试过制定一些低附加值可回收物补贴政策，但固定的补贴金额在国际大宗商品不断起伏的价格面前，显得呆板迟钝，无法起到相应的市场调节作用。

所以至今，不仅低附加值可回收物并未得到有效回收和发挥减量作用，且各地也并未真正形成可复制可持续的垃圾分类标准化运行模式。

作为驱动个人（家庭）参与垃圾分类的有效手段，广州几年前曾经在一个小区试点过按袋计量收费，因为居民抵制无疾而终。

深圳在2019年12月31日表决通过，于2020年9月1日起实施的《深圳市生活垃圾分类管理条例》（以下简称《条例》）中，明确规定"生产经营单位应当按照国家有关规定落实生产者责任延伸制度，承担产品及其包装物废弃后的回收和处理责任"，实施"谁产生、谁付费（谁污染谁付费）""逐步实行分类计价、计量收费""探索生活垃圾使用专用垃圾袋投放"。

可以说，深圳通过《条例》明确了"生产者责任延伸制度"和"按袋计量收费"的改革方向，是值得肯定的进步，但关键是下一步如何落实的问题。

一个无法回避的事实是，无论是生产者责任延伸制度还是按袋计量收费，说起来轻巧，做起来并不容易。以按袋计量收费为例，目前深圳居民生活垃圾处理费统一采用"排污水量折算系数法"计费，即按排污水量每立方米0.59元计收费。

要改变这种收费办法，实行按袋计量收费，意味着要进行一场跨部门的收费机制改革，涉及城管、发展改革委、生态环境等多个部门。而常见的现象是，只要一件事涉及多头管理，必迁延日久，拖拉扯皮，迟迟难上轨道。因此，按袋计量收费前景难见乐观。

文明推进除了劝导，还有一种办法就是"鞭子"，即依法强制和约束。但业内人士普遍的看法是，目前各地方性法规中，对个人的处罚条款偏轻，违法成本过低，缺乏威慑力。

如厦门、上海和深圳三地，对个人违法行为的处罚都是 50 元以上 200 元以下罚款，如果你是这几个地方的居民，会因被罚这么点钱觉得肉疼，并洗心革面，成为垃圾分类的"铁粉"么？

还有另外一个关键因素是，即便是这种毛毛雨式的处罚，从过去的历史教训来看，谁又能保证落实、执行到位呢？

将垃圾分类违法行为纳入征信系统，一直被业内人士视为解决"双低"问题的"王炸"手段。上海、厦门、杭州、福州、西安等城市，都对单位和个人垃圾分类违法行为纳入征信系统作了明确规定。

深圳的《条例》在几版讨论稿中对此也有明确规定，但在最终表决稿中，则只保留了将单位的违约行为和处理结果等信息纳入信用评价体系，而把个人违法行为纳入征信系统的条款删除了，令人扼腕。

垃圾分类的核心是人的问题，要解决人的问题就必须抓住人性的弱点，很简单，那就是趋利避害。台湾地区的成功经验证明了这一点，大陆则恰恰成了反面教材。

事实证明，即便我们无法照搬台湾地区经验，但亦不缺解决"双低"问题的杀手锏。

我们缺的只是决心。

不解决"双低"问题的垃圾分类，无异"皇帝的新装"。

我们不应该让这样的事情发生。

垃圾分类呼唤"环境警察"

(成稿于 2020 年 4 月)

"谁污染谁付费(计量收费)+立法(处罚有重典)+征信系统"——是被德国、日本的经验证明了的,决定垃圾分类成功的"三位一体"模式(简称"三体"模式)。国内学界、业界对"三体"模式并不陌生,可为什么至今无法推广?

"三体"模式需要试验田

垃圾分类"三体"模式在实践中是这样发挥作用的——

比如,在生活垃圾计量收费制度下,一个不认真或不精准进行分类的人和家庭,就要为垃圾处理付出更大的经济代价;而其如果不分类投放,而是乱丢垃圾,在德国会受到最高 5 000 欧元的罚款,在日本最高可判 5 年徒刑,在我国会受到最高 200 元的罚款处理;而他的这一系列行为如果被纳入个人征信系统,累积到一定程度,将成为他个人征信的污点,他的就业、贷款、出国、参与招标等系列社会活动,都可能会受到影响和限制。

但目前"三体"模式推广确实困难重重。

谁污染谁付费(计量收费)目前还未出现"第一个吃螃蟹"的。因为,要从目前普遍存在的生活垃圾定额收费或按污水排放量计费,升级到计量收费,需要进行跨部门的收费机制改革,牵涉多个政府部门利益和职权的重新调配及分割,程序复杂,难度不小,"第一个吃螃蟹"者要承担可能失败的风险。

因此,需要国家主管部门先选择一个城市,给予政策和资金支持,开辟一块生活垃圾计量收费试验田,待积累了可复制的经验模式,再向全国推广。

征信系统发挥作用的前提,是必须有一个征信平台,但现实情况是,目前还没有这样一个平台。

大家所熟知的是,银行已在体系内率先建起了征信系统,并已开始发挥作用,比如,"老赖"不能贷款,不能乘飞机、高铁等,就是其征信系统发挥作用的例证。

但必须看到,银行征信系统是建立在自身强势的基础上。

反过来看城管，其本身在政府行政体系中就属弱势部门，如果在本体系内建征信系统，对企业是有一定的约束作用，但对个人几无任何威慑效果和约束力。

垃圾分类征信记录，只有在更大的信用平台上（关联银行、税务、教育、公安、工商、环保等）才能发挥威慑和约束作用。这么大的平台，并非城管一家之力可以完成，只有在当地市政府牵头统筹下，汇集各方力量方可。且前提是，征信系统建设必须列入城市发展顶层设计和政府工作议事日程。

但目前还没有哪座城市会这样重视垃圾分类。因此，也需要国家相关主管部门从顶层设计角度予以明确，同时选定一个城市进行试点，由当地市政府牵头，构建城市征信系统和信用平台，并在形成可复制模式后在全国推而广之。

而在各个城市逐步建立起征信系统后，也就为国家大的征信平台奠定了基础。

"连坐"之法应对取证难

各地不少垃圾分类立法，颁布后成了有名无实的"僵尸法"，主要因为取证难和执行难两大顽症。

先说说取证难吧。

厦门经验证明，有督导的社区较易发现垃圾分类违法问题并取证。督导时段外或无督导的社区，取证相对困难。

采取在投放点或关键位置安装监控摄像头，或采用可溯源的智能化投放设备（互联网+模式），虽然能起到一定的监管取证作用，但投入和运管成本都相对较高，并非上佳办法。

2016年德国发生过这样一件事，萨克森-安哈特州一栋共有9户人家的居民楼，发现有人把餐巾纸和咖啡渣子投进了塑料垃圾桶，督查人员找不到违法者，就给9户居民开了一张1 700欧元的共同罚单。也就是对这种无法取证的违法行为，采取"连坐"的处理方法。

"连坐"的办法，就是激励大家在同一环境下，通过相互监督来减少违法行为的发生。该办法在德国垃圾分类推进中发挥了巨大作用。

"连坐"之法起源于先秦，现在国内社会管理活动中也有借鉴的。四川某大学宿舍管理文明公约就规定，室内有人抽烟，无法确认责任人时，全体宿舍成员"连坐"受罚，每根烟罚款100元。还有不少类似例子。但这种"连坐"管理办法受到一些法律界人士的质疑，认为是从历史垃圾堆中捡出来的，既"荒唐"又"野蛮"。

笔者以为，"连坐"既是古人提供给我们的一种管理智慧，更是一种思考问题的方法，适当借鉴正是继承和发扬，过分解读负作用反倒显得愚腐可笑。有关部门应从"连坐"之法中得到启示，举一反三，最终找到解决取证难的办法。

呼唤"环境警察"

执行难与城管的运行机制和执法主体的设计都有关联。作为执法主体的城管综合执法队，其前边的定语"综合"二字是很清晰的"人设"，兼顾多种城管执法任务和功能，不是垃圾分类执法队，垃圾分类执法只是其中一小部分，很难拿出足够的时间去应对垃圾分类违法问题。而且，这还只是在垃圾分类小范围试点的情况下，下一步垃圾分类全面铺开，遍地开花，其无力应对是大概率事件。

显而易见，城管综合执法队原有的行政综合执法"人设"，已无法适应和满足新形势下垃圾分类执法的需求。作为生态文明建设的组成部分，垃圾分类的重要性不言而喻，其遍地开花，有人烟处皆有分类的特性，决定了其执法具有全天候、专业化、权威性、强制性的全新"人设"。

2015年，德国《循环经济法案》正式生效，明确将垃圾分类列为公民应尽之义务，设"环境警察"专门监督居民垃圾投放情况，发现违法行为严厉处罚。

我们是否可以参照德国设立自己的"环境警察"呢？

我们"环境警察"的"人设"是否应该是这样的：首先是有编制，有番号的"正规军"；其次，执法范围以垃圾分类为主，兼顾整个垃圾分类产业链条，比如，乱丢乱排垃圾要管，焚烧厂入场垃圾有没有分类、排放有没有超标也要管；最后执法性质要突破行政执法范围，与垃圾分类相关的触犯治安、刑事规定的事件也应管辖。

如果能建立这样一支专业化的"环境警察"队伍，解决取证难和执行难的问题指日可待。

深圳垃圾分类立法或只限于投放环节

(公众号《社区眼》2019年5月15日)

[**新闻背景**]2019年5月14日下午，深圳市人大常委会城市建设和环境资源保护工作委员会召开垃圾分类立法民间研讨会，共有6名物业代表和9名市民代表就《深圳经济特区生活垃圾分类投放规定》（草案），发表意见并提出建议。

一、本人的质疑、意见和建议

1. 几个亮点

本次立法草案中首次将几个重要元素纳入条款，堪称亮点，不能忽视：

亮点一：垃圾分类督导——第七条明确开展垃圾分类督导，这是被实践证明对提高居民参与率和投放精准率相当有效的办法；

亮点二：谁污染谁付费——第八条明确了谁污染谁付费的生产者责任延伸制度和计量收费模式；

亮点三：垃圾分类与个人征信挂钩——第十六条对垃圾分类违法行为处罚之外"并将该不诚信行为告知征信机构"；

亮点四：楼层撤桶——第十二条"居住区居住楼层公共区域不得摆放生活垃圾收集容器"。楼层撤桶是分类的前提，但过去却因于法无据而被视为畏途。现在写入法条，为楼层撤桶奠定了法律基础，阻碍撤桶成违法行为，今后推行起来于法有据，有了底气。

2. 关于立法定位的质疑与答复

质疑：北、上、广、深四大一线城市，前三位立法走到了前边，且都是条例，怎么深圳就变成了"规定"？

答复：原先是按条例设计的，后来经反复讨论删减后，只剩下20条，不符合条例的要求，只能成为"规定"。

质疑：为什么要把条例大幅删减？

答复：因为投放环节是整个分类流程中最重要的环节，所以将法律规范和推进的力量集中于此，其他环节由于有其他政策法规调整指导，可以不在此法规内进行规范。

质疑：可不可以说，本次立法就只是局限于投放环节这个范围？

答复：可以这样说。

3. 意见和建议

（1）关于立法的涉及范围

意见：如果立法只局限于投放环节，则无法对整个垃圾分类推进发挥规范指导作用。道理很简单，垃圾分类是个系统工程，涉及前端分类、分类收集、分类运输、分类处理等多个环节，单凭一个投放环节法规，怎么去规范和指导这么复杂的系统？如果说投放环节之外的可以用其他政策或法规规范调节，那投放环节不也可以吗？若是这样，立此法岂非多此一举？从立法的严肃性而言，这样断章取义式立法是否有儿戏之嫌？

举个例子，10多年前垃圾分类被诟病最多的是混收混运，10年后的今天依然如此，主要原因就是垃圾分类系统工程没有配套起来，而其中的原因，既有前端分类的问题，更有收运和末端处理的问题，岂是一个投放环节立法就能规范解决的？

建议：还是应像北、上、广一样，立一部涵盖整个垃圾分类上下游的条例性法规。否则，极有可能成为一纸空文。

（2）督导要注意立法与现行体制机制冲突

意见：第七条明确了要开展垃圾分类督导，但实际操作中却与现行运行机制有冲突。如市城管局倡导的"义工+社工"双工模式、居民自治督导模式等，由于各街道将督导招标给了企业，这几种模式其实无用武之地。同时，在小区督导中，常有一些党员干部成为垃圾分类及督导的阻力。

建议：未来在督导实施细则中，应解决这种与体制机制的矛盾冲突。

同时应该明确机关党员干部，至少进行一次下社区督导体验。也应明确各级组织部门和机关事务管理局，有义务配合城管部门搞好党员干部督导体验。

（3）关于生产者责任延伸和计量收费

意见：第八条"市人民政府按照谁产生谁付费、多产生多付费和差别化收费的原则，逐步建立分类计价、计量收费的生活垃圾处理收费制度。"如果仅仅是这样原则性的规定一下，可能操作性很低，难以实施推进。

建议：这部分需适当细化一下。2017年国务院办公厅印发《生产者责任延伸制度推行方案》规定：率先对电器电子、汽车、铅蓄电池和包装物等产品实施生产者责任延伸制度。华为等企业早就实行自产手机回收制度，作出了标杆性示范，带了个好头。就包装物垃圾而言，深圳民间早有行动，顺丰、丰合物联等企业都在实践行动，政府应根据这些特点，选择以包装物垃圾治理为突破口，制定深圳生产者责任延伸推进计划，然后在法条中将包装物垃圾治理作为重点单列出来。

还有一个重点，计量收费改革要有日程表。2007年起收垃圾费，5.2亿元每年，特区内按每户13.5元每月定额，特区外按排污量每吨0.59元收费。现改为统一按排污量每吨0.59元收费。现在计量收费体现公平原则，涉及跨部门改革，这个应明确谁来牵头，谁来配合，要有推进时间表，否则是一纸空文。

（4）关于垃圾分类与征信挂钩

意见：第十六条"并将该不诚信行为告知征信机构"，此语显得底气不足，羞羞答答，应旗帜鲜明表述为"将分类违法行为纳入征信系统"。

建议：应提出一个过渡期限，在某一个时间段内，与公安、银行等多部门联合建立包括垃圾分类在内的征信系统。这将成为解决居民参与率不高，分类精准率差的超级武器。

二、是否将解决混收混运作为立法的出发点之一？

与会的中国循环经济协会资源环境专家委员会副秘书长李海涛表示：我们必须清楚本次立法的目的、出发点是什么。

我想肯定是为了解决垃圾分类多年未解决的一些难题，如混收混运。把这个问题进行解剖，如果找到解决办法了，可能很多垃圾分类的问题都将随之解决。所以可否考虑将解决混收混运问题作为立法的出发点之一？

对混收混运企业的处罚力度是不是应进一步加大，从单纯的罚款视情节上升到吊销执照的程度？

我觉得，解决混收混运顽症也许应该占到本次立法权重的60%以上。

法条所涉各个环节都应该量化，有可操作性，比如，说及时清运厨余垃圾，不能这么笼统含糊地表述，应该明明白白表述清楚到底怎么个及时法。

再如，玻、金、塑、纸到底该摆一个桶还是四个桶，没表述清楚。

本次立法深圳必须对标一流，既然在北、上、广的后边立法，那就一定要超过他们，弯道超车。

三、应该有对政府的限制条款

水榭花都业委会主任林堉生表示，只要法律明确了，由业委会通过业主大会来表决楼层撤桶问题，解决的难度不大，他有信心。

小区垃圾分类相关问题要得到解决，必须建立奖惩机制。奖就不说了，谁都喜欢。罚的问题，以本次立法的标准，对个人分类违法罚500元，在通货膨胀严重的今天，太少，起不到警戒作用，至少应千元起步。

林堉生认为整个法规中，只有对居民、物业及其他企业的管控，缺少对政府职能部门失职和不作为的处理条款，这是缺陷。

前些日子小区内有人不牵绳溜狗，有人录了视频向职能部门反映，但得到的回答是，视频不能作为证据，然后就没有了下文。如果以后政府垃圾分类相关人员也如此对待大家反映的问题，那怎么办呢？所以呼吁法条中一定要补上对政府职能部门失职的限制条款。

四、物业最关心分类产生的费用谁负担

在场的物业公司最关心的，是因为承担垃圾分类业务，增加了公司的成本，这部分资金由谁来解决。因为物业是与业主签约，对小区进行管理，其中不包含垃圾分类项。

市司法局陈辉煌副处长表示，这个未来会协调住建部门，将此部分费用写入物业与小区的合作协议，即由业主来承担。

此说立即遭到水榭花都业委会主任林堉生的反对，他认为分类搞好了，在很多方面应该可以减轻物业的负担，比如，楼层撤桶了，物业的管理运营成本肯定会大降。因此，物业不该将此部分负担转嫁到业主身上。

市人大代表吴滨表示，垃圾分类涉及方方面面的利益，物业所反映的负担是个现实问题，应该就此展开调研，把问题搞清楚再作决断。

[**后记**] 深圳垃圾分类立法只限于投放环节的情况，引起了市人大代表、政协委员和业界人士的广泛关注和热议。

2019年6月11日，深圳市城管局邀请了7名人大代表和2位垃圾分类推广大使（笔者为其中之一），就立法问题举行了专题座谈会。

城管局相关领导通报，先前只考虑就投放环节立法的主要原因，一是当时垃圾分类推进亟须法律支撑，比如，楼层撤桶，就非常需要法律依据，但"条例"审核程序相对复杂，可能需要的周期较长，怕影响楼层撤桶等事项的快速推进，而"规定"审核的周期相对较短；二是借鉴了国外及香港地区的经验，就某一事项单独立法，可操作性强，执行效果也不错。

但立法小组听取各方意见后反复权衡，还是决定恢复按"条例"规格立法。

2019年12月31日，深圳市六届人大常委会第三十七次会议，年终压哨表决通过《深圳市生活垃圾分类管理条例》，并于2020年9月1日实施。

笔者眼中"条例"最大的缺憾，是把垃圾分类个人违法行为纳入征信系统的那条删除了。

这对于居民参与率和分类精准率"双低"的垃圾分类来说，是否有点自废武功的味道？

我的"滑铁卢":社区论坛被居民砸了摊子

2016年8月1日,南山区招商街道准备在辖区四海社区紫竹园小区进行垃圾分类试点。因为小区居民对此有意见,反对呼声很高,所以街道于7月中旬找到我,希望帮他们策划举办一场垃圾分类社区论坛,与居民通过对话解决分歧。

我当时已举办过多场社区垃圾分类活动,信心满满地答应了,没想到却成为我无法忘却的一场"滑铁卢"。

对话辩论式论坛

论坛定位:当时街道主管垃圾分类工作的执法大队领导表示,因为想通过论坛解决问题,所以不能办成讲解式或灌输式的,而要办成对话和辩论式的。让政府官员、专家学者、公益机构和小区居民,在论坛这个特殊平台上通过平等对话和沟通,就小区垃圾分类试点问题达成共识。

参会人员:除了紫竹园小区居民,街道辖区内其他社区居民也可参加。由紫竹园小区居民选出意见代表,事先准备好要提的问题,上台与官员和专家们交流对话。

会场设置:居民代表坐一边,专家代表坐一边,双方面对面,专家代表中须有一名政府代表根据需要回答居民提问。

参会福利:由一家文化公司为大家提供丰厚的奖品:几台电子美容仪、环保背包、文化衫和环保垃圾袋等。每个提问和发言的居民将获得一份可降解的环保垃圾袋和一件漂亮的文化衫。会议结束前将举行抽奖活动,中奖率将出乎意料的高。

居民诉求和专家阵容

按照招商街道的规划,紫竹园小区的垃圾分类试点属当时比较超前的"定时定点集中分类投放",就是将原来小区居民楼下和楼层间设置的垃圾桶全部撤掉,把小区大门口原有的一个自行车棚拆掉,在此建一座智能环保屋,由值班室、可回收物、不可回收物、有毒有害垃圾、厨余垃圾等智能分类桶及电子显示屏、监控设备等组成。

居民每天早、晚按规定时间投放垃圾。

当时收集的居民意见主要有以下几条：1. 垃圾能否保证及时清运？会不会有臭味？2. 如果居民分好类了，收运时又混收混运怎么办？3. 把环保屋建立在小区门口，风水不好，味道很臭，又不是高档小区，花那么多的人力、物力、财力是不是在做秀？4. 不希望成为"处理垃圾"的试点社区，希望维持现状，可以在别的小区试点成功后再推广到紫竹园小区。

为了应对这些问题，我把当时珠三角地区垃圾分类实战经验最丰富的几位专家都请来了：

深圳英尔科技有限公司（深圳最早的垃圾分类及互联网+实践者，当时在宝安区宝安新村进行垃圾分类宝安模式试点非常成功）总经理李海涛；

广东惜福环保科技公司（在广州、珠海两市推进小区垃圾分类，有数万会员及数十个试点小区）董事长付华根；

绿果果低碳环保志愿服务协会会长刘金利（龙岗区垃圾分类执行单位，并执行该区大件垃圾处理）；

深圳公众力公益发展中心理事长范军（进行小区垃圾分类试点，同时也为市政府制定未来30年垃圾分类及环保战略规划）。

几位专家欣然接受邀请，各自认领了话题，摩拳擦掌，跃跃欲试。

居民红眼砸摊子

论坛定于2016年7月16日上午10点，在紫竹小区广场开始。

那天天气很好，街道搭了一个很气派的台子。

我和几位专家都在9点就赶到现场了，惜福环保付华根董事长更是不辞辛苦，一大早驱车200多公里从珠海绕道虎门大桥过来。

英尔科技的李海涛总经理，专门从宝安新村他的试点，接了4个上小学的垃圾分类少年义工队队员过来，打算让小朋友上场讲述他们参与小区垃圾分类的故事。

按照原计划，只要论坛开起来，就算居民吵起来都没关系，由专家们现场开导和灭火，检验一下大家处理问题的能力。

我的角色是当天论坛的主持人。

约9点半，现场已坐了不少居民。我也蓄势待发，准备随时招呼专家和居民代表上台。

可就在这时，意外发生了。

一家电视台记者，非要在此刻对执法大队易中文大队长进行采访，结果易队没说几句，一群居民就围了上去，将他团团围住吵成一片。场面一片混乱，一群居民突然像发了疯似地骚动起来，李海涛带来的几个小朋友被吓得大哭起来。

我看情势不对，就用麦克风告诉大家不要吵闹围观，先坐下来，论坛马上开始，大家可以畅所欲言，发表意见。

一个30岁左右，穿着拖鞋的男子忽然冲过来，双眼喷火，脸上肌肉扭曲着，一把夺过我手里的麦克风，歇斯底里地吼着，大意是你们这些外来人滚出小区，别影响他们的生活，坚决抵制在小区门口建垃圾站，要做什么试点到别处去！

易队冲出人群，拿麦克风试图向众人解释智能屋是怎么回事，众人根本听不进去，只是围着他们喊着抵制小区进行垃圾分类试点的口号。

那么多居民围着，易队一个人站在那里与大家解释辩论，形单影只，孤立无援。围堵他的居民，个个眼睛血红，表情狰狞，仿佛垃圾分类上辈子跟他们有杀父之仇，夺妻之恨。

旁边一位居民悄声告诉我，那些人里有教师、老板、白领……

心头涌起一股浓浓的悲凉。

易队被居民一直从9点半围到快中午12点，这场精心策划的社区论坛在居民的喧闹中流产了。

事后才知，社区工作站事前根本没有与居民进行细致沟通，居民以为那个智能环保屋就是个普通垃圾转运站，放在小区大门口就是脑子进水故意恶心小区居民。当然也没有向居民解释清楚，论坛就是给大家一个平等对话的机会和平台。

居民以为，这会一开，小区门口建垃圾中转站的事就定了，所以就拼了命把论坛给搅黄了。

多年来我做过百多场社区垃圾分类活动，这是最失败、最无奈的一场。从那以后，我每做一场社区活动，都要先做调研，首先把社区里的"反对派"搞清楚，把他们的诉求搞清楚；然后团结社区里一切可团结的力量，特别是业委会，如果碰到有居民可能出来"搞事"，会事先让业委会和居民中的积极分子去做分化说服工作，把矛盾解决了，搞得风调雨顺了，再去搞活动，百战百胜。

纪念赵章元：一个被误解的"堂吉诃德"

（公众号《社区眼》2019年6月1日）

2019年5月29日晚，在一个微信群有朋友说赵章元老师去世了，有点难以置信，遂询问零废弃联盟的毛达博士，第二天得到证实：赵老师25日去世，27日开过追悼会。

悲。

人生本就无耐，不得不来，也不得不去。

生命就像巴黎圣母院，不知哪一会儿就会有大火降临。

第一次认识赵老师，是在2014年4月8日。广州萝岗居民因反对在当地建日处理量4 000吨的垃圾焚烧厂，与政府进行对话。

经领导同意，居民特地将他和毛达博士从北京请来为民众代言，却未被允许进场。

那天太阳很好，赵老师精神也不错。未能进会场虽有些遗憾，但还是在一家宾馆里爽快接受了笔者专访。

谈了很多，关于焚烧，关于垃圾分类等。让我印象最深的一句话是：把焚烧厂装进垃圾分类的笼子。

后来，这句话也成了我那期报道的标题。

从此与赵老师建立了联系，亦师亦友。也知道了很多他的事：

在2010年广州的一次垃圾焚烧研讨会上，匹马单枪对战31位焚烧派专家。

1∶31，像不像六大派围攻光明顶？像不像乔峰大战聚贤庄？

后来不时看到他为各地反对违规违法兴建焚烧厂的民众代言的消息。

坊间说他像堂吉诃德。真有点像：

夕阳西下，古道西风。

老树，昏鸦。

一匹瘦马，一杆长枪。

他单挑"主烧派"的时候,是不是颇像老堂骑着瘦马舞着破枪冲向风车的样子?

关于赵章元与堂吉诃德的逻辑关系,千人心中有千个哈姆雷特,随他去吧。

留意到学界、业界不少人对他主张观点的不屑,理由是他并非垃圾专业的人。

想起那句名言:我可以不同意你的观点,但我誓死捍卫你说话的权利。

不同看法,都随他去吧。

只是想在此告诉人们一个真相:多年来赵老师被视作"反焚战士"和代言人,其实是一个天大的误会。

正如他2014年4月8日接受笔者采访所说的那样,他所有的呐喊与努力,其实只是想把焚烧厂装进垃圾分类的笼子。

他只是希望:

一些地方政府,建焚烧厂的同时,也要真心做好垃圾分类。别嘴上高喊垃圾分类,心底里却是一烧了之。

建焚烧厂要依法依规,该听证听证,该环评环评。莫要违法违规走捷径。

对运营的焚烧厂要真正建立切实可行的监督机制。

对不同意见的民众,要在平等的基础上真诚对话,以法以理服人。

想告诉一些地方政府,"邻避"问题的关键诱因,是相关部门公信力的缺失。

而解决"邻避"问题的关键,则是职能部门要找回失去的公信力。

蓦然回首,赵老师这多年虽前行路上匹马单枪,但其实并不孤独。

他是讨厌、恨他的人眼中的"另类"。

是尊敬喜欢他的人眼中的偶像。

堂吉诃德称呼代表着社会对他的一种评价,是褒是贬,见仁见智。

但谁也无法抹杀他身上代表着道义制高点的那一缕骑士精神。

而这一缕骑士精神,不正是当今社会所缺失的吗?

每个人都想赢得生前身后名。

如果要问赵老师的生前身后名,你只需找到这两个问题的答案:

什么人最恨他、讨厌他,为什么?

什么人最喜欢他、尊敬他,为什么?

赵老师驾鹤去,但愿他将去的世界,只有鲜花、美酒,没有垃圾焚烧厂。

垃圾战争

在人类未进行有意识的垃圾分类前,其实早已经历过数场有关垃圾的战争,有的改变了历史进程,有的改变了种族结构。

一头病死的牲口,一个染疫而死的人和他身上的衣服,是严格意义上的特殊废弃物。但在古代战争中,却能成为致命的生化武器。

古代细菌战就是垃圾的战争。

垃圾战争,成为人类文明进化史上无法回避的部分。

霍战神疫死,西罗马延祚

公元前117年,一代战神霍去病突然去世,死因却有些扑朔迷离,连司马迁在《史记》中也只用了一个"卒"字记载。

因为霍去病的死因成了千古谜团,于是史学界便有了种种猜测,其中之一便是:霍去病是死于匈奴人的细菌战,而罪魁祸首便是一个叫中行说的汉奸。

说是汉文帝年间,朝廷要送公主去匈奴和亲,文帝便选了内宫太监中行说随行,以便照顾公主在匈奴的饮食起居。

那年代匈奴强而汉朝弱,出使匈奴凶险重重,九死一生。中行说奏请文帝不想出行,文帝说你别无选择。中行说虽说少了男儿重要物件,但男儿气概却一点不缺。当即说与文帝,强行让我去,将来必成汉朝祸患。

他果然说到做到,一到匈奴即宣布投降。虽身为太监,却才高八斗,兼具战略眼光,对汉匈局势洞若观火,很快成为单于首席谋臣,不仅教匈奴人算数,还教其兵法对付汉军,更挑唆匈奴王撕毁和亲协议,不断率军掠边,履行了他为祸汉廷的誓言。

公元前126年,中行说病死。那时汉匈强弱已易位,雄才大略的汉武帝起用卫青、霍去病为将,打得匈奴屁滚尿流,闻风丧胆。

中行说咽气前,向匈奴王献上最后一计:将疫病而死的牛羊尸体,扔到汉军路经的水源地,以传播疫病对冲汉军战力。

这应该是最早的细菌战。

知识产权归属汉奸+太监中行说。

于是历史上就有了一种传说,那场细菌战最大的战果,就是干掉了汉朝头号战神霍去病。

208年后的公元91年,东汉大将军窦宪三征北匈奴,将其彻底击溃,阵斩5 000多人,连北单于之母都被俘获了。

匈奴王率部众逃脱,从此一路西遁,数百年间从中亚到东欧,再到匈牙利草原才定居下来。

公元434年,匈奴最牛领导者阿提拉现世,将罗马帝国外围的蛮族哥特人和日耳曼人打得鬼哭狼嚎,四处逃窜,一时被誉为"上帝之鞭"。

虽然后来阿提拉因高血压血管爆裂而死,匈奴帝国灭亡,但西罗马帝国也被上帝之鞭抽得只剩半口气,于476年亡于蛮族日耳曼和哥特人之手。

从先秦到两汉,中原王朝与北方游牧民族的战斗中,优势之大无过于霍去病者(窦宪虽有驱除北匈奴之功,但因为有南匈奴相助,算不上最强者)。假如他不是在23岁就英年早逝,以他盖世的军事天才,只怕不用等到208年后由窦宪出手,他就可以将匈奴打残驱逐。

假如匈奴提早208年就窜向罗马帝国方向,西罗马帝国还能苟延残喘到476年吗?

也许是中行说这个中国太监,无意间用细菌战,让西罗马帝国国祚多延续了200年。

蒙古人抛尸卡法城,黑死症横扫欧罗巴

史学界对中世纪欧洲黑死症流行的起因有过多种研究成果,但较流行的一种是当时发生在黑海北岸的卡法城之战(即今天乌克兰费奥多西亚)。

1345年,距成吉思汗西征已过去百余年,其子孙金帐汗国贵族已成为俄罗斯、乌克兰、高加索等地区领主。

他们最大的遗憾是位于黑海北岸克里米亚半岛的卡法城没有攻下来。卡法城是热那亚共和国在黑海北部的殖民地,商贸发达,遍地黄金。

1345年春,机会来了。

卡法城中穆斯林与热那亚商人发生冲突，穆斯林吃了亏，向附近金帐汗国求助。

蒙古将军说，啊哈，太好了，想攻卡法城总找不到机会，穆斯林兄弟这是瞌睡给我送枕头哩，别急我来了。

蒙古大军围住卡法城狂攻，可这卡法城高墙厚，兵精粮足，围困一年多也攻不下来。恰好蒙古军中鼠疫流行，士兵病死者甚众，将领萌生退意准备撤军。谋士建议，撤退前，给卡法城送些礼物吧！

蒙古军队用攻城利器抛石车将病死士兵的尸体一具具抛向城内。

这位蒙军谋士没意识到自己导演的是一场史无前例的细菌战。

几天后败血黑死症流行，卡法城哀鸿遍野，成了人间地狱，不攻自破。

残存下来的一伙热那亚商人赶紧带上金银细软，搭上一艘海船逃向故乡热那亚。他们在西西里登陆，用重金贿赂当地官员顺利上岸，包括船上的老鼠和跳蚤。

后来败血黑死症沿着意大利，一路向罗马帝国故地蔓延，高卢、西班牙、北非、中东无一幸免。

薄伽丘在他的《十日谈》中描述了当时惨象："行人在街上走着走着突然倒地而亡；待在家里的人孤独地死去，在尸臭被人闻到前，无人知晓；每天、每小时大批尸体被运到城外；奶牛在城里的大街上乱逛，却见不到人的踪影……"

仅欧洲白种人，被败血黑死症夺去 2 500 多万条生命，几占全部欧洲人口的三分之一。这场瘟疫，不仅使得白种人在种族序列中基数大减，也影响了世界历史进程，为其他有色人种留下了生存空间。

毛毡手帕藏木马，亿万红人遭残杀

1763 年 3 月，北美加拿大一印第安部落忽然来了一位英军和平使者，一方面表达了指挥官停止战争、和平友好的愿望，同时还献上了赠给部落首领的两件礼物：几条毛毡和手帕。

印第安部落首领高兴地接受了和平请求，收下了礼物。

可没过多久，部落里突然流行起一种前所未见的疾病，很多人因此丧命。再后来，这种疾病几乎让这个部落的人遭到灭绝。

原来，这是英国人使出的细菌战毒计。

他们在加拿大的殖民活动遭到当地印第安部落的激烈抵抗，死伤惨重，推进缓慢。于是英国驻北美军队总司令向前线指挥官下达了进行细菌战的命令：想方设法将天花病菌散布到印第安部落中去，从而不战而屈人之兵。

前线指挥官便命令将医院中天花病人用过的毛毡、手帕等收集起来……

虽然用计的是英国驻北美军总司令，但这种细菌战的知识产权却归属 200 多年前的西班牙殖民者赫尔南多·科特斯。

1520 年 6 月 30 日夜，科特斯率一支 800 人的西班牙殖民军在墨西哥阿兹台克人首都特诺奇蒂特兰城外与其主力展开决战。虽然殖民者有火枪大炮，但架不住印第安人数众多，个个神勇，标枪如林，箭雨如注。

殖民者大败，丢下数十具尸体和抢来的战利品逃下大海。

不甘失败的科特斯纠集力量，于 1521 年 8 月 13 日再次进攻特诺奇蒂特兰城，结果轻而易举攻进城去。眼前的情况连他都不敢相信，街道上横尸遍地，要想通过就必须从印第安人的尸体上踩过去。

医生告诉他，这些死去的印第安人都因患天花而死。

他这才想起来，去年战死的那些士兵里，就有一个患天花的摩尔人。

那一刻，科特斯如开天眼，豁然开朗。

不久，他将一批天花病患者的衣物送给其他地区的印第安部落……

此后数十年中，阿兹台克帝国人口因天花疫情从 2200 万减少到 200 万。

天花成为西班牙殖民者对印第安人种族灭绝的利器，英、法、荷、葡等殖民者纷纷效仿。从 15 世纪到 19 世纪的 400 多年里，欧洲殖民者利用天花、流感、疟疾、鼠疫等多种传染性疾病，屠杀了上亿印第安人，摧毁了他们曾经璀璨的文明，最终霸占瓜分了他们的家园。

在一定程度上说，欧洲 400 年美洲殖民史，其实就是一部垃圾战争史。

东西暗战污染输出，中国关门美日现形

2017 年 7 月，中国政府宣布禁止进口"洋垃圾"，一石激起千重浪，世界顿时哗然。

一组惊人的数据摆在中国人面前：

从 1995 年到 2016 年的 20 多年间，中国的年垃圾进口量翻了 10 倍，从 450

万吨增长到 4500 万吨，已经成为了一项大宗交易品。

据有关测算，4500 万吨垃圾若是用 30 吨卡车装运，车队排列起来可绕地球 10 圈左右。

为什么要进口如此多的洋垃圾？

20 世纪 90 年代，改革开放渐入深水区，各类新兴产业特别是制造业蓬勃发展，需要大量原材料。国内产能不足，想从国外进口，外汇又极其短缺，于是，从国外进口工业废弃物（如废钢材、废塑料、纸皮、废旧打印机、洗衣机、冰箱等）便成为解决燃眉之急的最佳途径和办法。

不可否认，进口"洋垃圾"在我国逐步发展为世界制造业大国的过程中发挥了相当重要的作用，但代价是，中国承受了沉重的污染后果和环境代价。

政府宣布禁止进口"洋垃圾"，一是环境止损，必须刹车，同时也是由于我国已成为世界第二大经济体，无须再为节省外汇付出环境代价。

然而，中国急刹车，欧美日闪了腰，一齐哇哇叫。

美国代表在 WTO 大会上公然指责中国"禁废令"导致世界废金属供应链中断，必须予以纠正。英、法、日、澳等国也是怨声一片。

这些发达国家何以如此气急败坏？

以美国为例吧！2016 年中国共从美国进口了价值 56 亿美元的废旧金属制品、19 亿美元的废纸（共计 1 320 万吨）和 4.95 亿美元的废塑料（142 万吨），美国因此产生 15 万个就业岗位。

其他输出国也大抵如此，通过向中国输出垃圾，既有钱赚，创造了就业岗位，又转移了污染源，保护了他们的环境。

以废旧塑料再生处理为例，其加工成塑料颗粒的流程为：分选—清洗—粉碎—塑化—造粒切粒。在散落于我国乡村的大量手工作坊不规范的操作下，整个处理过程产生大量废气、废水，不仅污染环境，更对操作人员造成严重的健康危害。

日本每年输出约 150 万吨废塑料，超过一半到了中国。将污染转移输出国外，留下创汇收入、就业岗位和青山绿水——这就是日本及整个欧美发达国家垃圾分类的真相和动力源泉。

中国拒绝再做世界垃圾场，断了他们的财路，堵了其输出污染的路径，他们突然间陷入"垃圾围城"，焉能不气急败坏？

潮水退去，才知谁是光腚。

"洋垃圾"入侵，是一场发达国家与发展中国家，特别是与中国间的环境暗战。

国内有句很有名的口号：垃圾是放错了位置的资源。

照此逻缉，作为资源短缺国家的日本，为什么不把诸如废塑料这样的资源留给自己？因为再生处理所付出的环境成本和代价太高了。

发达国家大量输出废塑料到发展中国家的另一面，是他们对低附加值可回收物的处理工艺和技术也不过关。

这从侧面告诉我们，对新形势下的资源回收，政府关注的重点应该是低附加值类，高附加值部分应该留给市场去解决。

后　记

（一）

从未想过今生会和垃圾分类结缘，一不小心还成了"垃圾记者"。

2012年8月，深圳市城管局举行新闻发布会，宣告深圳启动垃圾分类。

当时，我在深圳报业集团晶报社做深度调查，对垃圾分类一无所知。部门领导人侯哥对我说，垃圾分类是个新生事物，你看能不能做个"深度"出来？

接受任务后做功课搜集资料，结果发现了两大疑问：一是深圳早在2000年作为全国8个试点城市之一，已启动过垃圾分类，为什么12年后还要重复启动？二是2000年台北市是和大陆8个试点城市同时开始垃圾分类的，为什么12年后台北已是风生水起，大陆却还在原地踏步？

带着这两个问题开始调查，不久发表了平生第一篇垃圾分类深度调查《重启垃圾分类：深圳须以失去的10年为镜》。

但对垃圾分类，我并未有持续关注的兴趣。

直到2013年五六月间，我遇到一位叫王政的退休老人。

他是个狂热的垃圾分类"布道者"，每谈起垃圾分类都激情四溢，慷慨激昂。谁敢质疑垃圾分类，他会双眼血红，拍案而起，恨不得给你来个一剑封喉。

他把垃圾分类描述成一片江湖，有代表各种利益集团的"门派"，还有江湖争霸的故事……

那时我对垃圾分类兴趣不大，却被江湖故事深深吸引。

对垃圾分类，王政有一种天降大任，拯救地球般的情怀。

他用这种情怀"绑架"了我，逼着我一头扎进垃圾分类"江湖"，从此不能自拔。

（二）

2013年下半年，在王政的推动下，我又开始了垃圾分类调查采访。下社区，走访垃圾分类专业企业、公益机构，与区级城管部门深入交流，包括去广州进行专题采访，了解"垃圾市长"陈建华主政下的广州垃圾分类进展情况。

那半年，共写了6篇垃圾分类深度报道，如《寻找垃圾分类最佳模式》《垃圾分类：只投入不产出无收益无出路》《垃圾分类：广州敢吃螃蟹匹马在前》等，开始探索垃圾分类可持续模式。

系列报道引起了深圳市生活垃圾分类管理事务中心（以下简称分类中心）的关注。2014年3月，当时分类中心主管宣传工作的廖齐梅部长约我见面，商讨与晶报进行垃圾分类宣传合作，帮我引见了分类中心罗向东主任。罗主任出身环卫体系，曾赴海外进行过垃圾分类专题考察和调研，是政府体系中少有的垃圾分类专家。一上午交谈后，罗主任、廖部长当场拍板支持晶报30万元经费，开设垃圾分类专栏。

罗主任和廖部长还明确，不给我的专栏设限，只要符合事实，揭丑、批评都欢迎。

可以说，是罗主任和廖部长的支持，让我"鸟枪换炮"，从垃圾分类报道"游击队"逆袭成"正规军"。

2014年，我采写了系列专题报道，探讨垃圾分类遇到的体制和机制性问题，如《垃圾分类绕不开的体制性障碍》《破解九龙治水需要"垃圾市长"》《区级组织机构悬空，深圳垃圾分类前景堪忧》《垃圾分类：有法可依后我们该怎么办》等。

2015年我做了四件大事，一是做了废旧织物系列报道；二是联合法学专家对《深圳市生活垃圾分类和减量管理办法》进行解读；三是做了"台湾地区垃圾分类真相"系列报道；四是策划举办了"深圳垃圾分类高峰论坛"。

2015年8月1日,《深圳市生活垃圾分类和减量管理办法》颁布实施。也在当天的仪式上,深圳市正式推出了10位垃圾分类推广大使,本人有幸获聘。

还有两位名人,一位叫王石,另一位叫周笔畅。

(三)

为了解开心中萦绕多时的台湾地区垃圾分类之谜,我于2015年8月23日至9月7日,自费赴台湾地区展开为期半月的垃圾分类探秘之旅。

9月中旬从台湾回来,当月底,受宝安区垃圾分类指导中心理事长汪萍女士邀请,携手为宝安区城管局策划组织一场全国性垃圾分类论坛。在短短一个月时间内,完成了论坛策划方案、嘉宾邀请,论坛于11月上旬成功召开。

2016年11月,我再次成功组织策划并主持了"垃圾分类减量深圳高峰论坛",邀请了垃圾分类泰斗、北京市政府参事、国家环境监察员王维平,国务院发展研究中心资环所研究员、国家两网融合专家委员会主任程会强,同济大学循环经济研究所所长、国家26个垃圾分类试点城市评审专家杜欢政,清华大学环境学院刘建国教授,中国废纺联盟专家委员会副主任王书文,中国循环经济协会科技成果转化促进中心总工程师、国家"两网融合"专家委员会副主任曲睿晶,住建部环境卫生工程技术研究中心副主任刘晶昊等出席并演讲,就垃圾分类顶层设计和基层创新进行了广泛讨论。

大咖云集,鸿儒满座。

这次论坛后不久,宝安区城管局分类部的林海滨主任建议,高峰论坛是大咖们讨论垃圾分类顶层设计的,可把论坛搬到社区,让业主们唱主角,一起讨论如何提高大家的垃圾分类参与率和分类精准率,让垃圾分类理念深入人心。

真是令人脑洞大开的金点子!

从那一刻起,我决定从传统概念上的垃圾分类宣传,向社区垃圾分类实践转型。数年来举办过多场垃圾分类社区论坛,将社区工作站、城管部门、义工、物业、业委会、居民、保姆、家政公司、清洁工等,所有可能与垃圾分类相关的人员组织调动起来,共同为垃圾分类实践中遇到的困难寻找解决方案。

特别是在2018年,联合宝安区城管局先后举行了楼层撤桶、工业区垃圾出路、垃圾分类2.0版推进等系列社区论坛,受到居民欢迎,也推动了实际工作的开展。

同年9—12月，我带领绿宝宝公益在宝安区创业一村进行垃圾分类督导示范小区打造，并根据督导实践，为宝安区编写了《垃圾分类督导手册》。

2019年5月，我受深圳市人大邀请，参与了垃圾分类立法讨论。

（四）

人生境遇，大多由偶然促成。

当初，如果不是部门领导偶然把垃圾分类采访任务派给我；如果不是那个叫王政的老人偶然来找我，并执拗地用情怀"绑架"了我，可能我今天大概率会走上另一条人生之路。

还有突如其来的疫情，本是劫难一场，但也许正所谓祸福相倚，有了那段禁足在家的日子，自己才能静下心来，洗去浮躁，梳理垃圾分类的前世今生，在3 000年的垃圾分类历史长河里，探寻我们一直期待的"密码"及诗和远方，才有了《垃圾战争》这本书。

感恩偶然。

感恩所有曾经帮助过我的朋友。

吴建升

2021年8月